JN118772

酪総研選書 No.94

躍動する中国の酪農乳業と生乳流通
−2008年メラミン事件以降の展開−

Dynamism of Dairy Industry and Milk Distribution in China:
Developments since the 2008 Chinese Milk Scandal

清水池 義治・鄭 海晶　編

デーリィマン社

はじめに

　本書は、2008年に発覚した「メラミン事件（the 2008 Chinese Milk Scandal）」以降、ドラスティックに変化する中国の酪農乳業を、特に生乳流通の動態変化に注目して分析し、その変化の根底にある意味を解明しようと試みている。

　21世紀の現代中国は、継続的な経済成長とともに、世界の食料・農産物の需給に大きな影響を及ぼすアクターとして認識されてきている。食料・農産物の輸入と対外直接投資において国有企業や政府系ファンドが重要な役割を果たしており、その国家資本主義的なフードサプライチェーンが、新自由主義を基調としてきた現代の「フードレジーム（Food regime）」[1]の性格を変容させつつあるとの議論もある（Belesky and Lawrence, 2018）。食料・農業分野における中国の積極的な海外進出は、国内需要の量的拡大と品質を重視する需要の質的変化が進む一方、技術進歩の遅れや農産物の品質問題によって国内関連産業の発展が制約されていることも一因としている（韓, 2020）。

　中国では2008年、乳成分（とくに乳タンパク）偽装を目的とする生乳へのメラミン添加が発覚、メラミンを含んだ牛乳・乳製品を摂取した多数の人々に健康被害が発生した。中国政府は、このメラミン事件の要因は零細な酪農経営と生乳流通にあると判断し、食品安全の観点から酪農経営の「近代化」と大規模化を進める政策を開始した。乳業メーカーも生乳調達の方法を大きく変化させた。具体的には、近代的な大規模経営との生乳取引にシフトする一方、粗放的な小規模経営との生乳取引を解消しつつある。その結果、乳牛飼養頭数100頭未満階層を指す小規模経営の戸数は、直近10年間で80％以上も減少しており、小規模経営の存続余地があるかどうかが注目される。

　日本の酪農乳業に大きな関心を持つ編者をはじめとする本書研究者グ

---

1) フードレジーム（Food regime）は、資本主義の世界的な資本蓄積様式に規定された農業食料生産消費の国際分業体制という概念であり、資本蓄積様式の世界史的な発展段階に応じたフードレジームの時期区分が可能である。同概念の理解は、磯田（2023）やバーンスタインら（2023）を参照。

ループは、大きな構造変化を遂げる中国の酪農乳業に強い刺激を受け、その実態解明に意欲をかき立てられてきた。その理由の１つに、中国における現状分析が、日本の酪農乳業の今後を考える際に重要な示唆を与えるのではないかというインスピレーションがあった。日本の酪農乳業に対する本書の示唆は、本書の中でそれとして触れていないため、ここで簡単に述べておきたい。

　現在、日本の酪農乳業は、「令和の酪農危機」とも呼ばれる深刻な状況にある。新型コロナウイルス感染症（COVID-19）危機（コロナ禍）を契機とした生乳需給の緩和、そして 2022 年以降の生産資材高騰による酪農所得の急速かつ大幅な低下という、２つの危機が同時進行している点が今回の「危機」の大きな特徴である（清水池，2023a）。加えて、21 世紀に入って日本酪農にも大きな構造変化が生じている。これまで日本酪農は、中小規模の家族経営によって支えられてきた。しかし、家族経営が分厚く存在している北海道でも、この 15 年間で、中規模（経産牛 50 ～ 100 頭規模）[2] の家族経営の占める生乳生産量シェアは、規模階層内でトップの３割強から２割強まで低下する一方、企業的経営を含む大規模経営（同・100 頭以上）のシェアが同期間で３割弱から実に６割まで急拡大した（清水池，2023b）。「酪農危機」による所得減少と後継者・労働力不足、大規模経営の拡大の中で、相対的に比重が低下しつつある家族経営の存在意義とは何か。国策で酪農経営の「近代化」・大規模化を推し進め、小規模経営をむしろ積極的に淘汰しているように見える中国の事例は、家族経営の社会経済的な意義を示す「反面教師」になるのではないか。研究の開始当初はそう考えていた。だが、中国の事例からは、「反面教師」の面だけではなく、経営存続のために懸命に努力を続ける家族経営の姿を見いだすに至った。

　この論点は、本書のオリジナリティーとも関わる。メラミン事件以前

から、多くの日本の研究者は急速な変貌を遂げる中国の酪農乳業に注目し、その実態解明を進めてきた[3]。だが、多くの研究は、「近代化」・大規模化する酪農経営や乳業メーカー、サプライチェーンに基本的に焦点を当ててきた。では、「近代化」・大規模化しない、あるいはできない酪農経営やサプライチェーンはただ歴史の中で消えてゆく存在なのか。そうではない、というのが本書の先取りした結論である。本書は、これまでとは異なる中国の酪農乳業の姿を浮き彫りにできたと考えている。

　本書は大きく2部構成であり、それぞれ7章、5章の合計12章から構成される。

　まず、第Ⅰ部では、中国・内モンゴル自治区を対象に、中規模酪農経営の生乳販売行動の展開メカニズムを解明する。第1章では、第Ⅰ部の課題と分析視角を述べる。第2章は、中国の生乳需給の動向とメラミン事件以降の酪農乳業政策の展開、生乳生産構造の変化を示す。第3章では、内モンゴル自治区の酪農乳業の展開とそれらの特徴を説明する。第4章は、ウェブアンケート結果に基づいて生乳販売の方法や経営上の位置付けを、経営規模階層別の差異に注目して分析する。第5章は、内モンゴル自治区フフホト市を事例に、乳業メーカーの酪農経営に対する統制強化への対応に基づいて酪農経営を類型化し、生乳生産・流通の変化を分析する。第6章では、同じくフフホト市を事例に、大手乳業メーカーと契約を解消した中小規模経営に注目し、生乳販売形態の多様化とそれら販売形態を中規模経営が選択していく論理を解明する。第7章では、第Ⅰ部の総括を行う。

　次に、第Ⅱ部は、内モンゴル自治区以外の、中国の各地域における生乳流通の諸形態を分析する章で構成される。第8章は、中国の事例分析を相対化するため、文献レビューの方法で、先進国や新興国・途上国における生乳流通チャネルの構造と酪農家—乳業メーカーの関係性を説明している。第9章では、メラミン事件以降における中国の酪農乳業政策の展開を確認し、政策の到達点と問題を述べる。第10章以降が中国各

3）代表的な研究としては、長命（2017）や農畜産業振興機構編（2010）がある。

地域の事例分析であり、酪農乳業の地域的特徴を指摘した上で、メラミン事件以降の生乳生産・流通の変化と特徴を解明している。第10章が華北部の山東省、第11章が東北部の遼寧省、第12章が西南部の四川省と雲南省の事例分析である。

　本書の末尾に各章の執筆者、ならびに各章のベースとなった初出論文の一覧を記載した。編者は清水池義治と鄭海晶、著者は編者2名と戴容秦思、根鎖、陳瑠の合計5名である。第Ⅰ部は鄭海晶の博士論文「中国における中規模酪農経営の生乳販売行動の展開メカニズム」（北海道大学，2022年）、第Ⅱ部の各章は学会誌掲載の査読付き論文や修士論文の加筆・修正を行ったものであるが、一部、本書向けの書き下ろしの章も含んでいる。

　本書は複数著者で執筆したため、用語・概念の表記や文章表現が必ずしも統一されていない。可能な限りの修正を行ったが完全ではない。この点の問題は編者の責任である。ご了承いただきたい。

　本書が現代における中国の酪農乳業の理解を深め、中国の農業・農村・食料市場の今後や日本の酪農乳業の将来を考える上で何らかの貢献になれば幸いである。

（編著者を代表して　清水池　義治）

【引用文献】

バーンスタイン, H.・P. マクマイケル・H. フリードマン (2023)『フードレジーム論と現代の農業食料問題』(監訳：磯田宏) 筑波書房.

Belesky, P. and G. Lawrence (2018) Chinese State Capitalism and Neomercantilism in the Contemporary Food Regime: Contradictions, Continuity and Change. *Journal of Peasant Studies* 46 (6): 1119–41. https://doi.org/10.1080/03066150.2018.1450242

長命洋佑 (2017)『酪農経営の変化と食料・環境政策－中国内モンゴル自治区を対象として－』養賢堂.

韓俊編 (2020)『中国における食糧安全と農業の海外進出戦略研究』晃洋書房.

磯田宏 (2023)『世界農業食料貿易構造把握の理論と実証－フードレジーム論と食生活の政治経済学の結合へ向けて－』筑波書房.

農畜産業振興機構編 (2010)『中国の酪農と牛乳・乳製品市場』農林統計出版.

清水池義治 (2023a)「追い詰められる酪農家－コロナ禍の二重危機－」『世界』974：132–139.

清水池義治 (2023b)「酪農王国の光と影－私たちのミルクはどこまで北海道に頼れるか－」『季刊 農業と経済』89(4)：95–105.

目　次

第Ⅱ部　中国各地域における生乳流通の諸形態

第Ⅰ部

中国における中規模酪農経営の
生乳販売行動の展開メカニズム

第1章　問題の所在と課題の設定

第1節　問題の所在

　中国は農業大国であり、農業を発展させるため、中央政府は毎年年初に「中央一号文書」を発行し、「三農問題（農業・農村・農民問題）」解決のための行動指針を打ち出している。しかし、工業・建設業、流通業・サービス業などの第二次・第三次産業の急速な発展に伴い、農業・畜産業などを含む第一次産業の国内総生産（GDP）に占める割合は近年7％程度と比較的低い水準にとどまっている。一方、第一次産業に占める畜産業の割合は、長い間、4割以上を維持している（「中国国家統計局」）。畜産部門の中でも酪農は、栄養価値の高い牛乳や乳製品を人々に提供し、人々の生活水準を向上させ、農家の所得を高めるという重要な役割を担っており、中国の経済発展にとって重要な産業であると考えられている。

　「中国乳業統計資料2021」によると、2020年、中国はホルスタイン牛の飼養頭数が506万頭と米国に次ぐ規模になり、同年の（牛由来）生乳生産量は3,440万tに達し、中国は米国、インド、ブラジル、ドイツに次ぐ世界第5位の生乳生産国になるという。乳牛1頭当たり搾乳量は、2010年の2.89 t/年から2019年には5.64 t/年とほぼ倍増している。そして、液体乳・乳製品の製造量は、2020年に2,780万tに達した。液体乳と乳製品の1人当たりの消費量は年間12.5kgで、都市部では農村部の2倍以上となっている。つまり、中国の農村部の消費市場は、まだまだ大きな可能性を秘めているのである。

　中国酪農の発展史を見ると、1978年の改革開放、1979年の家庭請負経営制の導入により、本格的な発展を遂げ、2000年代に入ってからはさらなる発展を遂げている。その背景には、中央政府や地方政府による酪農乳業への優遇政策、および中国経済の高度な発展と国民生活水準の向上に伴う液体乳・乳製品の需要増加がある。しかし、その間に2008

年、乳成分偽装を目的としたメラミン添加による健康被害、いわゆるメラミン事件が発生し、中国の酪農乳業は大きな転機を迎えた。これまで中国の酪農産業は、小規模経営が主体であった一方で、液体乳・乳製品の市場や生乳の市場が急速に拡大していた。メラミン事件をきっかけに、消費者の食の安全に対する関心はますます高まっている。政府の規制強化により、酪農経営の構造が大きく変化し、乳業メーカーの合併・再編が進んでいる。同時に、乳業メーカーは、生乳の量的な確保に加え、安全性・品質といった生乳の質を重視するようになってきている（大島, 2017）。そして、安全で高品質な液体乳・乳製品を求める需要が急速に拡大するのに伴い、大手乳業メーカーは生乳の安全性・乳質向上を促進するため、中国国内の生乳生産現場への参入など川上方向の垂直調整をさらに強化し、また、海外市場の開拓も進めている。このような背景の下で、酪農構造ないし生乳の供給構造にはどのような変化が起きるのか、今後中国の酪農はどのように展開されていくのかが注目されている。

　特に、メラミン添加は、主に小規模経営からの集乳段階で行われたため、経営規模の零細さや乳業メーカーの管理の及ばない流通が問題視された。事件後、中国政府による乳成分・乳質管理が強化され、小規模経営の利用する搾乳ステーションの閉鎖や系列化、そして生乳生産の組織化や酪農経営の大規模化が推進され（竹谷・木下, 2017；大島, 2017）、乳牛飼養頭数100頭以上階層の増加が加速した（新川・岡田, 2012；王・劉, 2018）。その結果、乳牛飼養頭数100頭階層未満の小規模経営は2008年以降急減したが、同・100頭以上階層の中規模および大規模経営は増加し、2014年に戸数はピークに達した。

　酪農経営の大規模化は、乳成分・乳質の改善や、国際競争力強化に寄与する一方で、大規模経営は、購入飼料と雇用労働力への高い依存度、経営の持続可能性への懸念、農地の不足、経営者人材の不足、生産・防疫コストの増加、環境汚染リスクの増加、個体価格・乳価変動に脆弱（ぜいじゃく）などといった問題点も指摘されている（清水池, 2020a；趙ら, 2017；馬・蘆, 2016；矢坂, 2013；清水池, 2020b）。また、小規

模経営で構成される合作社や養殖小区[1] などには、出荷乳量の少なさや低乳質を理由として、生乳販売が困難で収益性が低いという問題があり、経営規模の拡大が求められている（鐘・陳，2014）。その中で、大規模経営と小規模経営との中間に位置する、乳牛飼養頭数 100 ～ 500 頭階層である中規模経営への注目が高まっている。中規模経営の存在は、農村余剰労働力の活用、農家の増収、地域農業や農村社会の活性化にとって重要との指摘がある（李ら，2017；清水池，2020a）。加えて、中規模経営は、粗放的な小規模経営に比べて酪農経営の集約化が進み、1 頭当たり乳量や乳成分・乳質が優れ、中国の生乳市場で重要な生乳供給者として注目されている。よって、中規模経営の生乳販売行動を究明することは、中国の生乳供給を考える上で重要である。

第2節 既存研究の検討

1．中規模経営に関する計量的分析

　中国における酪農経営は、「全国農産品成本収益彙編」によると、一般的に、1 戸当たり飼養頭数を基準とすると、零細層（1 ～ 10 頭）、小規模層（11 ～ 50 頭）、中規模層（51 ～ 500 頭）、大規模層（500 頭以上）と階層別に分類されている。中国における中規模酪農経営に関する既存研究は、主に、この分類基準に基づいた計量分析によって行われてきた。具体的には、劉ら（2011）は、中国の 23 省（自治区）の統計データ、郜ら（2015）は、内モンゴル自治区、黒龍江省、河北省、河南省、山東省、陝西省、新疆ウイグル自治区の 7 つの省（自治区）の合計 615 戸の酪農経営を対象とした調査データに基づき、規模別経営の技術効率を分析した。結論としては、経営規模の拡大は技術効率の向上につなが

---

1) 本書では、合作社構成員の経営とは独立して、合作社単一の酪農経営を行っている合作社を「合作社」、乳牛飼養などは基本的に構成員が個別に行い、合作社設備を使って搾乳し、合作社として共同で生乳販売を行う経営を「養殖小区」と表記した。また、養殖小区は、従来は分散して乳牛飼養を行っていた小規模経営を一定区域内に集約し、共同で乳牛飼養を行う共同牧場である。戴・矢野（2012）、p.46 を参照。

ることから、小規模・零細経営よりも中規模・大規模経営の技術効率が高いとし、将来的には小規模・零細経営から中規模・大規模経営へのシフトを指摘した。特に、郜ら（2015）は、酪農経営の大規模化推進の過程では、経営規模の適正化に留意し、すでに大規模化している酪農経営に対しては引き続き政策的な指導・支援を行うべきであると指摘している。

　また、楊ら（2021）は、中国全体の統計データに基づき、零細経営以外の規模別の酪農経営の費用対効果およびそれの影響要因を分析した。その結果は、酪農経営の効果性は中規模・小規模経営でより高く、大規模経営ではあまり高くないことを指摘している。また、生乳生産額、飼料費、人件費、固定資産の減価償却費という 4 つの影響要因は、大規模経営よりも中規模経営の純利益に大きな影響を与えるため、コスト削減と利益増加に対する酪農経営の大規模化の効果は大きくないとしている。したがって、大規模経営を追求するのではなく、適正な規模の経営、特に 500 頭以下の家庭牧場の育成に取り組むことが重要であると述べる。趙・張（2019）は、内モンゴル自治区、黒龍江省、河北省の 3 省・自治区の統計データに基づき、規模別経営の生産性を分析した。その結果、中規模・大規模経営は小規模・零細経営よりも労働コスト利潤率や土地コスト利潤率が高く、中規模・大規模経営の育成と小規模・零細経営から中規模・大規模経営への転換を進めることが重要であると指摘した。

　李ら（2017）、鄧・郭（2020a）は、河北省における規模別経営のコスト、収益、経済効率の比較分析を行っている。その中で、李ら（2017）は、河北省における酪農経営の現地調査から、2013 年から 2015 年までの規模別経営のコスト、収益、経済効率について具体的に分析した。結論として、飼料費は中規模・大規模経営の経済効率に、生乳販売収入は小規模経営の経済効率に、より大きな影響を及ぼしている。中規模経営が最も経済効率が良いため、中規模経営を積極的に推進し、小規模経営の中規模経営への転換を加速させるべきと指摘した。鄧・郭（2020a）は

河北省の統計データに基づき、全国と河北省で規模別経営のコストと収益を比較した。河北省でも全国でも、中規模経営のコスト利潤率は、生産額が高く総コストが高いためコスト利潤率が高くない大規模経営より高いと指摘している。

　続いて、魏・朱（2019）は、中国の28省・自治区の統計データに基づき、乳製品の輸入が規模別経営の経営効率に与える影響を分析した。分析によれば、乳製品の輸入増は零細経営にはマイナスの影響を与え、零細経営の酪農廃業を加速させるが、小規模・中規模・大規模経営には程度の差こそあれプラスの影響を与え、これらの経営に経営効率の改善とレベルアップを促すと述べた。このうち、プラスの影響が最も大きいのは小規模経営で、次いで中規模経営、大規模経営となっており、無制限の規模拡大によるマイナス影響を避けるためにも、適正規模の育成に重点を置く必要があるとした。

　以上より、計量分析では、主に中規模経営と零細経営・小規模経営・大規模経営の比較を行い、そのコストや収益性、内部および外部の経営要因などを分析した。共通する指摘は、技術効率、経済効率、コスト利潤率の面で優れているため、中規模経営の発展を推進し、小規模・零細経営を中規模経営に発展させるべきという内容である。また、酪農の経営規模は大き過ぎず、小さ過ぎず、適正な規模で展開することが望ましいと指摘している。しかし、適正規模の経営、中規模経営にかかわらず、生乳販売の面では、生乳販売の結果である純利益や利潤率にしか触れておらず、生乳販売そのものは十分に分析されているとは言えない。

２．中規模経営に関する非計量分析方法の研究

　計量分析を除けば、中規模経営における生乳の生産と販売に特化した分析はほとんどない。しかし、中規模経営と小規模経営を「中小規模経営」として一体的に扱って分析している研究が多い。

　社会的には、中小規模経営の発展を促進するため、2016年に河南省、

河北省、山東省など主要な生乳生産地域の中小規模経営が「中国中小牧場発展連盟（China Small & Medium Dairy Farm Development Alliance, CDDA）」を結成した（2016年の山東乳業協会のリリースによる）。また、「2019年の中央一号文書」では、酪農乳業の活性化を扱う部分で、「良質な生乳供給源の確立と中小規模経営の大規模化・集約化の推進が必要」とされている。

　このような背景の下、曹（2020）は、中国の中小規模経営の発展経路、張ら（2021）と鄧・郭（2020b）は、河北省における中小規模経営の発展の現状や問題点などを分析した。その中で、張ら（2021）は、河北省の酪農経営の半分以上を中小規模経営が占めており、中小規模経営の発展上の問題解決が河北省の酪農乳業の活性化を実現する鍵であることに言及している。鄧・郭（2020b）は、河北省における中小規模経営の発展を制限する主な要因として、輸入乳製品の低価格化による乳価の低下、酪農経営に対する厳しい乳業管理による交渉力の低下、政府の政策支援が少ないことによる資金調達の困難、中小規模経営自体の管理能力不足、環境保護の圧力や貿易摩擦、新型コロナによる生産コスト高を指摘している。また、周（2020）によれば、2014年以降、乳価が下落し、長期にわたって低水準で推移し、酪農の主役である中小規模経営が享受できるはずの利益を受けられず、赤字経営による酪農の転業や廃業が多くなっている。

　一方、中規模経営と大規模経営を「規模牧場」や「中大規模経営」として一体的に扱って分析するものも多い。権ら（2016）は、中国で中大規模経営が急速に発展した理由として、以下の2点を挙げている。第1に大規模経営を志向する補助金政策で、補助金は中大規模経営のみが対象で経営規模が大きくなるほど補助金額も大きくなっている。第2に乳業メーカーが実施する等級価格政策である。乳業メーカーは、経営規模や経営形態によって酪農経営をグレード分けし、酪農経営に支払う基本乳価なども異なっている。河北省の酪農経営は、養殖小区と、単一世帯が独立して100頭以上の乳牛を飼養する中大規模牧場とに大別さ

れ、中大規模牧場には家族経営、公司制牧場、乳業メーカーの直営牧場、賃借牧場、合資牧場などの種類があり、近年、同省では養殖小区から中大規模経営への発展が加速していると述べる。陳巴特爾（2017）は、2016年に内モンゴル自治区で、乳牛飼養頭数100頭以上の中大規模経営と養殖小区・合作社とを合わせた割合が8割を超え、2008年の10倍以上となって、全国平均を上回ったことに触れ、今後、中大規模経営の発展のための資金不足に対応する必要性に言及している。

　以上より、計量分析以外では、中規模経営は、小規模経営、あるいは大規模経営と一体的に分析されることが多い。そして、これらの分析も、酪農の経営面に限定されており、生乳の販売にはほとんど触れていないばかりか、中規模経営と小規模経営、あるいは中規模経営と大規模経営との相違は重視されていない。

3．中国酪農の生乳販売に関する研究

　乳業メーカーと酪農経営の関係については、宝音都仍・満達・玉栄（2004）、何・李（2003）、馬・蘆（2016）、馬・孫（2017）、馬ら（2018）、寺西・瀬島（2019）、周（2019）、周（2020）は、酪農経営が乳業メーカーとの取引において利益配分の面で不利であると指摘した。郭ら（2008）は、乳業メーカーと酪農家の間の集乳商人（集乳業者とも呼ばれる）について分析した。中国の乳業発展の初期段階において、集乳商人の存在は、小規模・零細経営の生乳の流通効率を高めたが、酪農経営の収益性も低下させ、高い乳価を支払うことができる乳業メーカーに生乳を売却するという集乳商人の選択が、乳業メーカー間の生乳競争や生乳市場の崩壊をもたらす傾向があると指摘している。木下・西村（2015）、竹谷・木下（2017）は、乳業メーカーが生乳の安定リスクを重視し、小規模・零細経営からの集乳を打ち切った状況を指摘している。朝克図ら（2006）、関根ら（2013）は乳業メーカーが乳価形成に強いパワーを持っていると指摘した。

　地理的に異なる地域の酪農経営による生乳販売に関して、戴・矢野（2012）と戴（2016）は、中国西南部の酪農新興地帯に位置する雲南省と四川省を分析対象地域としている。これらの地域の乳業メーカーは、自らの直営生産に加えて、主に合作社や大規模経営などとの契約によって生乳を調達しており、合作社の存在によって小規模・零細経営の生産環境は改善されているものの、生乳販売は依然として乳業メーカーの力が非対称的に強いと指摘している。

　中国最大の酪農産地である内モンゴル自治区を対象地域とした研究は多い。蘇徳斯琴（2010）は、内モンゴル自治区シリンゴル盟を対象地域として、酪農家による乳製品加工工場の設立と運営、それに伴う周辺酪農家の増加、乳牛飼養頭数の増加、畜産業活動の変化について分析した。小宮山ら（2010）は、内モンゴル自治区フフホト市の周辺地域の酪農経営を調査し、ほとんどの酪農経営が耕種経営よりも収益性が高く、政府や乳業メーカーから資金支援を受けられることから、酪農を始めたが、収益を上げることができずに低い乳価、高い飼料価格、乳牛の販売価格の低さに直面したと指摘している。包・胡（2012）は、内モンゴル自治区フフホト市近郊では、メラミン事件以降、小規模経営の戸数と1戸当たり乳牛飼養頭数が共に減少していること、小規模経営が生乳の販売ルートを村内の集乳商人に、飼料の購入は村内の仲買人に頼っているため最新の情報収集が困難なことを指摘している。長命・呉（2012）は、生態移民政策が実施された内モンゴル自治区の牧畜地帯の移民村の酪農経営についてアンケート調査を行い、多くの酪農経営が移民前と比較して収入が減少していることを明らかにした。所得向上のためには、飼養管理に関する情報提供や飼養管理技術の普及が必要であることも指摘されている。斯欽孟和（2015a）と斯欽孟和（2015b）は、内モンゴル自治区政府が乳業メーカーの直営牧場、大規模私営牧場、養殖小区、合作社などを主体とする標準化乳牛養殖小区[2)]の建設事業を進めているこ

2) 標準化乳牛養殖小区は、水路、電気設備、排せつ物処理、防疫、搾乳に要する施設および飼料畑などを整備し、乳牛飼養頭数が100頭以上の牧場のことであり、2015年12月に通達された「社会主義新農村建設に関する若干の意見」に基づいている。斯欽孟和(2015b)を参照。

とに言及している。

　さらに、内モンゴル自治区の搾乳ステーション（搾乳所、搾乳センター、ミルクステーションとも呼ばれる）に関する分析が多い。長命（2012）は、1990年以降、内モンゴル伊利実業集団股份有限公司（伊利）と内モンゴル蒙牛乳業（集団）股份有限公司（蒙牛）が設立されたが、周辺に零細酪農経営が多かったため、生乳確保のために搾乳設備を持たない小規模経営が集まる場所に相次いで搾乳ステーションが開設されたと指摘している。烏雲塔娜・福田ら（2012）は、メラミン事件当時、内モンゴル自治区の生乳市場は、生乳の売り手である零細多数の酪農経営が中心で、生乳の買い手は伊利と蒙牛をはじめ少数の乳業メーカーに集中していたと指摘している。生乳市場では搾乳ステーションがコーディネーターの役割を果たしていたが、メラミン事件発生の主な原因は、乳業メーカーと個人の搾乳ステーションとの間の集乳委託関係であった。烏雲塔娜・森高・福田（2012）は、生乳買手の寡占構造や搾乳ステーション設置のサンクコストにより、内モンゴル自治区で個人搾乳ステーション経由の生乳取引が存在してきたと指摘した。何ら（2011）は、搾乳ステーション、養殖小区、私営牧場、乳業メーカーの直営牧場の4つの乳業メーカー（蒙牛）への生乳販売ルートを比較し、搾乳ステーションからの生乳販売の割合が最も高いものの、時間経過に伴って割合は下降傾向である一方、残りの4ルートの割合は上昇し重要性が高まっていると指摘した。

　内モンゴル自治区の養殖小区（牧場園区・酪農団地・飼育小区とも呼ばれる）に関する分析も挙げられる。長命（2012）は、養殖小区とは酪農専業村よりも大規模な酪農経営団地であると述べた。そして、長命・呉（2010）と長命（2012）は、内モンゴル自治区の養殖小区による生乳販売においては、酪農経営は生乳の全量販売が確保されるとともに、生産資材の立替支払いによって経営負担が軽減される一方、乳業メーカーは一定量の生乳を継続して集荷できるという、酪農経営と乳業メーカー双方にとってメリットがあると指摘した。一方、蘇徳斯琴・佐々木

(2017) は、養殖小区による生乳販売は、内モンゴル自治区の生態移民に新たな就業機会を提供するとともに、急成長する乳業メーカーの生乳を確保し、散在する酪農経営を乳業メーカーの集乳圏に組み込んでいるが、養殖小区に参加する酪農経営は生乳の販売先を選択できなくなるだけでなく、購入飼料に依存し、乳価と飼料価格の変動に直面して経営状況が不安定であることを指摘している。

　しかし、メラミン事件以降、中国政府の規制強化により、搾乳ステーションの閉鎖や乳業メーカーなどによる系列化が進み、現在、生乳の最大生産地である内モンゴル自治区では、搾乳ステーションでの集乳や販売が見られなくなった。また、メラミン事件後、中国政府は生乳生産の組織化や大規模化を推奨したが、前述の権ら (2016) が分析するように、政府や乳業メーカーによるこうした大規模化促進策は、大規模経営の増加を促進する成果はあるものの、主に中規模・大規模経営に偏ったものであったという。政府の補助金を受けるには、まず酪農規模（乳牛飼養頭数規模）が 100 頭以上、あるいは 200 ～ 300 頭の規模で飼養していることが条件となる。その結果、メラミン事件後に増加した養殖小区は、その後の政府の補助金を得ることが難しくなり、乳業メーカーの要請の下で経営規模を拡大することができず、次第に淘汰されていったのである。近年は合作社や養殖小区は急速に減少しており、趙ら (2017) によると、河北省の養殖小区数は 2012 年の 1,446 ヶ所から、2016 年には 226 ヶ所になっている。これは、生乳生産量の多い内モンゴル自治区でも同様の傾向である。

　一方、内モンゴル自治区の酪農経営の大規模化や企業化は引き続き推進されている。そのうち、酪農経営の企業化の展開について、市川ら (2011) は、内モンゴル自治区を中国で最も代表的な酪農先進地域とし、同自治区の酪農経営に関する調査結果から、その酪農経営の企業化の展開には、個別経営の企業化・法人化、乳業メーカーなどによる直営牧場会社の設立、郷鎮企業としての酪農部門の会社化の 3 方向があると指摘している。

以上、中国酪農における生乳販売について、酪農家、集乳業者、搾乳ステーション、合作社、養殖小区、乳業メーカーなどといったアクター間の関係、地域ごとの生乳販売、異なる酪農経営形態の生乳の販売、乳業メーカーの生乳調達の視点から、多くの分析がなされてきた。特に中国最大の生乳生産地であり、最も進んでいる地域である内モンゴル自治区での生乳販売についても多くの研究がなされている。しかし、これらの研究の多くは、内モンゴル自治区の搾乳ステーションや養殖小区を対象としていたが、現在では搾乳ステーションは消滅し、養殖小区もメラミン事件後のブームから終焉（しゅうえん）の時期へと移っている。一方、内モンゴル自治区の酪農経営の大規模化・企業化が進んでいるが、これに関する研究は多くない。特に、中規模経営の視点からの生乳販売行動や生乳販売形態の選択はもとより、大規模化や企業化を実現した酪農経営による生乳販売についての分析は多くはない。

　以上を要約すると、既存研究において、中規模酪農経営に関する研究は、計量分析が中心で、中規模経営の生乳販売面では、販売の結果である純利益や利潤率にしか触れておらず、生乳販売実態の分析が不十分である。また、計量分析以外では、中規模経営は、小規模経営、あるいは大規模経営と一体的に分析されることが多く、中規模経営と小規模経営、あるいは中規模経営と大規模経営との相違は重視されていない。生乳販売面では、内モンゴル自治区を対象地域とした研究は多い。しかし、これらの研究は、異なる経営形態の生乳の販売や乳業メーカーの生乳調達を分析しているが、中規模酪農の経営者がどのように生乳の販売形態を選択し、どのような販売行動を行うか、経営者の視点から分析されてはいない。

第3節　課題の設定と分析視角

　第Ⅰ部の課題は、中国における中規模酪農経営の生乳販売行動の展開メカニズムを明らかにすることである。分析対象地域は内モンゴル自治

区とする。同自治区は、中国最大の酪農地域であり、かつては小規模経営が多かったが、現在は中国で最も中規模経営が多い地域で、中規模経営の分析に適している。

　第Ⅰ部では、経営規模階層を**表1－1**のように設定する。前述の通り「全国農産品成本収益彙編」では、乳牛飼養頭数 51 ～ 500 頭階層を中規模経営とするが、第Ⅰ部では、生乳生産・販売を目的として 100 ～ 500 頭の乳牛を飼養する単一経営を、中規模経営と定義する。この理由は、中国の二大乳業メーカーである伊利と蒙牛が、内モンゴル自治区では 1 日当たり出荷乳量が 5 t 以上の酪農経営を取引基準としているためである。1 日当たり出荷乳量 5 t 以上は、おおむね乳牛飼養頭数 500 頭以上に対応し、二大乳業と取引可能な酪農経営は飼養頭数 500 頭以上の大規模経営に限られる。つまり、500 頭以上の大規模経営と 500 頭未満の中規模および小規模経営とでは、生乳販売面で違いがある。また、中規模経営と小規模経営との境界を 100 頭とした。メラミン事件以降、政府は乳牛頭数 100 頭以上階層、つまり中規模・大規模経営の増加を推進しているためである。**表1－1**に示すように、中規模経営は、小規模経営（100 頭未満層）と比較して、購入飼料と雇用労働力に依存する集約的な経営を行っており、経営体の性格が異なっている。

表1－1　中国酪農の経営規模階層

	小規模経営	中規模経営	大規模経営
乳牛頭数	100頭未満	100～500頭	500頭以上
飼料	大部分が自家栽培	大部分が購入	大部分またはすべて購入
労働力	家族労働力が中心	家族労働力をベースに、雇用労働力に依存	雇用労働力が中心
経営方式	粗放的	集約的	集約的

資料：内モンゴル自治区の酪農経営への聞き取り調査より作成。

　なお、同自治区の酪農は、主に東部・西部の草原地帯を中心としたモンゴル系遊牧民による酪農経営と、中部地域を中心とした漢民族による酪農経営の 2 つに大別される。前者は、馬や羊、ヤギなどに加えて、少数の乳肉兼用種も飼養し、生乳を主に自家製の乳製品加工に利用する。

一方、後者は主にホルスタイン種の乳牛を飼養し、生乳を販売している。第Ⅰ部では、同自治区の中部で販売目的に生乳を生産する酪農経営を主に分析対象とする。中規模経営は、主に小規模の家族経営から発展した100〜500頭規模の企業的家族経営を指す[3]。

　分析視角は以下の通りである。第1に、内モンゴル自治区に拠点を構える二大乳業メーカーが自治区の生乳生産・販売に大きな影響を及ぼしているため、これら2社の酪農経営に対する垂直的な調整に着目する。第2に、中小規模経営と大規模経営、中規模経営と小規模経営では、生乳の販売に違いがあると思われるため、これらの比較を通して中規模経営の生乳販売行動を分析する。特に、メラミン事件以降、搾乳施設を持たずに個別経営を行っている乳牛飼養頭数100頭以下の小規模経営は、養殖小区に加入し、搾乳施設を共同利用し、生乳を共同販売することになった[4]。そこで、単一経営の小規模経営の生乳販売は、小規模経営の養殖小区を分析することで行われる[5]。

第4節　構成

　図1−1に示すように、第Ⅰ部は以下のような構成である。
　第2章では中国の酪農政策と生乳生産構造の変化、第3章では内モンゴル自治区の乳業構造と生乳生産構造を分析する。第4章では、内モンゴル自治区の酪農経営を対象としたアンケート調査を通じて、中規模経営の生乳販売の特徴を解明する。第5章では、大手乳業メーカーの垂直調整による生乳生産・流通への影響の分析を通じて、中小規模経営と大

---

3) 新山（1997）、井上（2015）を参照。企業的家族経営とは、家族をベースとした企業的経営で、経営管理は家族構成員、それ以外の作業は雇用労働力が担う経営である。
4) メラミン事件後、中央政府は「乳製品の品質と安全性のさらなる強化に関する通達」を出し、事業登録を得た酪農企業、牧場（養殖小区）、合作社以外の酪農経営に対する生乳の販売・輸送許可を禁止した。養殖小区に加入していない小規模経営は、そもそも搾乳施設を持たず、政府の要求するインフラ整備基準を満たすことが難しいため、登録事業者になる可能性は低い。乳牛を飼い、生乳を販売する小規模経営はまだ存在するが、政府が規制しないからといって、それが法的に許可されているわけではない。
5) メラミン事件後、中国政府も小規模経営の生乳生産・販売のため、合作社への加入を奨励していたが、養殖小区の個別経営と違って合作社は単一経営であり、単一経営の規模、つまり乳牛の飼養頭数規模では小規模経営とは言えない。

規模経営の生乳販売対応の違いがあることを解明する。さらに第6章では、大手乳業メーカーとの契約解消後、中小規模経営の生乳販売形態の選択論理を解明し、中規模経営の生乳販売戦略を明らかにする。第7章では、各章を総括し、結論を述べる。

（鄭　海晶）

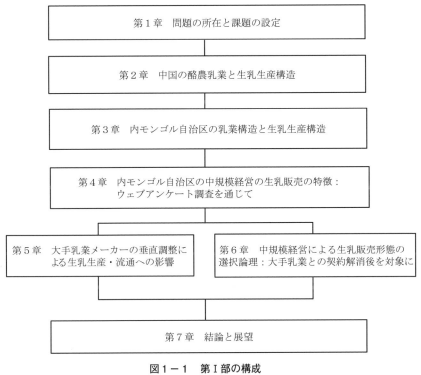

図1－1　第Ⅰ部の構成

資料：筆者作成。

第2章　中国の酪農乳業と生乳生産構造

第1節　本章の課題

　本章の課題は、中国の酪農乳業政策と生乳生産構造の変化を明らかにすることである。まず、中国における生乳の需給動向を解明する。次に、メラミン事件以降の酪農乳業政策を述べる。最後に、中国の生乳生産構造の変化を明らかにする。

第2節　中国における生乳の需給動向

　図2－1は、乳牛の飼養頭数、1頭当たり搾乳量、（牛由来）生乳生産量の推移を示したものである。1949年以降、中国の生乳生産量は、乳牛飼養頭数や1頭当たり搾乳量の増加に応じて増加し、2006年にピークに達した。しかし、2008年以降、乳牛飼養頭数の伸びは鈍化し、減少傾向にある。そのため、飼養や管理技術の向上により1頭当たり搾乳量は増加したものの、乳牛飼養頭数の減少により生乳生産量の伸びは横ばいになっている。2018年の生乳生産量は、2006年のピーク時3,193万tに対して、3,075万tと若干減少した。しかし、生乳生産量は2019年以降再び回復し、3,440万tに達している。
　図2－2に、生乳と液体乳・乳製品の生産量の推移を示した。中国における液体乳・乳製品の製造量（液体乳と乳製品の合計）は、生乳と同様に2000年から2008年まで急増した。2008年以降、テンポは低下したものの、増加を続け、2017年には2,935万tであった。2017年の内訳は、牛乳・ヨーグルトなどの液体乳が2,692万tで全体の9割を占め、乳製品は残り1割の243万tに過ぎない。生乳生産量が横ばいであるにもかかわらず、液体乳製造量は増加を続けているが、これは液体乳原料における輸入乳製品や非乳製品原料の使用増加を示唆する。乳製品は大半が粉乳であるが、製造量は2012年の399万tをピークに減少に転

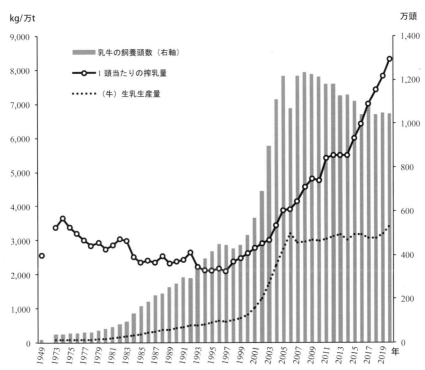

図２-１　乳牛の飼養頭数、1頭当たりの搾乳量、（牛由来）生乳生産量の推移

資料：「中国乳業統計資料2017-2021」より作成。
注：図示していない箇所は統計中で非掲載。

じた。その理由は、メラミン事件による国産乳製品の信用失墜、低関税で安価な輸入乳製品との競争激化である（竹谷・木下，2017：75）。

　また、2017 年以降、生乳生産量は若干増加しているが、液体乳・乳製品の製造量にはほとんど変化がなく、2,700 万 t 前後で推移している。

　図２-３は、液体乳・乳製品の生産量、消費量および輸入量の推移である。液体乳・乳製品の輸入量は増加が続き、2008 年の 35 万 t から2018 年には 274 万 t に達した。消費量は生産量を恒常的に超過しており、その差も若干拡大している。この差は輸入が埋めていると理解できる（劉ら，2018：131）。2018 年は、液体乳・乳製品の生産量、消費量が共に減少したものの、輸入量は高水準であった。

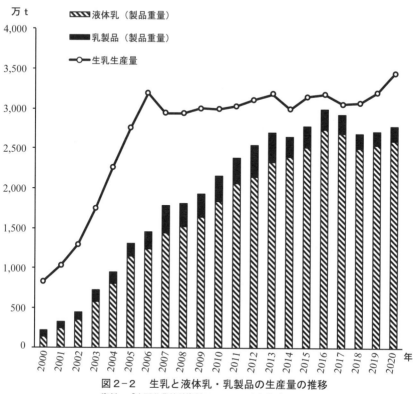

万 t

▨▨▨ 液体乳（製品重量）

■■■ 乳製品（製品重量）

─○─ 生乳生産量

図2−2　生乳と液体乳・乳製品の生産量の推移
資料：「中国乳業統計資料2017-2021」より作成。

　輸入の内訳を確認すると、2017年で飲用乳52.9万 t、ホエー52.7万 t、全粉乳47.0万 t、育児用粉乳30.3万 t であり、特に直近4年間では飲用乳輸入が2倍近く増加した（三原, 2018）。飲用乳需要に国内生産が追い付いていない実態が示唆される。飲用乳はドイツ、ニュージーランド、フランス、粉乳類はニュージーランドやオランダからの輸入が多い（竹谷・木下, 2017：80-81）。

　国産乳製品の価格は、メラミン事件の影響を受けて下落した後、飼料高騰による生産コスト上昇によって、いったんは回復したものの、2014年以降の輸入乳製品の増加で国産乳製品の在庫が増え、価格低下が生じている（竹谷・木下, 2017；三原, 2018）。対ニュージーラン

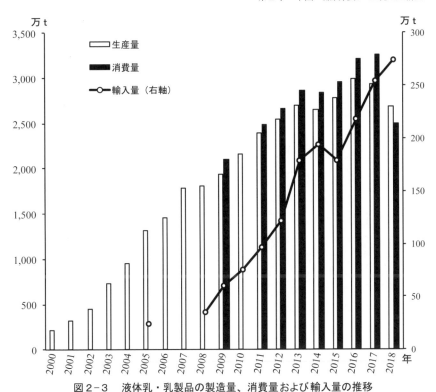

図 2-3　液体乳・乳製品の製造量、消費量および輸入量の推移
資料：「中国乳業統計資料2017-2021」「全国乳業発展計画（2016-2020年）」
　　　「中国乳業年鑑2019」より作成。
注：図示していない箇所は統計中で非掲載。

ド FTA は 2009 年、対豪州 FTA は 2015 年に発効し、段階的な関税削減が進んでいる。それによる輸入価格の低下による影響も考えられる。対ニュージーランド FTA では、飲用乳と粉乳類以外の乳製品の関税が 2017 年に撤廃、2019 年には粉乳類の関税も撤廃される予定である（木田・伊佐，2016a：94-95）。対豪州 FTA でも、一部乳製品の関税が 2019 年から撤廃される（劉ら，2018：141）。その結果、生産者乳価も 2016 年以降は下落に転じ（「中国乳業統計資料 2017」）、酪農経営への悪影響が予想される。

　また、**表 2-1** が示すように、アルファルファとオーツ麦は、輸入重

量、輸入金額ともに 2008 年から大幅に増加している。輸入価格も何度
か値上がりしている。そのうち、アルファルファの輸入元は主に米国で、
次いでスペインとなっている。米国からの輸入は、2010 年の約 22 万 t
から 2018 年には約 116 万 t に増加し、スペインからの輸入量は 2018
年に 18 万 t 程度と、2017 年の 5 倍以上となった（「中国乳業統計資料
2021」）。

　続いて、図2−4は、生乳、トウモロコシ、豆粕、輸入アルファルファ、
輸入オーツ麦の 1 kg 当たり平均価格の推移を示したものである。トウ
モロコシ、豆粕、輸入アルファルファ、輸入オーツ麦の平均価格が上昇
し、生乳生産コストが高まると、生乳の平均価格も上昇し、一定の連動
が見られる。生乳の平均価格は、2009 年に最も低く、逆に 2014 年に
は最も高くなり、2015 年以降は横ばいで推移している。

　表2−2は、生産者乳価の推移である。表に示すように、年間の最高
乳価と最低乳価の変動幅は 2013 年が最大で、それ以降は縮小しており、
需給緩和の進行が推定される。

表2−1　アルファルファとオーツ麦の輸入重量、輸入金額、輸入単価の推移

	アルファルファ（乾草）			オーツ麦（乾草）		
	輸入重量（t）	輸入金額（万ドル）	輸入単価（ドル/t）	輸入重量（t）	輸入金額（万ドル）	輸入単価（ドル/t）
2008年	17,613	513	291	1,546	48	314
2009年	74,185	2,003	270	1,448	37	257
2010年	218,058	5,906	271	8,991	240	267
2011年	275,564	9,960	361	12,726	395	310
2012年	442,696	17,416	393	17,525	620	354
2013年	755,598	28,060	371	42,812	1,581	369
2014年	884,513	34,249	387	120,953	4,064	336
2015年	1,210,030	46,859	387	151,490	5,280	349
2016年	1,387,775	44,613	321	222,688	7,307	328
2017年	1,399,125	42,363	303	307,922	8,623	280
2018年	1,383,388	44,626	323	293,641	7,973	272

資料：「中国乳業年鑑2019」より作成。

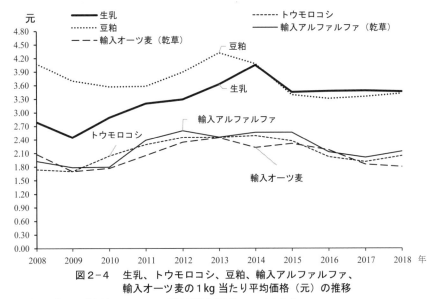

図2-4　生乳、トウモロコシ、豆粕、輸入アルファルファ、
輸入オーツ麦の1kg 当たり平均価格（元）の推移

資料：「中国乳業年鑑2013-2019」、「中国乳業統計資料2019」より作成。

注：生乳、トウモロコシ、豆粕の平均価格は、中国国内の月平均単価（元/kg）に基づいている。
　　輸入アルファルファ、輸入オーツ麦の平均価格は、輸入単価のドル/ t を元/kgに換算しており、
　　2018年は1ドルが6.62元に相当する（国家統計局による「中華人民共和国の2018年国民経済・
　　社会発展統計　公報1」を参照）。

表2-2　生乳者乳価の推移

	2008年	2009年	2010年	2011年	2012年	2013年	2014年	2015年	2016年	2017年	2018年
平均乳価 (元/kg)	2.79	2.45	2.89	3.20	3.29	3.62	4.05	3.45	3.47	3.48	3.46
年間の最低乳価 (元/kg)	2.68 (12月)	2.31 (8月)	2.68 (1月)	3.18 (1月)	3.26 (1月)	3.4 (1月)	3.79 (12月)	3.4 (5月)	3.39 (8月)	3.41 (7, 8月)	3.37 (7月)
年間の最高乳価 (元/kg)	2.93 (3月)	2.62 (1月)	3.13 (12月)	3.25 (12月)	3.38 (12月)	4.12 (12月)	4.26 (2月)	3.56 (1月)	3.56 (1, 2月)	3.54 (1, 2月)	3.59 (12月)
年間の乳価差 (元/kg)	0.25	0.31	0.45	0.07	0.12	0.72	0.47	0.16	0.17	0.13	0.22

資料：「中国乳業年鑑2019」より作成。

第3節　メラミン事件後の酪農乳業政策

1．酪農政策の展開

　表2-3で、メラミン事件前後の中国の酪農乳業政策を整理した。メ

表2-3　メラミン事件前後の中国の酪農乳業政策

発表時期	政策	酪農に関する内容	乳業に関する内容
2007年	国務院による「酪農乳業の持続的で健全な発展の促進に関する意見」	大規模の養殖小区と牧場の発展により、酪農経営の大規模化・集約化・標準化の推進を加速する。2012年までには、大規模階層の割合が大幅に増加する。	
2008年（4月）	「規模養殖小区（規模牧場）の建設投資の計画に関する」国家発展改革委事務所・農業部事務所の通達	乳牛飼養頭数が200頭以上の養殖小区と牧場が施設整備など向けの補助金が支給される。200〜499頭層、500〜999頭層、1000頭以上層には、それぞれ50万元、100万元、150万元の補助金が支給される。	
2008年（11月）	「生乳の生産・調達の管理方法」	養殖小区と牧場の設立は法律や行政法規の規定があり、政府に申請して営業コードを取得する必要がある。	政府は、乳業メーカーが自ら生乳の生産拠点を設けることを奨励している。
2008年（11月）	「酪農乳業の粛正・振興策の概要」	2011年末には、乳牛飼養頭数100頭以上層に占める割合が現在の20%以上から30%に増加する。	乳業界におけるさらなる集中度の向上。
2010年	「規模養殖小区（規模牧場）の建設投資の計画に関する」国家発展改革委事務所・農業部事務所の通達	養殖小区と牧場の改築や経営規模の拡大に、引き続き5億元を充当する。支給基準や助成額は2008年、2009年と同じで、すでに助成を受けた経営は再度応募することはできない。	
2010年	「全国の酪農乳業の発展企画（2008-2013）」	2013年までに、乳牛飼養頭数100頭以上階層に占める割合を35%に引き上げる。生乳の集荷場（搾乳所を含む）が安全管理下にあることを確保する。規模養殖小区や規模牧場、および合作社の発展を奨励し、乳業メーカー、合作社、牧場による搾乳所の系列化を支援する。	2013年までに、乳業メーカーが管理する生乳生産拠点の割合を7割以上にすることとしている。
2015年	「全国の酪農乳業の発展企画（2016-2020）」	2015年には、乳牛飼養頭数100頭以上階層に占める割合が48.3%に達した。合作社の数は、2008年の7倍以上となる1.5万社に達した。次の目標は、2020年までに100頭以上階層に占める割合を70%以上にすることである。	2015年に、年間販売額が2,000万元以上の乳業メーカー数は638社であり、2008年に比べて177社減少した。
2017年	「中国の酪農乳業の質量報告2017」	2016年に、乳牛飼養頭数100頭以上に占める割合が53%に達した。合作社の数は、1.6万社以上に増加した。	
2018年	「酪農乳業の活性化と乳製品の品質・安全性の向上を促進するため」の国務院通達	酪農経営の標準化・大規模化を推進するため、標準化牧場の模範牧場の建設、規模牧場の改築、養殖小区の牧場式管理方式への転換、_適度経営_の展開などが行われる予定である。	
2018年	「乳製品の品質と安全性を確保するための酪農産業の活性化促進に関する」国務院事務所の意見	2020年までに、乳牛飼養頭数100頭以上階層に占める割合を65%にする。酪農経営の標準化と大規模化を推進し、_適度経営_の発展を促進する。	
2018年	「乳業の活性化をさらに進めるためのいくつかの意見」	酪農経営者による_適度経営_の発展を支援する。牧場や合作社が地域の特性を生かした乳製品を生産できるように支援する。	
2019年	「2019年のよい農業・農村の仕事の実施に関する意見」（中央1号文書）	良質な生乳供給基盤の構築と中小規模酪農経営の近代化・集約化経営への発展を促進する。家庭牧場の積極的な展開、酪農家組織の育成・強化、乳製品加工を展開する意欲にある酪農経営者の支援・指導を行う。	

資料：一部の中国の酪農乳業政策を整理した上で作成。

ラミン事件の直前である 2007 年に、国務院は「酪農乳業の持続的で健全な発展の促進に関する意見」を発表、中国政府はすでに酪農経営の大規模化を進める政策を開始していた。それによって、2012 年までには酪農経営の大規模層の割合が大幅に上昇する。2008 年の「規模養殖小区（規模牧場）の建設投資の計画に関する」国家発展改革委事務所・農業部事務所の通達では、乳牛飼養頭数 200 頭以上の酪農経営体に対する、施設整備等向けの規模階層別の補助金支給が示された。飼養頭数規模 200 ～ 499 頭層には 50 万元、500 ～ 999 頭層には 100 万元、1,000 頭以上層には 150 万元が支給される。2011 年から、この支給基準の最低は 300 頭以上に引き上げられた。2017 年には、飼養頭数規模 300 ～ 499 頭層には 80 万元、500 ～ 999 頭層には 130 万元、1,000 頭以上層には 170 万元の補助金が支出された（劉ら、2018）。

　そして、中央政府による「国民経済と社会発展の第 13 次 5 カ年計画（2016 ～ 2020）」（2015 年）では、2020 年までには大規模経営（乳牛飼養頭数 100 頭以上層を指す）が飼養頭数に占める割合を 70％まで引き上げるという目標が提示された（王ら、2017）。さらに、「乳製品の品質と安全性を確保するための酪農産業の活性化促進に関する」国務院事務所の意見によると、2020 年までに乳牛飼養頭数 100 頭以上階層に占める割合を 65％に引き上げるという指示もある。このように、2008 年以降、中国政府はさまざまな政策で酪農経営の大規模化、および乳牛飼養頭数 100 頭以上階層の割合を高めるよう推進している。その結果、中国の中規模・大規模酪農経営の戸数は急激に増加し、その割合は 2020 年には飼養頭数ベースで 67.2％に達した（「2021 中国乳業質量報告」、2021 年 7 月 18 日公布）。

　また、2018 年以降、「適度経営規模（適正な経営規模を意味する用語）」の展開に関する酪農政策が増加する。「適度規模経営」は「中規模経営」と全く同じではないが、「適度規模経営」を展開するということは、酪農の経営規模が大き過ぎても、小さ過ぎてもいけないということである。これは、中国政府が小規模経営と大規模経営の間にある中規模経営の展

開を重要視し始めたことを示している。

　以上のことから、メラミン事件以降、中国の酪農乳業政策では、酪農経営の大規模化を推進するために乳牛飼養頭数100頭以上階層の戸数割合を高めることが明記されているが、何頭であれば大規模経営とみなられるのかについては明確に示されていない。しかし、メラミン事件の直後、内モンゴル自治区は100頭以上の規模牧場や養殖小区の割合を高める「内モンゴル自治区乳牛標準化規模牧場（養殖小区）建設計画綱要」（2009年）を発表した。同「綱要」では、2009年から2013年にかけて、規模牧場や養殖小区の建設を希望する事業者に補助金を支給しているが、申請者には現在100頭以上、建設後は500頭以上の乳牛飼養規模を要求し、特に伊利と蒙牛の大手2社には500頭以上の規模牧場や養殖小区を直接建設することを求めていた。このことから、当時は500頭以上が大規模経営と見なされていたと考えられる。

　先述の「第13次5ヵ年計画」では、家畜飼養方法の標準化と農場大規模化の促進、飼養標準化のモデル農場や大規模生産団地建設の推進がうたわれ、ICTを活用した家畜飼養、牧場経営への活用の促進が打ち出されている（木田・伊佐，2016a）。高度な資本装備を伴った中規模・大規模酪農経営が、これからさらに増加すると考えられる。これらの結果から、メラミン事件以降、乳業メーカーの生乳調達面では、単に小規模酪農経営を組織化した合作社や養殖小区よりも、こういった中規模・大規模酪農経営との契約取引の増加が示唆される。

２．乳業政策の展開

　メラミン事件に対応して、特に、メラミン混入が発生した集乳段階については、中国政府が「乳畜の飼養と生乳の購入・輸送段階の違法行為の厳重処罰に関する規程」（2011年）や「搾乳ステーション・輸送車両に対する規制業務のさらなる強化に関する通達」（2017年）などを打ち出し、集乳施設や輸送車両の管理強化、関連業者の審査厳格化を目指し

ている（王，2017）。そのほか、乳業メーカーによる搾乳ステーションの系列化・新設や、乳質管理の難しい小規模経営を合作社や養殖小区に組織化して契約取引を行い、乳質改善を図る取り組みが行われている。こういった動きは、乳業メーカー自身の利害に加えて、政府の政策を反映したものでもあると言える（戴，2016：15）。

　2008 年 10 月には、中国政府工業・情報化部などは「乳業界の整理・規範化業務プラン」を公表した。産業政策や業界の参入条件を満たさず、期限内に条件を改善できない乳業メーカーの工場閉鎖を行う内容である。2008 年 11 月、「酪農乳業の粛正・振興策の概要」を公表し、乳業の集中度をさらに高めるという目標を提示した。続けて、2009 年には過剰な投資・工場建設の抑止、2014 年には乳業メーカーの合併再編を促進する政策が開始された。メラミン事件以前は増加していた乳業メーカー数は、2009 年の 803 社から 2016 年の 627 社に減少した（王・劉，2018：65）。2018 年にはさらに減少して 587 社となり、そのうち 21 ％に当たる 121 社が赤字経営となっている。

　表 2 － 4 に、2003 年から 2018 年までの年間販売額 2,000 万元以上の

表 2-4　中国の大手・中規模乳業の合計数および年間販売額・利潤額の推移

	会社数(社)	うち、赤字経営(社)	割合	年間販売(億元)	利潤額(億元)
2003年	584	158	27%	498	31
2004年	636	197	31%	625	34
2005年	698	196	28%	862	48
2006年	717	176	25%	1,041	55
2007年	736	166	23%	1,310	78
2008年	815	223	27%	1,431	40
2009年	803	160	20%	1,623	105
2010年	784	147	19%	1,940	177
2011年	644	104	16%	2,315	149
2012年	649	114	18%	2,502	160
2013年	658	91	14%	2,832	180
2014年	631	100	16%	3,298	225
2015年	638	103	16%	3,329	242
2016年	627	104	17%	3,504	260
2017年	611	110	18%	3,590	245
2018年	587	121	21%	3,399	230

資料：「中国乳業年鑑2008-2019」より筆者作成。

乳業メーカー数、すなわち大手乳業メーカーと中規模乳業の合計数、および年間販売額・利潤額の推移を示した。大手乳業メーカーと中規模乳業の合計数は、2003 年から増加し、2008 年の 815 社をピークに、その後は年々減少している。しかし、メーカー数の減少にかかわらず、売上高総額および利潤総額は増加し続けている。

表 2-5 は、2008 年から 2012 年までの規模別乳業メーカーの発展状況である。表に示すように、2008 年以降、年間販売額 2,000 万元以上

表2-5 　中国の規模別乳業メーカーの発展状況

	各項目	単位	2008年	2009年	2010年	2011年	2012年
乳業全体	会社数	社	815	803	784	644	649
	うち、赤字経営	社	223	160	147	104	114
	従業員数	万人	21	22	23	23	24
	年間販売総額	億元	1,411	1,600	1,882	2,294	2,470
	利潤総額	億元	40	105	177	149	160
	資産総額	億元	942	1,154	1,384	1,543	1,744
	負債総額	億元	533	619	767	879	958
大手乳業 （年間販売額≧ 40,000万元）	会社数	社	9	13	13	15	37
	（全体に占める割合）	%	1	2	2	2	6
	うち、赤字経営	社	2	1	1	1	3
	従業員数	万人	4	5	6	6	9
	年間販売総額	億元	273	328	327	410	858
	（全体に占める割合）	%	19	20	17	18	35
	利潤総額	億元	-4	16	44	28	66
	資産総額	億元	260	358	445	511	765
	負債総額	億元	159	202	267	317	420
中規模乳業 （2,000万元≦年間販 売額＜40,000万元）	会社数	社	137	144	154	145	153
	（全体に占める割合）	%	17	18	20	23	24
	うち、赤字経営	社	48	22	23	20	25
	従業員数	万人	10	10	11	10	8
	年間販売総額	億元	713	812	1,005	1,174	859
	（全体に占める割合）	%	50	51	53	51	35
	利潤総額	億元	23	62	96	77	47
	資産総額	億元	376	461	582	599	507
	負債総額	億元	204	242	302	328	282
小規模乳業 （300万元≦年間販売 額＜2,000万元）	会社数	社	669	646	617	484	459
	（全体に占める割合）	%	82	80	79	75	71
	うち、赤字経営	社	173	137	123	83	86
	従業員数	万人	8	7	7	8	7
	年間販売総額	億元	426	460	550	710	752
	（全体に占める割合）	%	30	29	29	31	30
	利潤総額	億元	21	26	37	44	46
	資産総額	億元	306	334	357	433	473
	負債総額	億元	170	175	198	234	256

資料：「中国乳業年鑑2013」より作成。

の大手乳業と中規模乳業の数が増加し、年間販売額2,000万元未満の小規模乳業の数は減少している。また、大手乳業メーカーの年間販売総額の成長率は、中規模乳業と小規模乳業より高い。2012年の年間販売総額では、大手乳業メーカー37社が全体の35％、中規模乳業153社が全体の35％、小規模乳業459社が全体の30％を占めている。さらに、大手乳業メーカーは、中規模乳業と小規模乳業に比べて従業員数が多く、資産総額も大きい。最新の統計ではないが、これは中国における乳業メーカーの集中度がさらに高まり[1]、大手乳業メーカーのシェアが高まったことを示している。

第4節　中国における生乳生産構造の変化

　表2-6は、中国における規模階層別の酪農戸数の割合と飼養頭数の割合の推移である。中国の酪農戸数は全体として減少しており、2019年には2008年比で約8割も減少している。また、中国の乳牛飼養頭数もやや減少しているが、1戸当たり乳牛頭数は増加している。これは、酪農家戸数が減少する一方で、酪農の経営規模が拡大していることを示している。

　規模階層別に見ると、小規模経営は急減したものの、戸数ベースで依然として全体の約99％を占めている。一方、中規模・大規模経営は増加したものの、その戸数シェアは合計でまだ1％程度にとどまっている。また、小規模経営の飼養頭数ベースの割合は2008年の80.5％から2018年の38.6％まで低下したが、中規模・大規模経営の同・割合の合計は2008年の19.5％から2018年の61.4％まで上昇した。つまり、生乳生産量で見れば、中規模・大規模経営への集中度が高まっていると言える。

　表2-7は、中国の省・市・自治区別の酪農構造である。2019年の中規模経営の戸数は内モンゴル自治区が最も多く、中国全体の26.8％

1) 李・劉（2017）は、メラミン事件以降、中国の「乳製品の生産能力がさらに集中した」ことも指摘している。

表2-6　中国における規模階層別の酪農戸数の割合と飼養頭数の割合の推移

	戸数全体 （万戸）	乳牛飼養 頭数全体 （万頭）	1戸 当たり 乳牛頭数 （頭）	小規模経営 （1～99頭）		中規模経営 （100～499頭）		大規模経営 （500頭以上）	
				戸数割合	乳牛飼養 頭数割合	戸数割合	乳牛飼養 頭数割合	戸数割合	乳牛飼養 頭数割合
2007年	266.9	1,213	4.5	99.7%	83.6%	0.3%	8.9%	0.0%	7.5%
2008年	258.7	1,231	4.8	99.7%	80.5%	0.3%	9.4%	0.1%	10.1%
2009年	240.3	1,221	5.1	99.6%	73.2%	0.3%	10.8%	0.1%	16.0%
2010年	231.0	1,211	5.2	99.5%	69.4%	0.4%	11.2%	0.1%	19.4%
2011年	219.9	1,178	5.4	99.4%	67.1%	0.4%	12.1%	0.1%	20.8%
2012年	205.6	1,179	5.7	99.3%	59.3%	0.6%	12.3%	0.2%	25.0%
2013年	189.1	1,123	5.9	99.2%	58.9%	0.6%	13.4%	0.2%	27.7%
2014年	171.8	1,128	6.6	99.1%	54.8%	0.7%	14.5%	0.2%	30.7%
2015年	155.5	1,099	7.1	99.1%	51.7%	0.6%	14.3%	0.2%	34.0%
2016年	130.2	1,037	8.0	99.1%	47.5%	0.6%	13.8%	0.3%	38.5%
2017年	85.1	1,080	12.7	99.0%	41.7%	0.7%	13.1%	0.4%	45.2%
2018年	66.2	1,038	15.7	99.1%	38.6%	0.5%	10.4%	0.4%	51.0%
2019年	54.6	1,045	19.1	98.8%	—	0.7%	—	0.5%	—

資料：「中国畜牧業年鑑2008-2013」「中国畜牧獣医年鑑2014-2020」「中国乳業年鑑2017-2020）」より作成。
注：2014年から「中国畜牧業年鑑」は「中国畜牧獣医年鑑」を改名させた。

を占めた。河北省は大規模経営の戸数が最も多く、中国全体の24.9％を占めた。一方、新疆ウイグル自治区は最も小規模経営の戸数が多く、中国全体の小規模経営の半数以上を占めている。

第5節　小括

　メラミン事件以降、生乳生産量は横ばいに転じるが、液体乳・乳製品の消費量と輸入量は拡大している。輸入の増加は国産乳製品在庫の増加をもたらし、国産乳製品の価格は下落している。また、輸入飼料価格の上昇で生産コストの上昇に加え、生産者乳価の下落により、酪農経営の困難をもたらしている可能性がある。特に、年間の最高乳価と最低乳価の変動幅が縮小し、需給緩和の進行が推定される

　中国政府はメラミン事件の直前から、酪農経営の規模拡大を促進する政策を開始した。事件を受け、同種事件の再発を防止するために、酪農乳業の活性化、液体乳・乳製品の製造段階の規制強化、酪農経営の大規模化などを目的とした一連の政策を導入した。その結果、中規模・大規模経営が増加し、2020年には100頭以上層の割合は飼養頭数ベースで

表2-7　中国の省・市・自治区別の酪農構造（2019年）

	中国全体 （戸）	小規模経営 （戸）	全国 シェア	中規模経営 （戸）	全国 シェア	大規模経営 （戸）	全国 シェア
全国	545,716	539,350	100.0%	3,855	100.0%	2,511	100.0%
新疆ウイグル自治区	314,638	314,205	58.3%	311	8.1%	122	4.9%
チベット自治区	37,253	37,208	6.9%	40	1.0%	5	0.2%
青海省	32,396	32,376	6.0%	16	0.4%	4	0.2%
内モンゴル自治区	27,516	26,213	4.9%	1,035	26.8%	268	10.7%
河南省	22,114	21,780	4.0%	234	6.1%	100	4.0%
黒龍江省	20,180	19,716	3.7%	273	7.1%	191	7.6%
雲南省	20,140	20,072	3.7%	40	1.0%	28	1.1%
陝西省	16,589	16,278	3.0%	231	6.0%	80	3.2%
山西省	14,439	14,084	2.6%	242	6.3%	113	4.5%
甘粛省	12,829	12,729	2.4%	57	1.5%	43	1.7%
四川省	8,059	7,986	1.5%	50	1.3%	23	0.9%
山東省	5,000	4,270	0.8%	501	13.0%	229	9.1%
遼寧省	4,329	4,142	0.8%	75	1.9%	112	4.5%
河北省	2,690	1,593	0.3%	472	12.2%	625	24.9%
吉林省	1,886	1,834	0.3%	40	1.0%	12	0.5%
寧夏回族自治区	1,561	1,315	0.2%	31	0.8%	215	8.6%
湖南省	1,124	1,111	0.2%	7	0.2%	6	0.2%
福建省	961	935	0.2%	2	0.1%	24	1.0%
広東省	389	356	0.1%	6	0.2%	27	1.1%
江西省	297	286	0.1%	4	0.1%	7	0.3%
重慶市	197	186	0.0%	5	0.1%	6	0.2%
広西省	197	178	0.0%	10	0.3%	9	0.4%
安徽省	186	139	0.0%	21	0.5%	26	1.0%
浙江省	176	124	0.0%	24	0.6%	28	1.1%
江蘇省	174	45	0.0%	67	1.7%	62	2.5%
北京市	152	92	0.0%	22	0.6%	38	1.5%
天津市	102	11	0.0%	18	0.5%	73	2.9%
貴州省	86	75	0.0%	5	0.1%	6	0.2%
湖北省	28	10	0.0%	10	0.3%	8	0.3%
上海市	24	1	0.0%	3	0.1%	20	0.8%
海南省	23	0	0.0%	3	0.1%	20	0.8%

資料：「中国畜牧獣医年鑑2020」より作成。

67.2％に達した。一方、乳業メーカーの集中度もさらに高まり、大手乳業メーカーが中国の市場で高いシェアを占めている。

　また、2008年以降、中国の酪農戸数の全体と乳業飼養頭数の全体は減少しているが、1戸当たり乳牛飼養頭数は増加しており、酪農経営の規模拡大が進んでいる。酪農戸数の規模別構成で見ると、中国の小規模経営は戸数ベースで依然として全体の約99％を占めており、中規模・大規模経営は合計で1％程度にとどまっている。また、飼養頭数の規模別構成では、小規模経営の割合は飼養頭数ベースで2008年から大きく

下がり、中規模・大規模経営の同・割合の合計は2008年から大きく上がっている。これは、中国の生乳生産が中規模・大規模経営への集中が進んでいることを示している。そして、内モンゴル自治区の中規模経営の戸数が全国で最も多い一方、河北省では大規模経営の戸数が最も多くなっている。

（鄭　海晶）

第3章　内モンゴル自治区の乳業構造と生乳生産構造

第1節　本章の課題

　本章の課題は、内モンゴル自治区の乳業構造と生乳生産構造を明らかにすることである。まず、中国の酪農における内モンゴル自治区の位置付けを述べる。次に、統計データの分析により、内モンゴル自治区における酪農乳業の発展と乳業構造の特徴を解明する。続けて、内モンゴル自治区の生乳生産構造の特徴、特にメラミン事件後の同自治区の小規模経営、中規模経営、大規模経営の変化について分析する。

第2節　中国酪農における内モンゴル自治区の位置付け

　図3−1は、中国における乳牛飼養頭数と生乳生産量の地区分布である。中国の生乳生産地区は、東北地区、華北地区、西北地区、西南地区、華南地区、華東地区の6つに分けられる。2020年の乳牛飼養頭数は、華北地区が305万頭で全体の29.2％で最も多く、次いで西北地区が249万頭で全体の23.8％、東北地区が152万頭で全体の14.6％である。しかし、生乳生産量で見ると、2020年の華北地区の生乳生産量は1,286万t、全体の37.4％を占め、西北地区や東北地区の2倍である。残りの華東地区、西南地区、華南地区の生乳生産量は比較的少ない。

　第Ⅰ部の対象地域とする内モンゴル自治区は、生乳生産量の最も多い華北地区に位置する。2020年の同自治区の乳牛飼養頭数は129万頭、生乳生産量は612万tで、それぞれ華北地区の42.3％、47.6％を占めている。

　表3−1は、中国の省・市・自治区別の乳牛飼養頭数および生乳生産量を示したものである。2020年の乳牛飼養頭数トップ3は、内モンゴル自治区の約129万頭、河北省の約122万頭、新疆ウイグル自治区の115万頭で、この3つの省・自治区で中国全体の35.1％を占めてい

華北地区
乳牛飼養頭数：305万頭（29.2%）
生乳生産量：1,286万 t （37.4%）

東北地区
乳牛飼養頭数：152万頭（14.6%）
生乳生産量：676万 t （19.7%）

西北地区
乳牛飼養頭数：249万頭
（23.8%）
生乳生産量：618万 t （18.0%）

西南地区
乳牛飼養頭数：146万頭（14.0%）
生乳生産量：189万 t （5.5%）

華東地区
乳牛飼養頭数：134万頭（12.8%）
生乳生産量：415万 t （12.1%）

華南地区
乳牛飼養頭数：58万頭（5.6%）
生乳生産量：256万 t （7.4%）

図3−1　中国における乳牛飼養頭数と生乳生産量の地区分布（2020 年）
資料：「中国乳業統計資料2021」より作成。
注：この地図は参考のためのもので、実際の中国の地図を示すものではない。

る。生乳生産量については、内モンゴル自治区が約 612 万 t と最も多く、次いで黒龍江省の 500 万 t 程度、河北省の約 484 万 t となっている。

　内モンゴル自治区は、乳牛飼養頭数、生乳生産量ともに全国1位で、中国最大の生乳生産地である。

　表3−2は、2018 年に中国の1人当たり年間生乳生産量と1人当たり年間乳類消費量である。地区別では、西北地区の年間生乳生産量は平均 84.6kg と最も多く、次いで華北地区（68.3kg）、東北地区（55.0kg）、西南地区（25.9kg）の順となっている。その中で、省・市・自治区別で見ると、1人当たり年間生乳生産量は寧夏回族自治区と内モンゴル自治区がそれぞれ全国1位、2位で、全国平均の 22.1kg の 10 倍以上である

ことがわかった。

また、地区別の平均的な年間乳類消費量では、華北地区が 19.4kg と

表3-1　中国の省・市・自治区別の乳牛飼養頭数および生乳生産量（2020年）

順位	省・市・自治区	乳牛飼養頭数 （万頭）	割合	生乳生産量 （万t）	割合
	全国	1,043.0	100%	3,440.0	100%
1	内モンゴル自治区	129.3	12%	611.5	18%
2	河北省	122.3	12%	483.5	14%
3	新疆ウイグル自治区	115.0	11%	200.0	6%
4	黒龍江省	111.9	11%	500.1	15%
5	四川省	90.0	9%	68.0	2%
6	山東省	86.4	8%	241.4	7%
7	寧夏回族自治区	57.4	6%	215.3	6%
8	チベット自治区	45.0	4%	44.9	1%
9	山西省	36.7	4%	117.0	3%
10	河南省	36.3	3%	210.1	6%
11	甘粛省	32.4	3%	57.5	2%
12	陝西省	27.6	3%	108.7	3%
13	遼寧省	25.1	2%	136.7	4%
14	雲南省	18.6	2%	67.3	2%
15	安徽省	16.4	2%	37.6	1%
16	青海省	16.2	2%	36.6	1%
17	吉林省	15.0	1%	39.3	1%
18	江蘇省	12.9	1%	63.0	2%
19	天津市	10.7	1%	50.1	1%
20	広西省	6.7	1%	11.2	0%
21	北京市	5.8	1%	24.2	1%
22	上海市	5.4	1%	29.1	1%
23	湖南省	5.3	1%	5.6	0%
24	広東省	5.2	0%	15.1	0%
25	湖北省	4.5	0%	13.4	0%
26	福建省	4.4	0%	16.9	0%
27	浙江省	4.2	0%	18.3	1%
28	江西省	4.0	0%	9.1	0%
29	貴州省	1.3	0%	5.3	0%
30	重慶市	1.0	0%	3.2	0%
31	海南省	0.1	0%	0.3	0%

資料：「中国乳業統計資料2021」より作成。

表3-2　地区別の１人当たり年間生乳生産量と同乳類消費量（2018年）

地区	省・市・自治区	生乳生産量（kg）	乳類消費量（kg）
	全国平均	22.1	12.2
西北地区	陝西省	28.5	13.8
	甘粛省	15.4	13.6
	青海省	54.2	17.6
	寧夏回族自治区	245.7	13.5
	新疆ウイグル自治区	79.0	19.9
	合計	422.8	78.4
	平均	84.6	15.7
華北地区	北京市	14.4	26.0
	天津市	30.8	18.6
	河北省	51.0	14.4
	山西省	21.8	15.7
	内モンゴル自治区	223.4	22.2
	合計	341.4	96.9
	平均	68.3	19.4
東北地区	遼寧省	30.2	14.9
	吉林省	14.3	10.0
	黒龍江省	120.6	10.4
	合計	165.1	35.3
	平均	55.0	11.8
西南地区	重慶市	1.6	12.6
	四川省	7.7	12.5
	貴州省	1.3	4.4
	雲南省	12.1	5.1
	チベット自治区	107.0	14.3
	合計	129.7	48.9
	平均	25.9	9.8
華東地区	上海市	13.8	20.8
	江蘇省	6.2	15.1
	浙江省	2.8	13.2
	安徽省	4.9	11.7
	福建省	3.5	11.7
	江西省	2.1	10.8
	山東省	22.5	16.4
	合計	55.8	99.7
	平均	8.0	14.2
華南地区	河南省	21.1	12.5
	湖北省	2.2	6.8
	湖南省	0.9	6.7
	広東省	1.2	8.6
	広西省	1.8	5.6
	海南省	0.2	4.7
	合計	27.4	44.9
	平均	4.6	7.5

資料：「中国乳業年鑑2019」「中国乳業統計資料2020」より作成。

注：乳類消費量には、（牛）生乳製品以外の製品の消費量も含まれるが、ほとんどが
　　（牛）生乳の製品の消費量である。

最も多く、次いで西北地区の 15.7kg、華東地区の 14.2kg となっている。
1 人当たりの乳類消費量が最も多いのは北京市で、26.0kg と全国平均
の 2 倍である。次いで、内モンゴル自治区の 22.2kg、上海市の 20.8kg
と続く。

　内モンゴル自治区の場合、1 人当たり生乳生産量、1 人当たり乳類消
費量が共に高いことがわかる。しかし、同自治区の 1 人当たり生乳生産
量は全国平均の 10 倍であるのに対し、1 人当たり乳類消費量は全国平
均より 10kg 多いだけである。つまり、内モンゴル自治区の生乳生産量は、
この地域の消費量を完全に満たした上で、まだ大きな余剰がある。内モ
ンゴル自治区の周辺地域である河北省、北京市、天津市などは人口密度
の高い地域であり、1 人当たり乳類消費量は全国平均を上回っている。
この余剰乳は、内モンゴル自治区から、これらの大消費地、あるいは生
乳生産量の少ない中国の華東地区・華南地区へ移出されていると予想さ
れる。内モンゴル自治区は、大きな生乳移出地域と言える。

第3節　内モンゴル自治区の酪農乳業の発展と乳業構造

1．内モンゴル自治区の酪農乳業の発展

　表3-3は、内モンゴル自治区の農牧業の発展状況を示したものであ
る。2008 年以降、内モンゴル自治区の人口は増加傾向を示しているが、
農村人口は減少している。2018 年における同自治区の農村人口は総人
口の 37％に減少した。そして、第一次産業の生産額が増えるに連れて、
農業と畜産業の生産額も徐々に増えており、畜産業が 4 割以上を維持し
ていることから、内モンゴル自治区では畜産業が重要な地位を占めてい
ることが分かる。

　2008 年以降、内モンゴル自治区の穀物生産量の 7 割以上をトウモロ
コシが占め、2008 年の 1,442 万 t から 2019 年には 2,722 万 t とほぼ倍
増している。これに加えて、小麦の生産量も増加しているが、2019 年

表3-3　内モンゴル自治区の農牧業の発展状況

	(単位)	2008年	2010年	2015年	2016年	2017年	2018年	2019年
人口総数	(万人)	2,444	2,472	2,511	2,520	2,529	2,534	2,540
農村人口	(〃)	1,180	1,099	997	978	960	945	1,041
(割合)	(％)	48	44	40	39	38	37	41
第一次産業生産額	(億元)	1,526	1,844	2,762	2,804	2,814	2,985	3,176
農業	(〃)	723	916	1,475	1,478	1,435	1,513	1,606
(割合)	(％)	47	50	53	53	51	51	51
畜産業	(〃)	693	808	1,115	1,150	1,201	1,294	1,390
(割合)	(％)	45	44	40	41	43	43	44
穀物生産量	(万t)	1,774	1,983	3,012	2,960	2,931	3,198	3,262
トウモロコシ	(〃)	1,442	1,644	2,652	2,563	2,497	2,700	2,722
(割合)	(％)	69	70	81	79	77	76	83
小麦	(〃)	151	174	179	188	189	202	183
(割合)	(％)	9	9	6	6	6	6	6
家畜飼養頭数(年末頭数)	(万頭)	6,721	6,983	7,657	7,352	7,442	7,278	7,192
牛	(〃)	688	677	671	655	656	616	626
うち乳牛	(〃)	246	293	237	202	123	121	123
豚	(〃)	631	632	474	454	506	497	430
羊	(〃)	5,232	5,498	6,337	6,102	6,112	6,002	5,976
乳類生産量	(万t)	921	946	812	593	560	572	583
牛のみ	(〃)	912	905	803	586	553	566	577
液体乳・乳製品の製造量	(〃)	356	345	294	337	263	255	290
液体乳	(〃)	326	309	276	314	247	237	273
乳製品	(〃)	30	36	17	23	17	18	17
うち、粉乳	(〃)	－	31	15	14	8	10	8
食肉生産量	(〃)	193	239	246	259	265	267	265
牛肉	(〃)	43	50	53	56	60	61	64
豚肉	(〃)	65	72	71	72	74	72	63
羊肉	(〃)	85	89	93	99	104	106	110

資料：「中国乳業年鑑2008-2019」「中国農業統計資料2008-2021」「中国畜牧獣医年鑑2014-2020」「中国乳業
　　　統計資料2020」「内モンゴル自治区統計年鑑2020」により作成。
注：1)液体乳・乳製品の製造量は、液体乳の製造量と乳製品の製造量の合計である。
　　2)「－」は統計中で非掲載。

に穀物生産量に占める割合は6％とトウモロコシよりはるかに小さい。
内モンゴル自治区の畜産業を発展させるための十分な飼料を確保するた
めにも、トウモロコシの増産は重要である。

　内モンゴル自治区の家畜飼養頭数は、2008年以降、増加傾向にある。
しかし、その内訳では、羊の飼養頭数の割合が高く、牛・豚の飼養頭数
の割合が相対的に低い。特に、2008年以降、牛・豚の飼養頭数は減少
傾向にある。特に、乳牛の飼養頭数は減少している。それに伴い、(牛

由来）生乳の生産量および液体乳・乳製品の製造量も減少傾向を示している。一方、牛肉の生産量は増加傾向にある。これは、肉用牛の飼養頭数の増加や、食肉として利用される乳牛頭数の増加などが関係していると思われる。

　表3－4は、内モンゴル自治区の面積と人口分布である。内モンゴル自治区の面積は東部地域が最も広く、自治区全体の39％を占め、次いで西部地域が36％、中部地域が26％である。人口分布では、内モンゴル自治区の東部地域が1,162万人（2019年）と最も多く、ついで中部地域が918万人、西部地域が460万人となっている。人口密度の面では、面積が小さく人口が多い、首府フフホト市を含む中部地域が自治区内で

表3-4　内モンゴル自治区の面積と人口分布（2019年）

		面積 （万km²）	人口数 （万人）	人口密度 （人/km²）	農村人口数 （万人）
自治区全体		118	2,540	(22)	1,257
東部	フルンボイル市	25	253	10	105
	通遼市	6	314	13	238
	ヒンガン盟	6	161	6	112
	赤峰市	9	433	17	331
	合計	46	1,162	(25)	785
	自治区に占める割合	39%	46%	—	62%
中部	シリンゴル盟	20	106	4	47
	フフホト市	2	314	13	102
	パオトウ市	3	290	12	56
	ウランチャブ市	6	209	8	98
	合計	30	918	(31)	304
	自治区に占める割合	26%	36%	—	24%
西部	バヤンノール市	6	169	7	98
	オルドス市	9	209	8	60
	烏海市	0	57	2	3
	アルシャー盟	27	25	1	8
	合計	42	460	(11)	168
	自治区に占める割合	36%	18%	—	13%

資料：「内モンゴル自治区統計年鑑2020」より作成。
注：1)（ ）内の数値は、各地域の人口数/各地域の面積を表している。
　　2) 一部の統計データは、他の統計結果と若干異なる場合があるが、これは統計年鑑の誤差
　　　 や相違によるものである。

最も人口密度の高い地域となっている。農村人口が最も多いのは自治区の東部地域で、全体の6割以上を占めている。

　表3-5は、内モンゴル自治区における地域別の生乳生産量の推移である。2008年以降、内モンゴル自治区の生乳生産量は減少しているが、同自治区の中部地域は一貫して生乳生産量の全体の半分以上を占めている。これは、同自治区の生乳生産が、主に自治区の中部地域に集中していることを示している。中でも、中部地域に位置する同自治区の首府フフホト市は、自治区内の盟・市の中で最も多い生乳生産量を誇っている。2019年、フフホト市の生乳生産量は約152万tで、自治区全体の26%を占め、2位のバヤンノール市、3位のパオトウ市と比べても2倍以上である。

　また、自治区の中部地域の三大生乳生産地であるフフホト市、パオトウ市、ウランチャブ市の生乳生産量は2008年以降急速に減少しており、中部地域の生乳生産量のシェアは低下している。同時に、自治区の西部地域の生乳生産量のシェアは、2008年の8%から2019年には17%へと、9ポイント上昇した。自治区の西部地域の政府によると、近年、内モンゴル自治区の西部地域では大規模酪農経営の新設が多く、それが自治区の西部地域の生乳生産量増加の大きな要因の1つになっている可能性があるとのことであった。

2．内モンゴル自治区の乳業構造の特徴

　表3-6に、2009年から2013年までの、中国の上位10省・自治区における大手乳業メーカーと中規模乳業の合計数の推移を示した。大手乳業メーカーと中規模乳業の合計数、すなわち年間販売額2,000万元以上の乳業メーカー数では、上位10省・自治区が中国全体の6割以上を占めている。なお、広東省と江蘇省を除いた残りの省・自治区が、中国の主要な生乳生産地となっている。このことは、大手乳業メーカーと中規模乳業が、主に生乳生産地に立地していることを示している。

表3-5　内モンゴル自治区における地域別の生乳生産量の推移（単位：万ｔ）

地域別		2008年	2009年	2010年	2011年	2012年	2013年	2014年	2015年	2016年	2018年	2019年
自治区全体		934.9	910.2	921.8	930.9	911.4	836.2	804.8	821.0	730.5	565.6	577.2
東部	フルンボイル市	133.0	131.0	131.6	132.4	134.4	120.9	124.7	127.1	118.1	55.9	61.8
	通遼市	45.9	42.2	39.9	40.1	40.5	38.7	41.0	38.6	39.9	32.6	28.3
	ヒンガン盟	47.4	43.0	43.4	43.6	43.1	39.7	41.5	45.8	42.3	37.9	40.5
	赤峰市	43.7	39.2	39.3	39.5	37.1	35.3	37.1	39.2	40.5	38.2	38.8
	合計	270.0	255.4	254.2	255.6	255.2	234.6	244.2	250.7	240.6	164.4	169.4
	自治区に占める割合	29%	28%	28%	27%	28%	28%	30%	31%	33%	29%	29%
中部	シリンゴル盟	46.8	45.7	49.0	55.7	55.7	59.2	54.5	60.6	61.6	61.2	62.3
	フフホト市	305.0	305.3	305.4	307.4	310.8	277.7	282.2	287.2	196.5	158.2	151.6
	バオトウ市	145.9	145.9	155.0	155.9	157.5	141.8	102.0	98.3	90.3	63.0	63.9
	ウランチャブ市	95.4	91.6	91.7	91.7	79.7	73.7	70.2	64.5	60.9	34.3	33.9
	合計	593.0	588.4	601.2	610.8	603.7	552.4	508.9	510.5	409.2	316.6	311.6
	自治区に占める割合	63%	65%	65%	66%	66%	66%	63%	62%	56%	56%	54%
西部	バヤンノール市	41.3	36.8	36.8	37.0	38.2	35.8	37.9	42.3	62.7	56.9	67.3
	オルドス市	28.6	28.5	28.6	26.7	13.8	13.1	13.4	13.6	13.4	17.0	17.7
	烏海市	1.2	0.9	0.8	0.5	0.3	0.2	0.2	0.2	0.2	0.2	0.2
	アルシャー盟	0.7	0.3	0.3	0.3	0.3	0.2	0.2	3.6	4.4	10.5	11.0
	合計	71.8	66.5	66.5	64.5	52.5	49.2	51.7	59.7	80.7	84.6	96.1
	自治区に占める割合	8%	7%	7%	7%	6%	6%	6%	7%	11%	15%	17%

資料：「内モンゴル自治区統計年鑑2009-2020」より作成。
注：1) 2017年の全体のデータは自治区内の各市・盟の合計である。一部の結果は、他の統計結果と若干異なる場合があるが、これは統計年鑑の誤差や相違によるものである。
2) 2017年の自治区内の各市のデータは非掲載。

表3-6 上位10省・自治区における大手・中規模乳業の合計数の推移

	2009年				2010年				2011年				2012年				2013年			
	会社数(社)	割合(%)	うち、赤字経営(社)	割合(%)	会社数(社)	割合(%)	うち、赤字経営(社)	割合(%)	会社数(社)	割合(%)	うち、赤字経営(社)	割合(%)	会社数(社)	割合(%)	うち、赤字経営(社)	割合(%)	会社数(社)	割合(%)	うち、赤字経営(社)	割合(%)
全国	803	100	160	100	784	100	147	100	644	100	104	100	649	100	114	100	658	100	91	100
山東省	101	13	8	5	97	12	8	5	83	13	2	2	79	12	6	5	74	11	4	4
内モンゴル自治区	77	10	13	8	80	10	8	5	71	11	11	11	65	10	14	12	64	10	15	16
黒龍江省	77	10	14	9	74	9	11	7	64	10	14	13	65	10	15	13	62	9	8	9
陝西省	53	7	10	6	53	7	14	10	39	6	7	7	41	6	7	6	45	7	3	3
河北省	52	6	19	12	39	5	13	9	32	5	5	5	34	5	7	6	35	5	6	7
河南省	51	6	4	3	49	6	1	1	45	7	1	1	44	7	2	2	43	7	2	2
江蘇省	36	4	3	2	33	4	7	5	25	4	5	5	27	4	6	5	26	4	5	5
新疆ウイグル自治区	34	4	12	8	39	5	11	7	30	5	8	8	28	4	7	6	26	4	8	9
遼寧省	28	3	4	3	23	3	3	2	16	2	2	2	16	2	3	3	22	3	1	1
広東省	27	3	6	4	28	4	3	2	23	4	5	5	28	4	6	5	28	4	4	4
10省・自治区の合計	536	67	93	58	515	66	79	54	428	66	60	58	427	66	73	64	425	65	56	62

資料:「中国乳業年鑑2013」より作成。

　メラミン事件以降、乳業メーカーの集中がさらに進み、中国全体および各省・自治区の大手・中規模乳業の合計数は減少している。山東省では2009年の101社から2013年の74社に減少したが、依然として中国第1位である。また、内モンゴル自治区では同期間で64社まで減少し、第2位となった。内モンゴル自治区の大手・中規模乳業の合計数は、常に中国全体の1割を占めているものの、赤字経営の割合が上昇している。

　表3－7は、中国の省・市・自治区別の液体乳・乳製品の製造状況である。2014年における液体乳と乳製品の製造重量の上位3省・自治区は、河北省が329万ｔ、内モンゴル自治区が約270万ｔ、河南省が約221万ｔである。しかし、液体乳と乳製品の年間販売額で見ると、第1位は内モンゴル自治区で約633億元、第2位は黒龍江省で373億元、第3位は山東省で約305億元となっている。内モンゴル自治区は、液体乳と乳製品の製造重量は最大ではないが、年間販売額は最大である。中国最大の生乳生産地である内モンゴル自治区は、乳製品の消費文化や酪農経営に長い歴史があり、多くの乳業メーカーを輩出してきた。特に、中国最大の乳業メーカーである伊利と蒙牛は内モンゴル自治区に拠点を置き、同自治区の液体乳と乳製品の製造と販売に大きく貢献している。

　また、2014年にはトップの山東省の61社に次いで、内モンゴル自治区の大手・中規模乳業の合計数は59社であったが、2015年には1社減って58社となっている（「中国乳業統計資料2019」）。

　表3－8は、2020年の中国における液体乳・乳製品の年間販売額上位11社の状況である。このうち、第1位は内モンゴル自治区に拠点を置く伊利で、年間販売額は約969億元、中国全体の23％を占める。第2位は同じく内モンゴル自治区に拠点を置く蒙牛で、年間販売額は約790億元、中国全体に占めるシェアは18％である。伊利と蒙牛の年間販売額は、第3位の光明乳業股份有限公司（光明）の3倍以上、11位の遼寧輝山乳業集団有限公司（輝山）の26倍以上である。内モンゴル自治区でも、中国全体でも、伊利と蒙牛という2つの超大型の乳業メーカーが、液体乳・乳製品市場の大きなシェアを占めている。また、両社

は内モンゴル自治区に拠点を置き、主に飲用乳、発酵乳、粉乳などを生産しているため、内モンゴル自治区での生乳需要は多く、同自治区での

表３-７　中国の省・市・自治区別の液体乳・乳製品の製造状況（2014年）

	液体乳・乳製品の製造重量（万ｔ）	うち、液体乳の製造重量（万ｔ）	液体乳・乳製品の年間販売額（億元）	うち、販売額が2,000万元以上の会社数（社）
全国	2,651.8	2,400.1	3,297.7	631
河北省	329.0（１位）	323.1（１位）	259.2	36
内モンゴル自治区	269.8（２位）	246.5（２位）	632.9（１位）	59（２位）
河南省	220.8（３位）	220.2（３位）	133.6	40
山東省	212.8	203.0	304.9（３位）	61（１位）
黒龍江省	195.4	141.1	373.1（２位）	53（３位）
陝西省	161.3	137.3	161.1	43
江蘇省	142.0	128.3	112.3	28
安徽省	108.2	103.3	75.4	14
四川省	102.7	95.1	70.8	16
遼寧省	87.5	87.4	115.3	23
湖北省	87.1	86.0	49.6	11
天津市	76.8	31.6	102.7	16
寧夏回族自治区	75.2	71.1	66.1	18
北京市	60.6	57.2	115.8	9
広東省	57.0	39.4	153.7	27
上海市	53.7	51.5	152.6	8
雲南省	52.7	52.1	38.9	16
浙江省	49.7	41.4	59.2	17
山西省	48.1	45.2	42.1	16
新疆ウイグル自治区	42.0	38.3	32.1	25
広西省	37.6	37.3	40.2	17
湖南省	36.4	31.8	43.9	15
甘粛省	33.6	31.5	27.8	23
江西省	33.2	29.2	36.2	9
福建省	20.4	15.9	13.7	7
青海省	19.0	19.0	9.6	6
吉林省	15.7	12.9	31.0	10
重慶市	14.8	14.8	31.5	0
貴州省	7.9	7.9	7.2	0
チベット自治区	0.6	0.5	5.2	0
海南省	0.5	0.5	0.4	0

資料：「中国乳業年鑑2015」より作成。

表3-8　中国の液体乳・乳製品の年間販売額上位11社の状況（2020年）

順位	乳業メーカー	本社の所在地	年間販売額（億元）	割合
1	内モンゴル伊利実業集団股份有限公司	内モンゴル自治区	968.9	22.9%
2	内モンゴル蒙牛乳業（集団）股份有限公司	内モンゴル自治区	790.3	18.0%
3	光明乳業股份有限公司	上海市	252.2	6.0%
4	黒龍江飛鶴乳業有限公司	黒龍江省	185.9	4.4%
5	石家荘君楽宝乳業有限公司	河北省	180.0	4.3%
6	北京三元食品股份有限公司	北京市	73.5	1.7%
7	新希望乳業股份有限公司	四川省	67.5	1.6%
8	黒龍江省完達山乳業股份有限公司	黒龍江省	42.5	1.0%
9	西安銀橋乳業（集団）有限公司	陝西省	40.0	1.0%
10	南京衛岡乳業有限公司	江蘇省	30.0	0.7%
11	遼寧輝山乳業集団有限公司	遼寧省	30.0	0.7%
	その他		1,581.7	37.7%
	合計		4,195.6	100.0%

資料：「中国乳業統計資料2021」より作成。

生乳購入シェアも高いと考えられる[1]。

　内モンゴル自治区の中規模乳業は、地域の乳消費文化から、飲用乳の製造量が少なく、乳飲料や粉乳、伝統的な乳製品などを主に製造している。これらの中規模乳業の生乳需要は、乳製品の販売量によって変動し、輸入ホエーの価格が安いときには、原料として生乳ではなく輸入ホエーを使用する傾向がある。

　内モンゴル自治区パオトウ市の乳酒やチーズを主に製造とする中規模乳業を調査したところ、2015年までは原料として生乳を100％使用していたが、2015年以降は輸入ホエーの価格の安さから、生乳の代わりに、徐々に輸入ホエーの使用を増やしていることがわかった。2018年8月当時、この中規模乳業は、生乳を使用する製造を行う場合の生乳需要量が製造1回当たりで最低5t前後、最高10t前後であった。自社の直営牧場を持たないため、複数の地元酪農経営と契約して生乳を購入していた。同社は、乳質を詳細に検査する十分な設備がないため（例えば、抗生物質の検査ができない）、多少高くても、乳質検査結果を提供できる酪農経営から購入することを選択せざるを得ないのである。乳価高騰

1) この点について、烏雲塔娜・森高・福田(2012)、烏雲塔娜・福田・森高(2012)、戴(2014)は、内モンゴル自治区の生乳の買い手は伊利と蒙牛をはじめ少数企業に集中しており、生乳市場は買い手の寡占状態であるという指摘もある。

の影響は、輸入ホエーの使用で多少緩和できていた。

　内モンゴル自治区フフホト市に立地する中規模乳業では、主に生乳と輸入ホエーから乳飲料やアイスクリームを製造している。調査を行った2019年6月当時、フフホト市におけるこの中規模乳業の1日当たり生乳需要量は合計で約10ｔである。先ほどの中規模乳業のように自社直営牧場を持たないので、地元の酪農経営2戸と生乳の購入契約を結んでいる。生乳需要が多いときは、乳質検査結果を提供できる集乳商人から生乳を購入することもある。現在契約している2つの酪農経営は、合計で1日20ｔの生乳を供給できる。この中規模乳業はこれほどの生乳を必要としないが、生乳の調達コストを低減するために、これら酪農経営と契約することにした。

　以上の分析から、内モンゴル自治区では大手乳業メーカーが安定した生乳の買い手であり、中規模乳業は生乳需要が不安定で、生乳市場でのシェアも低いことがわかる。

第4節　内モンゴル自治区の生乳生産構造の特徴

　表3－9に、内モンゴル自治区における規模階層別の酪農戸数の推

表3-9　内モンゴル自治区における規模階層別の酪農戸数の推移

| | 中国全体 (万戸) | 内モンゴル自治区 (万戸) | 全国シェア | 内モンゴル自治区の内訳 | | | | | |
				小規模経営 (戸)	割合	中規模経営 (戸)	割合	大規模経営 (戸)	割合
2008年	258.7	53.5	20.7%	534,050	99.8%	770	0.1%	78	0.0%
2009年	240.3	48.9	20.4%	488,103	99.7%	1,142	0.2%	220	0.0%
2010年	231.0	44.9	19.4%	447,189	99.4%	1,217	0.3%	256	0.1%
2011年	219.9	34.5	15.7%	342,715	99.4%	1,856	0.5%	268	0.1%
2012年	205.6	23.5	11.4%	232,530	98.9%	2,177	0.9%	358	0.2%
2013年	189.1	17.2	9.1%	168,738	97.9%	3,229	1.9%	407	0.2%
2014年	171.8	8.5	4.9%	80,113	94.7%	4,031	4.8%	435	0.5%
2015年	155.5	5.2	3.3%	47,784	92.6%	3,413	6.6%	428	0.8%
2016年	130.2	4.9	3.8%	46,006	93.6%	2,779	5.7%	389	0.8%
2017年	85.1	4.0	4.7%	38,417	95.1%	1,622	4.0%	337	0.8%
2018年	66.2	3.2	4.9%	31,433	97.6%	487	1.5%	282	0.9%
2019年	54.6	2.8	5.0%	26,213	95.3%	1,035	3.8%	268	1.0%

資料：「中国畜牧業年鑑2008-2013」「中国畜牧獣医年鑑2014-2020」より作成。

移を示した。2008年以降、内モンゴル自治区の酪農戸数は全国と同じ
く減少傾向にあり、全国の酪農戸数に占める同自治区の割合は2008年
の20.7％から2019年には5.0％に減少している。規模別に見ると、小
規模経営を中心に大幅に減少している。2008年に内モンゴル自治区に
あった小規模経営は53万4千戸であったが、2019年には2万6千戸し
か残っておらず、約10年で50万戸以上も減少している。2019年の内
モンゴル自治区における小規模経営（戸数ベース）の割合は、全国の
99％（**表2－6**参照）より若干低いものの、約95％に達しており、依
然として小規模経営の割合が高い。一方、同自治区の中規模・大規模経
営の割合は全国平均よりも高く、経営の大規模化が進行している。

　図3－2は、2008年から2019年までの中国の生乳生産量上位10省・
自治区における小規模経営の戸数推移を示したものである。2008年で
は、小規模経営戸数では新疆ウイグル自治区が全国トップで、2016年
まで60万戸以上を維持していたが、それ以降は減少に転じている。内
モンゴル自治区と黒龍江省は当初、小規模経営の戸数で全国2位、3位
を占めていたが、2008年以降急速に減少している。新疆ウイグル自治区、
内モンゴル自治区、黒龍江省の3省・自治区での小規模経営の激減が、
中国全体の小規模経営の著しい減少を招いた。

　2008年では、4位の河北省以下のすべての省・自治区で小規模経営
は30万戸以下であった。だが、2019年には30万戸以上を維持した新
疆ウイグル自治区を除き、すべての省・自治区は5万戸を割り込んでい
る。

　2008年から2019年までの生乳生産量上位10省・自治区における中
規模経営の戸数推移を示したものが、**図3－3**である。内モンゴル自治
区と中国全体の中規模経営の変化傾向は似ており、2008年以降に増加
したものの、2014年をピークに減少している[2]。また、2008年の時点
では山東省や河北省の中規模経営戸数は、内モンゴル自治区より多かっ
たが、2009年以降、内モンゴル自治区が急増し、山東省や河北省を大
きく上回って1位になった。内モンゴル自治区の中規模経営は1,035戸

（2019 年）と、2 位の河北省より 534 戸多くなっている。また、内モン
ゴル自治区を除く、その他の省・自治区では、中規模経営の戸数は低水
準にとどまっている。

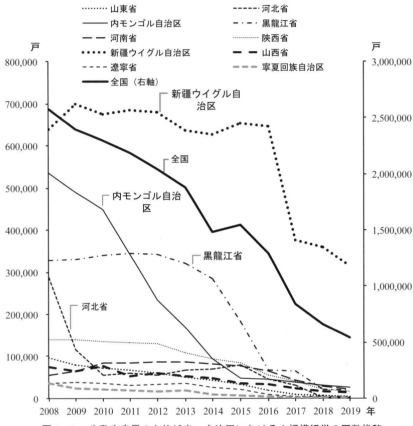

図 3−2　生乳生産量の上位 10 省・自治区における小規模経営の戸数推移

資料：「中国畜牧業年鑑 2008-2013」「中国畜牧獣医年鑑 2014-2020」より作成。

2)　2012 年の国際乳製品の価格下落、中国の乳製品の輸入増加、乳業メーカーの生乳需要の減少などにより、
酪農家が生乳を廃棄したり、乳牛を食肉として出荷する行動を取ったため、乳牛頭数や生乳生産量が大幅に減
少した。2013 年後半に入ると、国際乳製品の価格上昇の一方で、中国で乳製品消費がピークを迎えたため、国
産生乳が不足し、乳業メーカーでの生乳争奪戦が起き、生産者乳価の上昇につながった。これによって、生
乳生産量は増加したが、2014 年後半に国際乳製品価格が再び下落すると、乳業メーカーの生乳需要も再び減少
に転じ、乳価が下落した。その結果、小規模経営だけでなく、中規模・大規模経営の多くが酪農を廃業せざる
を得なくなった。袁（2015）を参照。

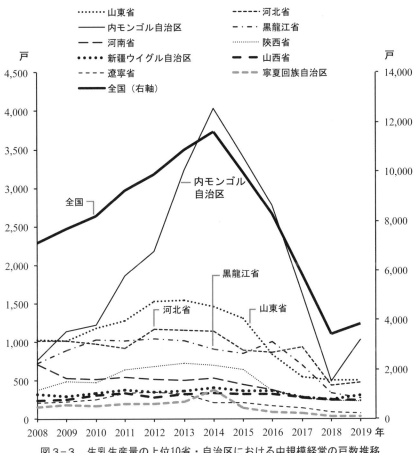

図3-3　生乳生産量の上位10省・自治区における中規模経営の戸数推移

資料：「中国畜牧業年鑑2008-2013」「中国畜牧獣医年鑑2014-2020」より作成。

　図3-4は、2008年から2019年までの中国における生乳生産量上位10省・自治区の大規模経営の戸数推移を示した。河北省は、2012年以前は増加傾向、2012年以降は減少傾向であるものの、大規模経営戸数の1位を維持している。また、山東省・内モンゴル自治区にも比較的多くの大規模経営があるが、こちらも近年は減少傾向にある。このうち、内モンゴル自治区の大規模経営の戸数は、435戸とピークに達した

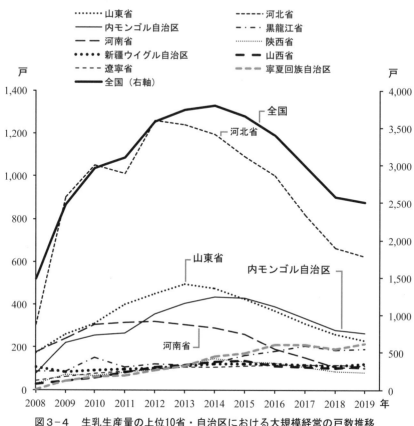

図3-4　生乳生産量の上位10省・自治区における大規模経営の戸数推移

資料：「中国畜牧業年鑑2008-2013」「中国畜牧獣医年鑑2014-2020」より作成。

2014年以降、減少傾向にある。

　以上の分析から、内モンゴル自治区では2008年以降、小規模経営が激減し、中規模経営が急増、大規模経営が増加している。これは、メラミン事件が主に小規模経営からの集乳段階で発生したことと関係があると思われる。事件後、中国政府は乳成分・乳質管理を強化し、搾乳ステーションは閉鎖、あるいは乳業メーカーなどに系列化され、一部の小規模経営は酪農の廃業を余儀なくされた。一方、中国政府が生乳生産の組織化や大規模化を推進した結果、小規模経営が中規模・大規模経営に発展

した例もある。特に、二大乳業メーカーである伊利と蒙牛も、乳価政策や支援政策などを導入し、大規模経営の展開を促している。このため、中規模・大規模経営がさらに増加した。

第5節　小括

　中国の華北地区に位置する内モンゴル自治区は、中国最大の生乳生産地である。同自治区の1人当たり生乳生産量は1人当たり乳類消費量よりはるかに多く、生乳は大消費地や生乳生産量の少ない地域に向けて自治区外に移出されることもある。その結果、内モンゴル自治区は中国でも有数の生乳移出地域となっている。

　内モンゴル自治区の生乳生産は、首府フフホト市を含む人口密度の高い中部地域に集中している。同自治区は、液体乳と乳製品の製造量と年間販売額で全国の上位に位置している。しかし、メラミン事件以降、乳業メーカーの数は減少し、赤字経営の割合が増加している。

　内モンゴル自治区の乳業構造は、伊利や蒙牛など、飲用乳や発酵乳、粉乳などを製造する少数の大手乳業メーカーが高いシェアを占めている。同自治区の中規模乳業は飲用乳の製造は少なく、主に乳飲料・粉乳・伝統的な乳製品などを製造している。同自治区の中規模乳業2社への聞き取り調査によると、乳製品の販売量によって生乳の需要が変動し、輸入ホエーの価格が安いときは生乳ではなく輸入ホエーを原料にすることが多い。

　内モンゴルの生乳生産構造を見ると、2008年以降、小規模経営が急減し、中規模・大規模経営が全国を上回る勢いで伸びていることがわかる。規模階層別の戸数推移を見ると、同自治区の中規模経営は2008年から急増し、2014年をピークに減少に転じたが、依然として全国1位をキープしている。2019年、内モンゴル自治区は大規模経営の戸数では全国2位だが、1位の河北省の半分以下の戸数である。

　内モンゴル自治区に中規模・大規模経営が多いのは、メラミン事件を

きっかけに中国政府や地元の大手乳業メーカーが実施した酪農経営の大規模化の推進策に起因していると考えられる。また、内モンゴル自治区では小規模経営が多かったが、こうした政策の推進により、数多くの小規模経営が容易に中規模経営、大規模経営となることができるようになったと思われる。

（鄭　海晶）

第4章　内モンゴル自治区の中規模経営の生乳販売の特徴
　　－ウェブアンケート調査を通じて－

第1節　本章の課題

　本章の課題は、内モンゴル自治区の酪農経営にとっての生乳販売の重要性と、生乳販売ルートの規模階層別の違いを比較し、中規模経営の生乳販売の特徴を明らかにすることである。まず、ウェブアンケート調査の実施方法と回答者の属性を述べる。次に、回答者の生乳販売の状況を分析し、規模階層別の経営者にとっての生乳販売の重要性を論じる。続けて、規模階層別の経営者の生乳販売ルートの変化とその特徴を検討する。

第2節　ウェブアンケート調査の実施方法と回答者の属性

　内モンゴル自治区の酪農の概況を把握するため、2021年3月19日から4月10日までの期間で、中国のオンラインプラットフォーム「問巻星」を用いて、自治区政府を通じた生産者に対するアンケート調査を実施した。現在、酪農経営を行っている経営者（以下、経営者）と、すでに酪農経営を中止した経営者（以下、廃業者）をアンケート対象とした。アンケート調査の対象は各地元政府の資料において把握されている者である。
　表4－1は、酪農経営者と酪農廃業者に対する調査項目である。
　アンケートの結果、経営者340名、廃業者202名、合計542名から回答があった。
　回答者の属性は**表4－2**の通りである。回答者の地域分布を見ると、東部地域、中部地域、西部地域がそれぞれ全体の37％、27％、36％を占めている。中でも廃業者数は西部地域が多く、全体の62％を占めているが、経営者数は東部・中部地域で多く、それぞれ44％、36％を占

めている。回答者の性別では、男性が80％、女性が20％で、廃業者・経営者は共に男性の割合が高い。回答者の年齢分布では、31歳〜60歳が89％とかなり多く、特に41歳〜50歳が全体の38％と最も多くなっている。また、廃業者は51歳以上の回答者が多く、経営者は40歳以下の若年層が多い。続けて、回答者の家族人数の分布を見ると、家族人数1〜3人層と4人以上層の割合は比較的近いが、廃業者では1〜3人層がやや多く、経営者では4人以上層がやや多くなっている。最後に、経営規模の内訳は、経営者と廃業者の合計で、小規模経営が81％、

表4-1　酪農経営者と酪農廃業者に対する調査項目

基本情報	地域
	性別
	年齢
	家族人数
酪農廃業者に対する調査項目	Q1　酪農経営の廃業時期
	Q2　酪農経営の廃業理由（3つまで選択できる）
	Q3　当時の酪農経営形態
	Q4　当時の乳牛飼養頭数
	Q5　当時の搾乳牛頭数と子牛頭数
	Q6　当時の1頭当たり搾乳量
	Q7　当時の1日当たり出荷乳量
	Q8　当時の生乳の販売ルート（複数回答可）
	Q9　当時の生乳販売収入が全ての収入に占める割合
	Q10　当時の家族構成員の兼業や複合経営の状況（複数回答可）
	Q11　廃業後の現在の職業（複数回答可）
	Q12　将来酪農経営を再び従事するか否か（複数回答可）
酪農経営者に対する調査項目	Q1　酪農経営の開始時期
	Q2　酪農経営の開始理由（3つまで選択できる）
	Q3　現在の酪農経営形態
	Q4　現在の乳牛飼養頭数
	Q5　現在の搾乳牛頭数と子牛頭数
	Q6　当時の1頭当たり搾乳量
	Q7　当時の1日当たり出荷乳量
	Q8　現在の生乳販売ルート（複数回答可）
	Q9　現在の生乳販売収入が全ての収入に占める割合
	Q10　現在の兼業や複合経営の状況（複数回答可）
	Q11　現在の酪農経営で直面する問題点（複数回答可）
	Q12　現在の経営規模に対する今後の計画

資料：筆者作成。

表4-2　回答者の属性

調査項目		回答者数 n=542	割合	廃業者 n=202	割合	経営者 n=340	割合
地域別	東部	199	37%	50	25%	149	44%
	中部	149	27%	27	13%	122	36%
	西部	194	36%	125	62%	69	20%
性別	男性	433	80%	155	77%	278	82%
	女性	109	20%	47	23%	62	18%
年齢別	18歳以下	0	0%	0	0%	0	0%
	18～25歳	7	1%	3	1%	4	1%
	26～30歳	25	5%	4	2%	21	6%
	31～40歳	142	26%	37	18%	105	31%
	41～50歳	205	38%	76	38%	129	38%
	51～60歳	135	25%	63	31%	72	21%
	60歳以上	28	5%	19	9%	9	3%
家族 人数別	1～3人	250	46%	106	52%	144	42%
	4人以上	292	54%	96	48%	196	58%
規模別	小規模	439	81%	200	99%	259	76%
	中規模	50	9%	1	0%	31	9%
	大規模	53	10%	1	0%	50	15%

資料：ウェブアンケート調査結果（2021年3月19日-4月20日実施）より作成。

中規模経営が9％、大規模経営が10％である。廃業者では、小規模経営が全体の99％と非常に高い。経営者では、小規模経営、中規模経営、大規模経営の割合がそれぞれ76％、9％、15％であった。

第3節　経営規模階層別の生乳販売の重要性の差異

1．廃業者の酪農経営の状況

　前述したように、廃業者のほとんどは小規模経営である。**表4-3**は、廃業者の規模階層別の酪農経営形態である。小規模経営のうち、86.0％は乳牛飼養頭数が10頭以下の庭先酪農家[1] またはモンゴル系遊牧民、12.5％は合作社や養殖小区などの構成員、1.5％は乳牛を所有するが他

1）庭先酪農家とは、経営者家族の居住する住居と同じ空間に牛舎を設置し、極めて少数の乳牛飼養を行う経営を指す。

表4-3　廃業者の規模階層別の酪農経営形態

経営形態	小規模経営 n=200	割合	中規模経営 n=1	大規模経営 n=1
庭先酪農家やモンゴル族の遊牧民	172	86.0%	−	−
酪農家組織の構成員	25	12.5%	−	−
乳牛を所有するが他に預託する酪農家	3	1.5%	−	−
企業的家族経営	−	−	1	−
企業経営	−	−	−	1

資料：ウェブアンケート調査結果（2021年3月19日-4月20日実施）より作成。

　の経営に預託する酪農家である。一方、中規模経営と大規模経営では、廃業者はそれぞれ1名のみ、その経営形態はそれぞれ企業的家族経営と企業経営である。

　表4-4に、廃業者の規模階層別の廃業時期と廃業要因を示した。小規模経営の廃業時期と廃業要因は、2008年のメラミン事件以降の生乳販売の困難や収益性の悪化が主で、2008年以降に廃業数が大幅に増加した。これらに加えて、経営者の健康状態や高齢である点も、2008年以降の廃業要因の一つである。中規模・大規模経営の廃業は主に収益性の悪化が要因で、2008年以降に発生した。

　表4-5は、酪農廃業前の規模階層別の兼業・複合経営の状況である。中規模・大規模経営では兼業や複合経営を行っていなかった一方、小規模経営は67％が兼業や複合経営を行っていた。このうち、農産物の栽培・加工・販売（44％）、出稼ぎ（14％）、集乳・転売（12％）が上位にラ

表4-4　廃業者の規模階層別の廃業時期と廃業要因（複数回答、3つまで可）

廃業要因	小規模経営 2008年以前 n=38	割合	小規模経営 2008年以降 n=162	割合	中規模経営 2008年以降 n=1	大規模経営 2008年以降 n=1
生乳の販売が困難になったため	24	63%	111	69%	−	−
酪農の収益が低かったため	16	42%	63	39%	1	1
農村を離れたため	13	34%	5	3%	−	−
健康や高齢のため	2	5%	14	9%	−	−
後継者がいなかったため	2	5%	3	2%	−	−
環境汚染によって政府が許可しなかったため	0	0%	11	7%	−	−
無回答	2	5%	8	5%	−	−

資料：ウェブアンケート調査結果（2021年3月19日-4月20日実施）より作成。

注：割合＝各項目の回答数/回答者数

表 4-5　酪農廃業前の規模階層別の兼業や複合経営の状況（複数回答可）

兼業や複合経営の状況		小規模経営 n＝200	割合	中規模経営 n＝1	大規模経営 n＝1
兼業や複合経営あり		134	67%	0	0
兼業や複合経営の内容	農作物の栽培・加工・販売	59	44%	－	－
	出稼ぎ	19	14%	－	－
	集乳・転売	16	12%	－	－
	酪農経営に関わる他の仕事	10	7%	－	－
	獣医師	9	7%	－	－
	肉牛の飼養	6	4%	－	－
	その他	3	2%	－	－
	運転手	2	1%	－	－
	馬、羊、ヤギなどの飼育	2	1%	－	－
	牛肉の加工・販売	1	1%	－	－
	無回答	24	18%	－	－

資料：ウェブアンケート調査結果（2021年3月19日－4月20日実施）より作成。

注：1）割合＝各項目の回答数/回答者数
　　2）「集乳・販売」には、搾乳ステーションの運営、生乳の収集・販売に従事する集乳商人の義務などが含まれる。

ンクインしている。また、かつて兼業や複合経営をしていた 134 の廃業者の現在の職業を分析したところ、77 名（57%）が酪農の廃業後も廃業前と同じ兼業や複合経営を続けていることがわかった。

　表 4 － 6 は、規模階層別の廃業者の総収入に占める生乳販売収入の割合の分布である。総収入の 6 割以上を生乳の販売収入から得ている小規模経営の割合は、中規模・大規模経営の 100% に対し、37% にとどまっている。これは、小規模経営の多くが酪農経営に加えて、兼業や複合経営を行っており、生乳販売による収入への依存度が低いことと関係して

表 4-6　廃業者の総収入に占める生乳販売収入の割合の規模階層別分布

生乳販売収入の割合	小規模経営 n＝200	割合	中規模経営 n＝1	割合	大規模経営 n＝1	割合
0～20%	33	16%	－	－	－	－
21～40%	39	20%	－	－	－	－
41～60%	54	27%	－	－	－	－
61～80%	50	25%	－	－	－	－
81～100%	24	12%	1	100%	1	100%
合計	200	100%	1	100%	1	100%

資料：ウェブアンケート調査結果（2021年3月19日－4月20日実施）より作成。

いる。小規模経営の多くは非酪農専業経営であり、生乳販売が困難になったり、酪農収益が悪化したりすると、酪農の廃業を選択する可能性が高いことを示唆する。

２．経営者の酪農経営の状況

表４－７は、経営者の規模階層別の酪農経営形態である。小規模経営のうち、79％が庭先酪農家やモンゴル系遊牧民、20％が合作社や養殖小区などの構成員、１％が乳牛を所有するが他の経営に預託する酪農家である。中規模経営では、65％が企業的家族経営、35％が企業経営となっている。大規模経営では、28％が企業的家族経営、72％が企業経営となっている。つまり、小規模経営は庭先酪農家やモンゴル族の遊牧民が、中規模経営と大規模経営はそれぞれ企業的家族経営と企業経営が中心となっている。

表4-7　経営者の規模階層別の酪農経営形態

酪農経営形態	小規模経営 n=259	割合	中規模経営 n=31	割合	大規模経営 n=50	割合
庭先酪農家やモンゴル族の遊牧民	204	79%	−	−	−	−
酪農家組織の構成員	53	20%	−	−	−	−
乳牛を所有するが他に預託する酪農家	2	1%	−	−	−	−
企業的家族経営	−	−	20	65%	14	28%
企業経営	−	−	11	35%	36	72%

資料：ウェブアンケート調査結果（2021年３月19日－４月20日実施）より作成。

表４－８は、規模階層別の経営者の兼業や複合経営の状況である。中規模・大規模経営は、小規模経営に比べて兼業や複合経営の割合がやや低い。また、小規模・中規模経営は、兼業や複合経営の種類が多くなっている。大規模経営では、獣医師の割合が高い。また、メラミン事件後の搾乳ステーションの閉鎖や系列化で、経営者による集乳・転売は見られなくなった。

表４－９は、規模階層別の経営者の総収入に占める生乳販売収入の

表4-8　規模階層別の経営者の兼業や複合経営の状況（複数回答可）

兼業や複合経営の状況		小規模経営 n＝259	割合	中規模経営 n＝31	割合	大規模経営 n＝50	割合
兼業や複合経営あり		160	62%	14	45%	24	48%
兼業や複合経営の内容	肉牛の飼養	47	29%	4	29%	4	17%
	農作物の栽培・加工・販売	41	26%	4	29%	2	8%
	出稼ぎ	26	16%	1	7%	3	13%
	酪農経営に関連する他の仕事	22	14%	4	29%	4	17%
	獣医師	15	9%	0	0%	6	25%
	その他	14	9%	1	7%	8	33%
	運転手	8	5%	1	7%	0	0%
	牛肉の加工・販売	7	4%	1	7%	0	0%
	馬、羊、ヤギなどの飼育	2	1%	1	7%	0	0%
	集乳・転売	0	0%	0	0%	0	0%
	無回答	23	14%	0	0%	1	4%

資料：ウェブアンケート調査結果（2021年3月19日-4月20日実施）より作成。
注：割合＝各項目の回答数/回答者数

表4-9　総収入に占める経営者の生乳販売収入の割合の規模階層別分布

生乳販売収入の割合	小規模経営 n＝259	割合	中規模経営 n＝31	割合	大規模経営 n＝50	割合
0～20%	66	25%	4	13%	4	8%
21～40%	61	24%	3	10%	3	6%
41～60%	48	19%	4	13%	8	16%
61～80%	56	22%	10	32%	15	30%
81～100%	28	11%	10	32%	20	40%
合計	259	100%	31	100%	50	100%

資料：ウェブアンケート調査結果（2021年3月19日-4月20日実施）より作成。

割合の分布を示したものである。生乳の販売収入が総収入の6割を超えるのは、小規模経営では33％に過ぎないのに対し、中規模経営では64％、大規模経営では70％となっている。つまり、中規模・大規模経営は、小規模経営よりも生乳販売収入への依存度が高い。中規模・大規模経営は酪農専業経営が多いと言える。そのため、中規模経営と大規模経営は、生乳販売が困難になった場合にも、簡単には酪農を廃業せず、経営継続のために積極的に生乳販売を追求すると思われる。

第4節　経営規模階層別の生乳販売ルートの違い

　表4－10は、廃業者と経営者の生乳販売ルートを規模階層別に比較
したものである。小規模経営の廃業者は、主に搾乳ステーションを通じ
て生乳を販売しており、その割合は62％に達していた。現在も経営を
継続する経営者では、小規模経営は生乳販売ルートを多様化し、自家加
工して販売する割合が27％と最も高くなっている。これは回答者の多
くが内モンゴル自治区の東部や西部地域に位置しているモンゴル系遊牧
民であることと関係があると思われる。次いで、養殖小区や合作社など
を通じた販売（20％）、近隣の小規模な乳製品製造業者や飲食店への直
接販売（18％）、都市住民への生乳の直接販売（16％）の割合が高くなっ
ている。

　一方、中規模・大規模経営の廃業者は主に乳業メーカー向けに生乳を
直接販売していた。現在でも経営を継続する経営者は乳業メーカーへの
直接販売が中心であるものの、それ以外の販売ルートも増加している。
また、中規模経営は大規模経営に比べて、牛乳などを自ら加工・販売し
たり[2]、近隣の小規模な乳製品製造業者や飲食店、集乳商人に直接販売

表4-10　規模階層別の廃業者と経営者の生乳販売ルートの比較（複数回答可）

生乳販売ルート	小規模経営		中規模経営		大規模経営	
	廃業者 n＝200	経営者 n＝259	廃業者 n＝1	経営者 n＝31	廃業者 n＝1	経営者 n＝50
搾乳ステーションを通じて販売	62%	0%	0%	0%	0%	0%
自分で加工して販売	4%	27%	0%	3%	0%	2%
近隣の小規模な乳製品製造業者・飲食店に直接販売	3%	18%	0%	10%	0%	2%
生乳を都市の住民に直接販売	4%	16%	0%	6%	0%	0%
養殖小区や合作社などを通じて販売	13%	20%	0%	0%	0%	0%
集乳商人に直接販売	7%	13%	0%	16%	0%	2%
乳業メーカーに直接販売	4%	10%	100%	65%	100%	100%
他の酪農家（非集乳商人）に直接販売	6%	7%	0%	3%	0%	0%
販売していない（自家消費用、子牛用等）	0%	4%	0%	3%	0%	0%
無回答	7%	0%	0%	6%	0%	0%

資料：ウェブアンケート調査結果（2021年3月19日～4月20日実施）より作成。

注：割合＝各項目の回答数/回答者数

2）生乳を自分で加工して販売する事例は規模階層問わず見られるものの、小規模経営は主に伝統的な製法（機
械などをほとんど使わない）で伝統的な乳製品に加工し、中規模・大規模経営は主に機械を使って生乳を牛乳
やヨーグルトなどに加工して販売する。

する場合も多い。

第5節　小括

　内モンゴル自治区の地元政府を通じて同自治区の酪農経営にウェブア
ンケート調査を行った結果、小規模経営の回答者数が最も多く、次いで
大規模経営・中規模経営となっている。

　すでに酪農経営を中止した経営者（廃業者）のうち、ほとんどが庭先
酪農家やモンゴル系遊牧民の小規模経営で主に生乳販売の困難さ、中規
模・大規模経営は経営収益の悪化を主な理由として廃業していた。これ
は、小規模経営の多くは非酪農専業経営、つまり酪農以外の兼業や複合
経営を行っており、生乳販売収入への依存度が低く、生乳販売が困難に
なった場合、酪農廃業を選択したためである。

　現在も酪農経営を行う経営者のうち、小規模経営は主に庭先酪農家や
モンゴル系遊牧民が、中規模経営は主に企業的家族経営が、大規模経営
は主に企業経営が中心となっている。そして、中規模・大規模経営では、
小規模経営に比べて兼業や複合経営の割合が低く、生乳販売収入への依
存度が高いため、酪農専業経営と言える。これら経営は、簡単に酪農を
廃業できないため、小規模経営と比較すると生乳の販売が困難になった
としても、生乳販売を継続しようとする努力を続ける可能性が高いと言
える。

　廃業者と経営者の販売ルートを比較すると、小規模経営の廃業者は主
に搾乳ステーションに生乳を販売していたが、小規模経営の経営者の生
乳販売ルートは多様化している。一方、中規模・大規模経営の経営者は
主に乳業メーカーに生乳を販売するが、中規模経営は大規模経営に比べ
て、牛乳などを自ら加工・販売したり、近隣の小規模な乳製品製造業者
や飲食店、集乳商人に直接販売する場合が多い。

（鄭　　海晶）

第5章　大手乳業メーカーの垂直調整による生乳生産・流通への影響

第1節　本章の課題

　本章の課題は、内モンゴル自治区の大手乳業メーカーの垂直調整が生乳の生産・流通に与えた影響を分析し、中規模・小規模経営と大規模経営との生乳販売対応の違いを明らかにすることである。まず、メラミン事件以降の大手乳業メーカーの垂直調整の背景を検討する。次に、大手乳業メーカーによる垂直調整の影響を受けた酪農経営の事例分析を行う。続いて、大手乳業メーカーの垂直調整による生乳生産・流通への影響を論じ、中規模・小規模経営の生乳販売対応を解明する。

第2節　大手乳業メーカーによる垂直調整

　これまで述べてきたように、メラミン事件以降、乳業メーカー間の合併が加速して乳業の集中度がさらに高まり、少数の大手乳業メーカーによる酪農経営への関与も強くなりつつある。伊利は1993年に設立され、1996年に株式を上場、現在は中国第1位の乳業メーカーである。蒙牛は1999年に設立され、2004年に上場した。2020年時点で、乳業メーカーの全年間販売額の中で伊利は22.9％、蒙牛は18.0％を占めている。2018年における伊利と蒙牛の1日当たり生乳処理量は、それぞれ2万tと2.2万tである（「中国乳業統計資料2019」）。

　酪農経営に対する川上統合に関しては、1990年代後半、蒙牛の急成長に伴い、伊利と蒙牛との間で集乳競争が激化し、両社ともに自社系列の搾乳ステーションを相次いで建設した。その後、衛生的で乳成分の高い生乳を調達するため、政府の支援を受けつつ、両社は酪農経営の組織化を推進した。具体的には、一定区画内に酪農経営を集約する合作社や養殖小区への組織化を進め、両形態の酪農経営から主として生乳調達を行った。

　メラミン事件以降、大手乳業メーカーによる酪農経営への管理・統制が強化された。特に、**表５－１**に示すように、伊利と蒙牛は独自の評価基準に基づいて契約調達先をA級、B級、C級、D級の4グレード別に分類し、グレードに応じて基本乳価と、酪農経営に対する支援内容を設定している。「規模化」とは1日当たり出荷乳量、「集約化」とは乳牛1頭当たり搾乳量のことで、どちらの評価基準も集乳地域によって異なる。また、「標準化」は牛舎・搾乳施設・冷却施設・防寒防暑施設の4点から評価される。「智能化」（インテリジェント化）は、主に牧場の管理システムに関するもので、A〜C級はいずれも大手乳業メーカーの要求を満たすTMR飼養システムの導入が必要で、A級は乳牛の発情検出システムの導入も満たす必要がある。グレード間の乳価差は0.1〜0.3元/kgである。

　調査時点で、伊利と蒙牛は、内モンゴル自治区では1日当たり出荷乳量5t以上、つまり飼養頭数500頭以上の経営を契約牧場の条件とし、低乳質かつ小規模多数で管理の難しい養殖小区からの調達を次第に停止している。その結果、内モンゴル自治区では、これら2社が所有するC級牧場とD級牧場が急減し、D級牧場は消滅してしまった。一方で、伊利と蒙牛は酪農経営の近代化と生乳調達ルートの集約化を目指して、直営牧場を開設する[1]とともに、契約下にある酪農経営に経営の大規模化、近代化の要請を強めている（長命, 2017；戴, 2016；竹谷・木下, 2017；矢坂, 2008；矢坂, 2013）。

第３節　垂直調整に対する酪農経営の対応－類型別の検討－

　本節では、メラミン事件以降の大手乳業メーカーによる垂直調整に対する酪農経営の対応の差異から、大手乳業メーカーの直営牧場である「直営型」、大手乳業の要請を受けて大規模化し契約取引を行う「契約型」、

---

1) 北倉・孔麗（2007）によれば、乳業メーカーが直営牧場を展開する理由は、「政府の畜産業の産業化政策」「生乳確保の不安定」「酪農家から集めた生乳の品質・衛生面で問題があること」「生乳需要の急拡大に対応しやすい」の4つが主な理由だという。

表5-1 大手乳業メーカーによる生乳の契約調達先の評価基準

評価基準	項目	A級	B級	C級	D級
規模化	1日当たり出荷乳量（評価日前の7日間の平均値）	集乳エリアによって異なる（集乳エリアの責任者は四半期ごとの計画を策定）			A級・B級・C級の各基準に一致しないとD級の扱い
集約化	1頭当たり搾乳量				
標準化	標準化牛舎（飼料給与用通路、牛舎に寝床あり）	搾乳・乾燥牛舎が大手乳業の「標準化牛舎」基準に合致	搾乳牛舎は大手乳業の「標準化牛舎」基準に合致、寝床数は搾乳牛頭数の80%以上	寝床配置、かつ寝床数が搾乳牛頭数の80%以上	
	搾乳施設	大手乳業基準に合致	関与なし	関与なし	
	冷却施設	大手乳業基準に合致	関与なし	関与なし	
	防寒・防暑施設	大手乳業基準に合致			
智能化	TMR飼養システム	TMR飼養システムの導入必要、かつ大手乳業基準に合致	TMR飼養システムの導入必要、かつ大手乳業基準に合致	TMR飼養システムの導入必要、かつ大手乳業基準に合致	
	乳牛発情検出システム	発情検出システム導入が必要、かつ大手乳業基準に合致	関与なし	関与なし	
その他	品質の確保能力	評価結果が80点以下の場合、レベルを1つ下げる			

資料：ココホト市の酪農経営者への聞き取り調査（2019年5月実施）の際に大手乳業が酪農経営者に配布した牧場の評価基準より作成。

注：1）「標準化」の評価・防暑・防疫を計画している牧場の評価基準より作成。
　　2）A級にアップグレードを計画している牧場は、評価日から3ヶ月前までに以下の要求を満たす必要がある：生乳の生菌数3万/ml以下の合格率が95%以上、体細胞数40万/ml以下の合格率が100%、危険添加物の検出がゼロである。

大手乳業の要請に対応せず大手乳業との契約を解消して他業者との取引
に移行した「離脱型」の３つの類型に区分した。2018年8月に事例経
営者への現地調査を実施し、その結果と概要を**表5−2**に示した。なお、
本節の小規模経営の生乳販売対応は、小規模経営で構成される養殖小区
の分析を通じて行う。

1．直営型

　分析対象とする大規模経営M・Nは、ともにフフホト市に位置し、大
手乳業メーカーが乳質向上と安全な生乳確保を目的として設立した農牧
企業が運営する[2]。メラミン事件以降の2010年に大規模経営M、2012
年に大規模経営Nが設立された。MとNを運営する農牧企業は大手乳業
メーカーを主要な出資者として設立されたため、大手乳業メーカーの系
列下にある農牧企業と判断した[3]。
　両牧場は、飼料生産を行わず、飼料の一部は各農牧企業の飼料部門を
通して調達するが、大半は他社から購入し、TMR混合ミキサーを用い
て飼料の配合・調製を自ら行う。生乳生産に関しては、各自の責任者が
大手乳業Ⅰ・Ⅱと直接交渉し、月または四半期ごとに生乳の生産計画量
を通告する。大手乳業メーカーに生乳を全量出荷する義務もある。その
ほか、大手乳業Ⅰ・Ⅱ独自の牧場管理システムが導入されている。
　基本的に、生産と輸送の一連の過程は大手乳業Ⅰ・Ⅱの管理・監視下
にある。牧場内にはカメラが設置されて24時間のモニター監視が行わ
れ、輸送についてもGPS追跡管理が実施されている。また、大規模経
営M・Nが雇用する獣医師や技術員もいるが、大手乳業メーカーが派遣
した技術員がM・Nの飼養管理・インフラ整備などに対して支援・指導
する。乳質検査は、牧場出荷時と、大手乳業Ⅰ・Ⅱの工場に到着した時

2）農牧企業とは、畜産を中心事業として企業的経営を行う経済組織を指す。
3）大規模経営Mの農牧企業は大手乳業Ⅰが設立したが、現在では全株式が香港所在の別会社に売却されている。
この別会社と大手乳業Ⅰとの関係性は不明であるが、大手乳業Ⅰの社員への聞き取り調査でこの農牧企業の牧
場を「直営牧場」と呼称していたため、実際的に系列下にあると判断した。

表5-2 類型別の酪農経営の事例概要

類型	直営型		契約型				離脱型	
	大手乳業の直営型牧場		大手乳業のA級契約牧場		大手乳業のB級契約牧場		以前は大手乳業のC級契約牧場	
事例名称	M	N	O	P	Q	R	S	T
経営規模	大規模経営	大規模経営	大規模経営	大規模経営	中規模経営	大規模経営	中規模経営	小規模経営
経営形態	大手乳業I系列下の企業経営	大手乳業II系列下の企業経営	企業経営	企業経営	企業的家族経営	企業的家族経営	企業的家族経営	小規模経営の養殖小区
所在地	フフホト市	フフホト市	バオトウ市	フフホト市	フフホト市	フフホト市	フフホト市	フフホト市
設立年（年）	2010	2012	2009	2017	2009	2016	2013	2013
飼養頭数（頭）（うち、搾乳牛頭数）	4,200 (2,100)	5,588 (2,449)	1,800 (900)	2,000 (1,200)	400 (180)	700 (300)	500弱 (140~150)	310 (150)
出荷乳量（t/日）	62	90~92	24~25	26	4	6~7	3	3
出荷形態	全量出荷	全量出荷	全量契約取引	全量契約取引	全量契約取引	定量契約取引	一部取引	全量取引
出荷先	大手乳業I	大手乳業II	大手乳業I	大手乳業I	大手乳業II、その他	大手乳業II、その他	中規模乳業III、集乳商人	中規模乳業IV、集乳商人
余乳処理	余乳なし	余乳なし	余乳なし	余乳なし	自己処理	自己処理	自己処理	自己処理
乳価（元/kg）	5.8（有機）	3.6	3.6	3.4~3.6	3.6	3.6	2.3~4.2	3.2

資料：フフホト市とバオトウ市の酪農経営者への聞き取り調査（2018年8月）より作成.

注：1）M～P、S～Tの出荷乳価は2018年8月調査時点のものであるが、Q～Rは2019年3月調査時点のものである。
2）QとRの場合、生乳は余乳出荷されているため、大手乳業は余剰生乳や大手乳業の乳質基準を満たさない生乳の受け入れを拒否する。OとPの場合、大手乳業の最低取引基準を満たさない場合は、生乳廃棄が義務付けられている。

点で行う。乳質が出荷基準の最低ラインに満たさない場合は出荷できず
廃棄となり、M・Nの責任者が処罰される。

（1）大規模経営M

　大手乳業Ⅰ傘下の農牧企業は、約30の系列牧場を経営している。
2016年に大手乳業Ⅰの直営牧場で生産された生乳は大手乳業Ⅰの生乳
処理量の6.5％を占め（「中国乳業統計資料2019」）、直営牧場への数量
的な依存度は低い。

　大規模経営Mは、大手乳業Ⅰの直営牧場の1つで、大手乳業Ⅰの有機
製品向けの生乳を生産する専用牧場である。飼料は、自社飼料部門以外
にも周辺農家との契約取引もあるが、その場合は大手乳業Ⅰが審査して
許可する。乳牛飼養頭数は4,200頭、うち搾乳牛は2,100頭で、1日当
たり62ｔの有機生乳を大手乳業Ⅰに全量出荷する。生産される生乳は
大手乳業Ⅰの生乳調達部門の指示の下、農牧企業がミルクローリーを派
遣して集乳を行う。乳価は5.8元/kgであり、調査対象事例の中では最
も高い。

（2）大規模経営N

　大手乳業Ⅱと他の企業との合弁会社である農牧企業は、12の牧場を
経営する。2016年では、大手乳業Ⅱの直営牧場で生産された生乳は大
手乳業Ⅱの生乳処理量の2.5％を占めた（「中国乳業統計資料2019」）。
大手乳業Ⅰと同様に、直営牧場への依存度は低い。

　大規模経営Nは、大手乳業Ⅱの直営牧場の1つである。直営牧場Mと
異なり、Nは周辺農家からの飼料調達はなく[4]、大手乳業Ⅱによる飼料
に関する統制はあまり強くない。乳牛飼養頭数は5,588頭、うち搾乳牛
は2,449頭で、1日当たり90〜92ｔの生乳を大手乳業Ⅱに全量出荷
する。また、大手乳業Ⅱの製造計画に従って、生乳生産量の調整を行
う。事前に生乳処理量の減少が予測される場合は、雌牛の授精時期を遅

4）この理由として、聞き取り調査では周辺の農家との交渉が煩雑であるためと回答している。

らせて生産量を抑制する。生乳は大手乳業Ⅱが指定した物流業者がミルクローリーで工場まで運ぶ。大手乳業Ⅱの工場で乳質検査を受ける以外に、牧場での自己検査も行う。乳価は 3.6 元 /kg である。

2．契約型

　大手乳業Ⅰ・Ⅱは、契約取引条件として、内モンゴル自治区の牧場に1日当たり出荷乳量としてA級牧場は 10 t 以上、B級牧場は 5 t 以上（生乳生産量の少ない地域では出荷乳量の要求を下げる）としている。そして、2019 年以降は生乳不足により、両社はB級牧場の出荷乳量の要請を緩和し、3 t までに引き下げられた。大規模経営OとPは、大手乳業Ⅰの要請を受けて設立された大規模酪農経営で、いずれも大手乳業ⅠのA級契約牧場である。中規模経営QとRは、それぞれ大手乳業ⅠとⅡのB級契約牧場である。QとRは、大手乳業Ⅰ・Ⅱの要請を受けて牧場の改築を行っているものの、経営規模はまだ中規模である。

　大規模経営O・Pの経営者は、もともと飼料工場を経営していたため、現在でも飼料の大半は自社工場から調達できる。他社から飼料購入をする場合は大手乳業Ⅰの審査を受ける。これに対して、中規模経営Q・Rの経営者は自ら飼料を少し栽培しているが、大部分は大手乳業Ⅰ・Ⅱの指定する飼料会社から購入し、飼料価格が高い。また、大規模経営O・Pは自社設計の TMR システムがあるが、中規模経営Q・Rはそれぞれ大手乳業Ⅰ・Ⅱの指定する TMR システムを導入する必要がある。

　また、規模にかかわらず、大手乳業Ⅰ・Ⅱが設定した基準に従って各自で生産設備や牧場管理システムを導入し、生乳の輸送は大手乳業Ⅰ・Ⅱが設定した基準を満たす物流業者に依頼することを求められている。加えて、大手乳業Ⅰ・Ⅱの直営牧場と同様、生産と輸送が全て乳業メーカーの監視下にある。大手乳業Ⅰ・Ⅱが技術員を派遣し、生産やインフラ整備などの作業を指導する。生乳の乳質・乳成分検査は、大手乳業Ⅰ・Ⅱの工場に輸送される前に契約牧場が行い、輸送後に工場が再度行う。

工場の検査で乳質が最低取引基準を満たしていない場合、生乳を取引で
きず廃棄され、契約牧場に罰金が課される。乳成分が最低取引基準を満
たさない場合、乳価が下がり、その損失は牧場ごとが負担することにな
る。集乳は、いずれも出荷先の基準で物流業者に委託して行う。出荷先
は月払いで乳代を支払う。

（1）大規模経営 O

　大規模経営 O の経営者家族は現在、酪農経営のほかに、酒類の代理販
売も行っている。当初は家族経営で搾乳ステーションの運営（2003 年
開始）と国営牧場の請負経営（2004 年開始）を行い、大手乳業 I に生
乳を供給していたが、その後、大手乳業 I の要請を受けて養殖小区を建
設した。メラミン事件以降、大手乳業 I が徐々に養殖小区形態の酪農経
営から生乳を調達しなくなったため、2009 年に農牧企業を設立し、養
殖小区を自社牧場に改築した。続けて 2011 年には、地方政府の支援に
より、農牧企業は既存牧場の付近により規模の大きい近代的な牧場を新
築した。

　調査時点で、大規模経営 O の乳牛頭数は 1,800 頭、うち搾乳牛は 900
頭で 1 日当たり 25 ｔの生乳を大手乳業 I に全量出荷する。1,800 頭の
うち、自社所有は 1,200 頭、残りの 600 頭は周辺酪農家 28 〜 29 戸か
らの借り上げ分である。乳価は 3.6 元 /kg である。聞き取り調査によれ
ば、現段階での収益性は比較的良好で、農牧企業 C は大手乳業 I に対し
て大きな不満はなく、大手乳業 I との契約関係を通じて生乳生産に専念
できていると評価している。

（2）大規模経営 P

　大規模経営 P の前身は乳牛出資酪農企業[5]を経営していた郷鎮集団

5）乳牛出資酪農企業とは、家族酪農経営が保有する乳牛を現物出資として集め、近代的な飼養・繁殖管理の下
で飼養し、乳牛の生乳生産性を引き上げて収益を上げる酪農経営形態である。子牛や育成牛は搾乳できるまで
の期間を要するので、出資預託の対象は搾乳牛（初妊牛、初産牛、それ以外の経産牛）とする。矢坂（2008）、p.74
を参照。

企業である。大手乳業Ⅰと生乳販売契約を締結し、周辺の酪農家から預託された約600頭の搾乳牛を飼養していたが、経営管理方式の遅れや牧場設備の老朽化によって設備更新が必要であった。そこで、2017年に飼料工場を経営している経営者がこの乳牛出資酪農企業の経営を請け負い、農牧企業を設立し、大手乳業Ⅰのモデル牧場の基準に従って牛舎や搾乳設備などを新設した。地方政府も株主になっている。酪農の請負経営を開始した背景には、近年、所在地周辺の酪農家が減少し、飼料工場の飼料販売収益が減少していることがあった。また、飼料を自社生産すれば、酪農経営における飼料コストの節約になると判断したことも理由の1つである。

　大規模経営Ｐは、搾乳牛牧場と育成牧場[6]を経営している。乳牛頭数は2,000頭、うち搾乳牛は1,200頭で1日当たり26ｔの生乳を大手乳業Ⅰに全量出荷する。乳牛出資酪農企業時代には、大手乳業Ⅰによる取引拒否や2.5元/kg程度の低乳価による取引がたびたび発生していたが、現在では全量販売で、乳価は3.4～3.6元/kgである。なお、集乳商人による同等の乳質の生乳買収価格は4.8元/kgでかなり高いが、契約生産のため大手乳業Ⅰにしか出荷できない。銀行からの貸借料や利子、ならびに企業の日常支出に費用がかかるため、当面は大手乳業Ⅰとの契約関係を維持し、ある程度安定的な取引ができた上で、経営規模の拡大と収益の向上を目指している。

（3）中規模経営Ｑ

　中規模経営Ｑは、父子で共同経営している。父は1990年から乳牛を飼養し始め、当時は搾った生乳は青山乳業に販売していた。その後、大手乳業Ⅰが青山乳業を買収したため、搾った生乳は大手乳業Ⅰに販売することになった。2000年に、父は大手乳業Ⅰの支持の下に搾乳ステーションを設立し、生産した0.5ｔの生乳を大手乳業Ⅰに販売した。メラミン事件以降、搾乳ステーションは地元政府や大手乳業Ⅰによる閉鎖要

---

6) この育成牧場は地元のある養殖小区の請負経営であり、育成牛を主に飼養している。

請があったため、2009年に家庭牧場を建設した。当時のフフホト市で初めての100頭以上規模の牧場であった。2017年から2018年にかけて、大手乳業Ⅰの要請で近代化牛舎を2棟建設し、乳牛頭数を増やした。さらに、近い将来、搾乳施設の更新を継続する意向もある。

　調査時点（2019年3月）で、中規模経営Qの乳牛頭数は400頭、うち搾乳牛は180頭、1日当たり4tの生乳を大手乳業Ⅰに全量出荷する。雇用労働力は11名である。生乳生産量は飼養管理の問題から2018年の5tから2019年は4tに減少したが、大手乳業Ⅰの出荷乳量の要求が最低3tに変更されたため、大手乳業ⅠのB級牧場として生乳販売を継続することが可能である。調査時点での乳価は3.6元/kgである。中規模経営Qの経営者によれば、今後も大手乳業Ⅰへの販売を継続する予定であり、大手乳業Ⅰから搾乳施設の更新のための資金支援を受けられるものの、乳代で借金を返済した後に残る収入はほとんどない。そのため、搾乳牛頭数の増加と搾乳能力の向上により出荷乳量を8〜10tに増やして、さらに収入を増やす考えである。

　中規模経営Qの経営者によれば、大手乳業Ⅰは、出荷乳量3t未満の契約牧場が乳量を3t以上に増やせるよう、2018年末にこれらの契約牧場の搾乳牛購入に2,000元/頭の補助金を提供した（当時、搾乳牛の価格は1万8,000元/頭）。当時、搾乳牛を大量に購入した契約牧場の中には、搾乳能力が上がらず、牛の乳房炎が多発し、淘汰率が増えたため、酪農経営を廃業せざるを得なくなったところもあった。そのため、中規模経営Qの経営者の考えとしては、やみくもに経営規模を拡大しないことを重視している。

（4）中規模経営R

　中規模経営Rは、兄弟が共同経営する牧場である。1990年代から乳牛の飼養を始め、2005年に搾乳ステーションを開設した。メラミン事件後の2011年に、養殖小区を設立し、構成員の小規模経営が10戸以上、合わせて約600頭の乳牛を飼っていた。生産した生乳は大手乳業Ⅱに

販売した。その後、2016年に大手乳業Ⅱの要請を受けて、牛舎や搾乳施設などを更新して養殖小区を、単一経営の家庭牧場へと改組した。

　調査時点（2019年3月）で、中規模経営Rの乳牛頭数は700頭、うち搾乳牛は300頭で1日当たり6〜7tの生乳を大手乳業Ⅱに定量出荷する。雇用労働力は16人である。大手乳業Ⅱの直営牧場と同様、中規模経営Rも定期的に出荷計画量を大手乳業Ⅱに報告する。出荷乳量が計画量を超えたら、超えた分を出荷できなくなる。さらに、生乳の体細胞数が25万/mlを超えたら、出荷もできなくなり、小規模な乳製品工房や中規模乳業に販売せざるを得なくなる。乳価は3.6元/kgである。中規模経営Rの経営者によれば、集約経営を行うため経営コストが小規模経営より高いため、将来、収益性が良ければ経営規模を拡大し、収益性が悪ければ規模を縮小・廃業するとのことであった。また、大手乳業Ⅱの乳価は安定しており、乳代回収も容易であるため、今後も大手乳業Ⅱに生乳を続けて販売したいという方針である。

3．離脱型

　中規模経営Sと小規模経営の養殖小区Tは、ともに2013年に設立された。以前は大手乳業Ⅰ・ⅡのC級契約牧場であったが、大手乳業Ⅰ・Ⅱによる牛舎や搾乳設備のインフラ更新の要請に対し、資金調達や土地確保ができなかったため、大手乳業メーカーとの契約関係を解消した。その後、中規模乳業や集乳商人への生乳販売を模索しながら、酪農経営を行っている。乳質検査は販売先が行い、乳質基準に満たない場合は出荷できない。販売先からの乳代支払いの遅延もよくある。中規模経営Sの経営者への聞き取り調査によれば、こうした乳代支払い遅延は乳業メーカーの意図的な行動である可能性がある。未払い乳代をいわば人質にすることで、酪農家に乳業メーカーへの出荷を継続させる意図があるとのことである。

（1）中規模経営S

　中規模経営Sは、父子共同経営の牧場である。父が1996年から乳牛の飼養を始め、2001年に村で唯一の搾乳ステーションを開設し、大手乳業Ⅰに生乳を集荷・販売した。2011年に、現在の牧場施設を建設した。2013年、子と父が共同出資して有限公司に登録した。この間、2008年にはメラミン事件が発生し、大手乳業Ⅰの要請を受けて搾乳施設などインフラの整備を行い、資金不足に陥った。大手乳業Ⅰが10年間の生乳販売契約を条件として貸付金提供を提案したが、契約年間が長く経営面で不利と判断して同意せず[7]、大手乳業Ⅰとの契約を解消した。続いて、大手乳業Ⅱとの取引契約を締結した。その後、大手乳業Ⅱの要請を受けて搾乳設備を入れ替えたり、広告用掲示板を作ったりしたが、大手乳業Ⅱは生乳を全量買い取らなかったため[8]、残余分を集乳商人へ販売せざるを得なかった。こういった経過の中で、2017年12月に大手乳業Ⅱとの契約を解消した。2018年から内モンゴル自治区南部の中規模乳業Ⅲへの生乳出荷を開始した。乳業Ⅲも全量買い取りではないため、日量5ｔのうち3ｔのみを出荷し、残余は同じく集乳商人に販売していた。調査時点でコストを下げるため、飼料給与の削減を通じて生乳生産量を約3ｔまで抑制している。

　中規模経営Sの乳牛頭数は500頭弱、うち搾乳牛は140〜150頭で、1日当たり3ｔの生乳を生産し、中規模乳業Ⅲへ出荷している。乳価は2.3〜4.2元/kgである（4.2元/kgは生乳販売を拒否された時に集乳商人への出荷乳価）。集乳は乳業Ⅲが行っている。特に乳業Ⅲの生乳需要量が大きい時期には、大手乳業Ⅰ・Ⅱに対抗して生乳を確保する必要性から同時期の大手乳業より高い買収乳価が設定されている。支払いの遅延がよくあるが、生乳需要量が多い場合、支払い遅延期間は短くなる傾向である。

7）実際には、中規模経営Sの経営者は自ら生乳の加工と販売を行いたいと考え、生乳加工・販売に関する製造機械や製品商標をすでに用意していたが、地方政府は食品衛生や安全性などを理由として許可しなかった。つまり、中規模経営Sは生乳を長期的に大手乳業Ⅰに出荷する意志は持っていなかった。
8）具体的には、当時1日当たり生産量5ｔのうち出荷できたのはわずか1.7ｔのみで、その他は低乳価でも取引に応じなかった。

（2）小規模経営の養殖小区 T

　小規模経営の養殖小区Tは農機具を共同利用する合作社を母体とし、養殖小区も経営している。メラミン事件以降、地方政府は養殖小区の開設を推進した。そこで、養殖小区T管理者の親戚が、それまで経営していた搾乳ステーションに加えて、2011年に養殖小区を設立し、大手乳業Ⅱと契約して生乳を販売した。2015年に大手乳業Ⅱは契約下にある養殖小区を、単一の牧場経営に転換する方針を打ち出した。この養殖小区でも、多くの資金を投入して、搾乳設備・インフラ・貯蔵倉庫などの改築を開始したが、2016年に大手乳業Ⅱが乳価を3元/kgから2.4元/kgへ下げたため、養殖小区の収入は減少した。牧場の改築は中断され、同時に酪農家への乳代支払いが難しくなった結果、酪農家が続々と養殖小区を離脱し、養殖小区の経営はさらに苦しくなった。さらに借金を重ねても、短期間で経営状況を改善できないと管理者が判断して、2016年12月に大手乳業Ⅱとの契約を打ち切った。2017年1月に養殖小区Tの現在の管理者が、親戚から養殖小区を引き継いだ[9]。入居している小規模経営も3戸から7戸に増加した。

　調査時点で、養殖小区Tの乳牛頭数は310頭、うち搾乳牛が150頭で1日当たり3ｔの生乳を生産する。小規模経営の平均飼養頭数は44頭、うち搾乳牛は21頭程度、1日当たり生乳生産量はわずか0.43ｔで、養殖小区を通じて共同販売される。河南省の中規模乳業Ⅳに全量出荷する[10]が、正式な取引契約は締結されていない。養殖小区Tの管理者は濃厚飼料の共同購入、搾乳施設の提供、集乳と販売を担当する。そして、構成酪農家から生乳1kg当たり0.4元の管理費と年間500元の電気代を徴収する。生乳は2日に1回、6ｔ（2日分）を集めて地元県内の集乳拠点まで運び、そこで中規模乳業Ⅳが引き取る。乳価は3.2元/kgであり[11]、中規模乳業Ⅳが地元の大手乳業の乳価を参考に設定する。養

9）養殖小区Tの管理者は、養殖小区の改築時に当時の管理者（親戚）へ資金を貸し付けていた。実質的に、その際の借金返済の代償として養殖小区の経営を譲り受けた形である。
10）大手乳業Ⅱとの取引契約を解消した後、養殖小区Tが生産した生乳の一部は、周辺の他の養殖小区の生乳とともに、中規模乳業Ⅳへ販売された。その後、中規模乳業Ⅳとの全量出荷へ移行した。
11）乳業Ⅳが持続的に生乳を取引するため、最低取引価格として3元/kgを提示してもいる。

殖小区の管理者は、管理費を差し引いた後の乳代を構成員の小規模経営に支払う。しかし、中規模経営Sの場合と同様に、中規模乳業Ⅳでも乳代の支払いが遅延することがよくある。小規模経営の養殖小区Tにとって、現段階では乳質改善と生産量増大が最大の課題である。そのほか、迅速な乳代回収、飼養環境の改善も将来的な課題である。

　以上より、直営型は、大手乳業Ⅰ・Ⅱ系列下の農牧企業が経営する4,000〜5,000頭の乳牛を飼っている大規模で近代的な経営で、TMR混合ミキサー、最新の牛舎、搾乳機械などを備えている。1日当たり60〜90ｔの生乳を生産し、その全てが大手乳業Ⅰ・Ⅱに出荷されている。

　契約型は、大手乳業Ⅰ・ⅡのA級契約牧場とB級契約牧場に分けられる。A級契約牧場は、直営型の約半分の2,000頭前後の乳牛を飼っている大規模経営で、1日当たり26ｔの生乳を生産し、全量を大手乳業Ⅰに販売している。一方、B級契約牧場は、酪農の施設・設備が直営型や契約型のA級契約牧場にやや劣る400〜700頭の乳牛を飼っている中規模・大規模経営で、1日当たり4〜7ｔの生乳を生産し、全量あるいは定量的に大手乳業Ⅰ・Ⅱに出荷している。

　離脱型は、乳牛頭数が500頭以下、生乳生産量が1日当たり3ｔ程度の中規模経営、小規模経営の養殖小区で、大手乳業Ⅰ・Ⅱの垂直調整の下で牧場の施設や設備を改善したが、最終的には大手乳業との取引契約を解消し、代わりに中規模乳業Ⅲ・Ⅳや集乳商人と取引しているものである。これらの経営は、中規模乳業Ⅲ・Ⅳとの取引契約を締結していないため、契約型と比べて安定的な取引関係とは言えない。

第4節　乳業メーカーの垂直調整の影響と中小規模経営の契約解消要因

　大手乳業メーカーの垂直調整によって、個別の酪農経営が変化しただけでなく、全体の生乳生産・流通も変化してきた。本節では、垂直調整が強化された前後の生乳生産・流通の変化、類型別の統合の度合い、契

約型と離脱型の形成要因から検討する。

1．垂直調整強化前後の生乳生産・流通の変化

　図5−1に、大手乳業メーカーの垂直調整の強化前後の生乳生産・流通の変化を示した。

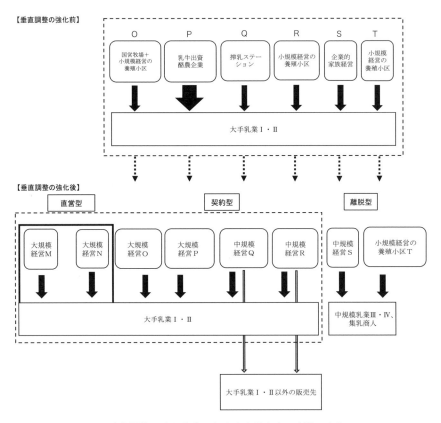

図5-1　垂直調整の強化前後における生乳生産・流通の変化
資料：フフホト市とパオトウ市の酪農経営者への聞き取り調査（2018年8月）より作成。

　生産面の変化は、第1に、大手乳業メーカーが大規模な直営牧場を新設した点が挙げられる。大手乳業メーカーは乳質改善と安全な生産・流通の担保、有機など差別化された生乳を生産するために、ならびに政府による酪農経営の大規模化推進に対応した結果、直営形態での大規模酪農経営を設立したのである。

　第2に、大手乳業メーカーの既存の契約牧場が、より大規模な酪農経営へと転換している点である。契約型の事例で見たように、国営牧場・養殖小区・乳牛出資酪農企業、および搾乳ステーションは、中規模・大規模経営に発展的に変化してきた。これらの酪農経営の規模（搾乳牛頭数・生乳生産量）は直営牧場より小さいが、以前の生乳生産・経営の方式と比べると、明らかに資本集約的で近代的な内容となったと思われる。特に、事例とした大手乳業メーカーの契約牧場は、酪農経営に加え、自社の飼料工場も有して大半の飼料を自給可能で、生乳生産と飼料生産との関係性が強い面も特徴的である。

　第3に、離脱型の中規模経営、小規模経営の養殖小区について、大手乳業メーカーとの契約を解消する前に規模拡大を試みたが、結局、大規模な酪農経営にはならなかった点である。

　流通面の変化として、第1に、大手乳業メーカーの契約取引の対象が大規模な酪農経営となり、さらに規模の大きい直営農場からも集乳するようになった点である。大手乳業メーカーとしては、集乳対象の酪農経営数は減少し、1経営当たり集乳量は増加したと思われるため、集乳が効率化してコスト削減に寄与したと推定される。一方で、前述通り、大手乳業メーカーが直営牧場から調達した生乳の量は、自社工場の生乳処理量の1割未満に過ぎない。つまり、大手乳業メーカーの主な集乳先は依然として、契約型をはじめとする非直営の酪農経営と考えられる。

　第2に、大手乳業メーカーと契約取引を行ってきた酪農経営は契約型と離脱型の2つの異なる対応に分かれ、特に離脱型は大手乳業メーカーとの契約を解消した点である。その結果、離脱型は中規模乳業や集乳商人といったそれまでとは異なる主体に生乳を販売するようになった。

２．類型別の垂直調整度

（１）直営型と契約型の垂直調整度の差異

表５−３で、直営型と契約型、離脱型の垂直調整度の比較を行った。

まず、大手乳業メーカーによる直営型と契約型の垂直調整度を比較する。生産管理面では、牧場管理と生産設備、インフラ整備、飼養管理、飼養・搾乳過程への監視に関する垂直調整はいずれも高く、同程度と言える。一方、飼料調達に関する垂直調整度は差がある。飼料は、直営型では一部、大手乳業系列下の農牧企業から供給を受ける。契約型の場合、Ａ級牧場では基本的に自社に関係する飼料会社から購入するが、Ｂ級牧場は大部が大手乳業指定の飼料会社から購入する。大手乳業が非直営の乳資源を奪い合うため、経営規模が大きくなればなるほど、要請が緩和される可能性がある。

生乳調達面では、乳質基準設定・乳質検査・乳質基準未達時の処置・輸送過程の監視は、乳業の関与度は高く、垂直調整度は高い。直営型と契約型で垂直調整度の差はほとんどない。一方、生乳の調達条件・調達量・供給過剰時の対応・輸送方式の垂直調整度は異なっている。調達条件では、直営型は全量出荷が義務付けられているが、契約型は最低出荷数量が設定されている。調達量については、直営型は優先的に全量調達、契約型は全量取引、あるいは定量取引となっている。関係して供給過剰時の対応では、直営型では生産調整を実施するが、取引制限はない。それに対し、契約型では取引制限の可能性がある。生乳輸送は、直営型では乳業指定の物流業者が行うが、契約型では乳業基準により牧場が選定した業者が行う。

このように、調達条件や調達量の項目を除き、直営型と契約型との統合度はさほど差はないと言える。ただし、直営型は大手乳業メーカーが出資してその系列下にある以上、大手乳業メーカーが生乳生産に関わるリスク、すなわち、過剰時、あるいは乳質基準未達時の廃棄費用などを

表5-3　類型別の垂直調整度の比較

	項目	直営型	契約型	契約型	離脱型	垂直調整度
類型		直営型	契約型		離脱型	
事例経営の規模		大規模経営	大規模経営	中・大規模経営	中小規模経営	
事例経営の性格		大手乳業傘下の直営牧場	大手乳業のA級契約牧場	大手乳業のB級契約牧場	大手乳業との契約関係を解消した牧場	
出荷先		大手乳業	大手乳業	大手乳業、中規模乳業	中規模乳業、集乳商人	
生産管理	牧場管理	出荷先の管理システムの導入	出荷先の管理システムの導入	出荷先の管理システムの導入	関与なし	直営型＝契約型＞離脱型
	生産設備	出荷先傘下の農牧企業が導入	出荷先の基準により各牧場が導入	出荷先の基準により各牧場が導入	関与なし	直営型＞契約型＞離脱型
	飼料調達	一部は出荷先傘下の農牧企業が供給	大半系列の飼料工場から調達	出荷先指定の飼料業者	関与なし	直営型＞契約型＞離脱型
	インフラ整備	各牧場で実施、出荷先支援・指導有	各牧場で実施、出荷先支援・指導有	各牧場で実施、出荷先支援・指導有	関与なし	直営型＝契約型＞離脱型
	飼養管理	各牧場で実施、出荷先支援・指導有	各牧場で実施、出荷先支援・指導有	各牧場で実施、出荷先支援・指導有	関与なし	直営型＝契約型＞離脱型
	飼養・搾乳過程	出荷先が全過程を監視	出荷先が全過程を監視	出荷先が全過程を監視	関与なし	直営型＝契約型＞離脱型
生乳調達	調達条件	全量出荷義務付け	最低出荷条件10t/日以上	最低出荷条件5t/日以上	取引契約なし、一部全量取引も	直営型＝契約型＞離脱型
	調達量	優先・全量調達	全量契約取引	全量、あるいは定量契約取引	取引、あるいは拒否全量取引も	直営型＞契約型＞離脱型
	供給過剰時の対応	生産調整の実施	取引削減の可能性が低い	取引削減・拒否の可能性が高い	取引削減・拒否可能性が高い	直営型＞契約型＞離脱型
	輸送方式	出荷先が指定した物流会社に依頼	出荷先の基準によって物流業者に依頼	出荷先の基準によって物流業者に依頼	出荷先が輸送（一部、牧場実施も）	直営型＝契約型＞離脱型
	乳質基準	出荷先が設定	出荷先が設定	出荷先が設定	出荷先が設定	直営型＝契約型＞離脱型
	乳質検査	出荷先が実施	出荷先が実施	出荷先が実施	出荷先が実施	直営型＝契約型＞離脱型
	乳質基準未達時（損失負担者）	拒否・廃棄の要請あり（大手乳業傘下農牧企業）	拒否・廃棄の要請あり（各牧場）	拒否・廃棄の要請あり（各牧場）	拒否・廃棄の要請あり（各牧場）	直営型＝契約型＞離脱型
	輸送過程	出荷先が全過程を監視	出荷先が全過程を監視	出荷先が全過程を監視	部分的	直営型＝契約型＞離脱型

資料：ププホト市とベトナ市の酪農経営者への聞き取り調査（2018年8月）より作成。

注：1)Oの経営者は、飼料工場を有するため、他社に経営を委託されている状況である。必要な飼料は、飼料原料を購入して委託加工を行い、手数料だけを支払う。Pの場合は、経営者が預託牧場を請け負った前に、飼料工場を経営しており、現在Pの飼料を大半供給できる。

2)乳質検査に関して、出荷先の検査のほかに、各経営体も自己検査を行う。

ある程度は内部化していることになる。よって、直営型は契約型より垂直調整度が高いと言える。一方で、契約型の場合は、上記のリスクを契約型の牧場が負っている。大手乳業メーカーが、直営型を数量的には主要な調達先にしていないのは、このような過剰時のリスク要因があると考えられる。

（2）離脱型の垂直調整度

　生乳調達先の生産管理面に関して、中規模乳業メーカーによる関与はほとんどない。次に、生乳調達面では、乳質基準・乳質検査・乳質基準未達時の対応については、他の２類型と差はない。ただ、調達条件では特段の条件を課しておらず、輸送過程の監視も部分的に牧場に輸送を委ねているため、限定的である。特に、調達量に関して、離脱型の取引契約では事前に出荷数量を定めていない。また、供給過剰時には、取引制限や取引拒否の可能性がある。

　このように、中規模乳業による離脱型の垂直調整度は、大手乳業メーカーによる直営型や契約型と比較して低いと言える。牧場の視点からすれば、離脱型の販売は、直営型、契約型と比較して、不安定である。

（3）契約型と離脱型に分岐した要因

　酪農経営にとって、大手乳業メーカーとの契約取引は、安定的な販路の確保、技術指導・資金援助の獲得、支払い遅延の防止という多様なメリットがある。そのため通常、酪農経営は、大手乳業メーカーとの契約取引を追求するのが自然であり、大手乳業メーカーの垂直調整強化、具体的には経営の大規模化・近代化の要請を受けて、離脱型も当初は牧場改築を行おうとした。しかし、資金調達の容易さと酪農経営者の判断によって、最終的に大手乳業メーカーとの契約を解消するに至った。以下では、契約型と離脱型に対応が分かれた要因を、資金調達と経営判断から検討する。

　第１に、資金調達面である。契約型の大規模経営ＯとＰは、それぞれ

酒類販売事業や飼料加工事業を行っていたため、一定の自己資金を持ち、融資を受けるための担保となり得る一定額の資産を有していた。これに加えて、大規模経営Oの前身は国営牧場の経営請負、大規模経営Pの前身は地方政府も出資する乳牛出資酪農企業を経営していたため、経営大規模化に向けての地方政府の支援も受けやすい立場にあった。結果として、牧場改築は順調に進み、大手乳業メーカーとの契約取引も維持された。

　また、契約型の中規模経営Rと大規模経営Sは、大規模経営O・Pのように自己資金は多くはないが、大手乳業メーカーや政府からの資金支援により、徐々に牧場を改築することで、大手乳業との契約取引を維持することができる。

　一方、離脱型の中規模経営Sは、生乳販売が唯一の収入源であり、自己資金や資産はO・Pと比較して多くなかったと言える。牧場の改築を一部行ったものの、支出がかさみ、資金不足に陥っている。小規模経営から構成される養殖小区Tの場合も、前管理者の養殖小区であった時に、借金をして牧場改築を進めたが、大手乳業Ⅱの乳価引き下げで収入が減り、改築工事は中断し、養殖小区経営も行き詰まった。

　さらに、大手乳業メーカーは生乳代金の前払い、信用保証、融資利子補給などの酪農支援を行っているが、融資額の低さ、使用制限の厳しさ、融資額の根拠となる出荷乳量などは、酪農経営の資金不足の問題を解決しているとは言いがたい状況である。その結果、資金不足で酪農経営の牧場改築は困難である。加えて、民間融資は生産コストを上げるだけでなく、経営リスクも高める（張ら，2021）。そのため、契約型の中規模経営Rと大規模経営Sは、大手乳業メーカーと契約して生乳販売を続けることはできても、自己資金を持つ大規模経営OとPに比べ、資金調達に問題が生じれば離脱型になる可能性が高い。

　第2に、酪農経営者による経営判断である。牧場改築で酪農経営が苦境に陥った際の、酪農経営者の判断によって大手乳業メーカーとの契約解消を選択した。事例によると、中規模経営Sは資金不足に陥った際に、

大手乳業Ⅰから資金貸付の提案があったが、その条件として提示された
生乳販売の長期契約を経営面で不利と判断して、大手乳業Ⅰとの契約を
解約した。小規模経営の養殖小区Ｔは、さらに借金を重ねて改築を進め、
大手乳業Ⅱとの契約を続けても、乳価引き下げが再びあれば、経営の困
難さは打開できないと判断して、大手乳業メーカーとの契約を解消した
のである。

　つまり、離脱型の中規模・小規模経営が大手乳業メーカーとの契約を
解消した要因は、大手乳業からの要請に応じる資金力がなく、契約継続
が経営上、不利と判断したためである。大手乳業メーカーと契約すれば
生乳販売上のリスクは小さいものの、経営者は飼料購入から生乳生産・
販売まで経営の多くの面で大手乳業メーカーによる制約を受け、経営の
自律性を失うことを懸念していた。

第5節　小括

　メラミン事件以降、大手乳業メーカーによる酪農経営への管理・統制
が強化された。特に、二大乳業の伊利と蒙牛は、独自の評価基準に基づ
いて契約調達先をグレード別に分類し、グレードに応じて基本乳価と、
酪農経営に対する支援内容を設定している。これら２社は、内モンゴル
自治区では１日当たり出荷乳量５ｔ以上、つまり飼養頭数500頭以上
の経営を契約牧場の条件とし、低乳質かつ零細多数で管理の難しい養殖
小区からの調達を次第に停止している。酪農経営の近代化と集乳ルート
の集約化を目的に、直営牧場の設置や、契約牧場に対して経営の大規模
化や近代化を要請している。

　メラミン事件以降の大手乳業による垂直調整に対する酪農経営の対応
の差異から、事例経営者を、直営型・契約型・離脱型の３つの類型に区
分した。直営型・契約型は乳牛飼養頭数100頭以上階層の中規模・大
規模経営、離脱型は中規模経営と小規模経営の養殖小区である。

　また、大手乳業メーカーの垂直調整の影響では、メラミン事件以降、

大手乳業メーカーは直営型・契約型の大規模・中規模経営から生乳を調達している一方、中規模乳業や集乳商人に販売するようになった中規模・小規模経営も出現した（離脱型）。

　各類型が取引する乳業メーカーとの垂直調整度から見ると、大手乳業の直営型と契約型との垂直調整度はさほど変わらないが、生乳生産を内部化している直営型の垂直調整度がより高い。一方、乳業メーカーの離脱型への関与は弱く、離脱型の垂直調整度が最も低い。

　離脱型の経営が大手乳業との契約を解消した要因は、大手乳業メーカーからの要請に応じる資金力がなく、契約継続が経営上、不利と判断したためである。大手乳業メーカーとの取引は生乳出荷上のリスクは小さいものの、経営者は飼料購入から生乳生産・出荷まで経営面で大手乳業による制約を受けるという懸念を持っていた。

（鄭　海晶）

第6章　中規模経営による生乳販売形態の選択論理
　　　　－大手乳業メーカーとの契約解消後を対象に－

第1節　本章の課題

　本章の課題は、大手乳業メーカーとの契約を解消した中規模・小規模経営が、特定の生乳の販売形態を選択した論理を分析し、中規模経営の生乳販売戦略を明らかにすることである。前章と同様に、小規模経営の生乳販売形態の選択などは、養殖小区の分析を通じて行う。以下では、まず、事例地域の特徴に触れた後、生乳販売形態の類型化を行う。次に、大手乳業メーカーとの販売契約解消後の事例経営者の概要と販売形態を述べる。続いて、大手乳業メーカーとの販売契約との比較を通じて、中規模・小規模経営の販売形態の選択論理を検討し、中規模経営の生乳販売戦略を、中規模乳業の生乳調達戦略の分析を通じて解明する。

第2節　事例地域の特徴

　内モンゴル自治区の首府フフホト市は、中国の「乳都」と呼ばれ、二大乳業である伊利と蒙牛の本社が所在する。2019年のフフホト市の乳牛飼養頭数は23万4千頭、生乳生産量は151万6千 t で、それぞれ内モンゴル自治区全体の19％、26％を占めている（「内モンゴル自治区統計年鑑2020」「フフホト市統計年鑑2020」）。近年、フフホト市政府は酪農経営の近代化・標準化を促進するために、標準化牧場の建設を奨励し、老朽化した牧場を改築・増築し、海外から泌乳能力の高い乳牛を導入することで、酪農経営の規模拡大や近代化を進めている。

　本章は、フフホト市管轄下のトクト県を事例地域としている（図6－1）。県政府の報告によると、2019年6月時点で、県内の乳牛飼養頭数は4.8万頭、1日当たり生乳生産量は455 t である。メラミン事件以降、中規模・大規模経営は自ら搾乳施設を有しているのに対し、搾乳施設を

所有していない小規模経営は、合作社や養殖小区などに加入して、搾乳
施設を共同利用している。

　トクト県政府統計と発表資料によると、2019年6月時点で、県内で
小規模経営の養殖小区が9経営、中規模経営が17経営、大規模経営が
7経営の合計33経営が存在する。これらの酪農経営全てが、以前は大

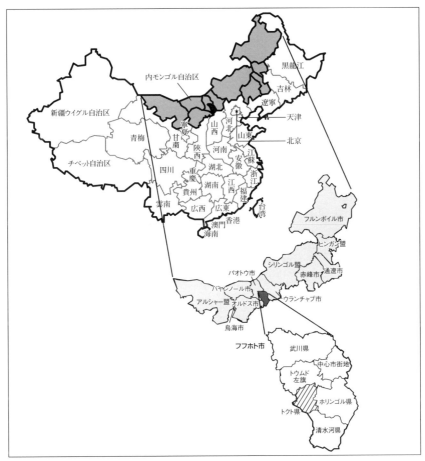

図6-1　内モンゴル自治区フフホト市トクト県の位置
資料：中国の省・市・自治区の地図より作成。
注：この地図は参考のためのもので、実際の中国の地図を示すものではない。

手乳業メーカーに生乳を販売していた。しかし、現在では、中規模経営10と大規模経営7が、大手乳業メーカーに販売しており、1日当たり出荷乳量は計424.1 t で、これら17経営で県全体の9割超である。一方、残りの小規模経営の養殖小区の全てと中規模経営7は、大手乳業メーカーとの契約関係を解消した経営である。**図6－2**は、これら16経営の大手乳業との契約解消前後の生乳販売形態の変化を示しており、調査時点の生乳販売形態は以下の4つに区分できる。

　第1に、フフホト市外の中規模乳業に直接販売する「中規模乳業契約型」である。小規模経営の養殖小区の2経営が該当する。

　第2に、フフホト市内の集乳商人に出荷する「市内商人介在型」である。小規模経営の養殖小区の3経営と中規模経営の4経営が該当する。

　第3に、フフホト市外の集乳商人に出荷する「市外商人介在型」である。小規模経営の養殖小区の4経営が該当する。

　第4に、経営者の組織した出荷組織を通じて共同出荷を行う「出荷組織経由型」である。中規模経営の3経営が該当する。

　集乳商人と出荷組織は、フフホト市内外の中規模乳業に最終的に生乳を販売している。これら16経営の1日当たり出荷乳量は31.3 t で、県全体の1割に満たない。酪農経営数で見ると、最も多いのが市内商人介在型の7経営で、逆に最も少ないのが中規模乳業契約型の2経営である。

　なお、トクト県内には少数の乳業メーカーしか存在せず、生乳を県内で加工するのが難しい。フフホト市政府は伊利と蒙牛を支援するための優遇政策を実施しているため、フフホト市内では乳業メーカーの新規参入が実質的に制限されている。県内にわずかに存在する中規模乳業は非生乳原料を含む乳製品加工が主で、1日当たり生乳処理量は少ない。そのため、トクト県内の多くの酪農経営は、市内の中規模乳業への生乳販売を行っていない。

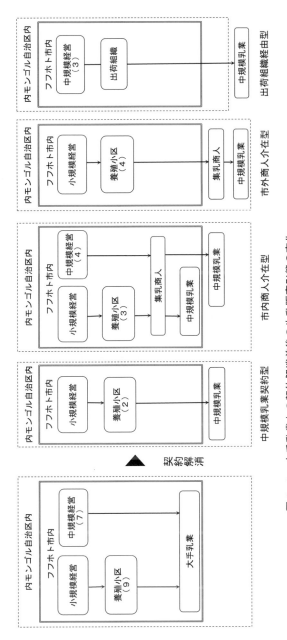

図6-2　大手乳業との契約解消前後の生乳販売形態の変化

資料：中規模経営、小規模経営のフフホト市トクト県の養殖小区への聞き取り調査（2019年3月、6月実施）より作成。

注：1）2019年3月にフフホト市トクト県における酪農全体の状況および一部の酪農経営の調査を実施し、同年6月に追加調査を実施した。

　　2）（　）内は各経営の数を示す。

第3節　中小規模経営の生乳販売形態と中規模経営による共同販売の出現

　2019年3月および6月に前述の4類型から2つずつの中規模経営、小規模経営の養殖小区に対して現地調査を実施した。それを踏まえ、本節では、大手乳業メーカーとの販売契約解消後の中規模・小規模経営の生乳販売形態を検討する。

　表6-1は、事例経営者a～hの概要である。これら8つの事例経営者のうち、中規模経営c・g・hはいずれも搾乳牛が110頭以上と、養殖小区a・b・d・e・fに加入した小規模経営（表中の1戸当たり平均搾乳牛頭数と比較）の10倍以上であり、そして中規模経営c・g・hが1戸当たり出荷乳量は1日当たり2t以上で、小規模経営（表中の1戸当たり平均出荷乳量と比較）と比べて数倍である。さらに、中規模経営c・g・hは独自の搾乳施設を持ち、購入飼料依存で、労働力は家族に加え9名以上の労働者を雇用し、より集約的な経営である。一方、小規模経営は養殖小区所有の搾乳施設を共同利用し、購入飼料依存度は低く、主に労働力は家族である。

　また、図6-3は、大手乳業メーカーとの契約解消後、8つの事例経営者の生乳販売形態の選択過程を整理したものである。事例経営者は大手乳業メーカーとの販売契約を解消した後、生乳の販売形態を複数回変更している場合が多い。その販売形態の変遷を概観すると、中規模乳業契約型から、市内商人介在型、市外商人介在型へと移っていく傾向がある。そして、最近では出荷組織経由型が新たに登場した。

1．中規模乳業契約型

　18戸の小規模経営で構成された養殖小区aは2011年に設立、乳牛飼養頭数は計500頭、うち搾乳牛は350頭で、出荷乳量は1日当たり2～3t、雇用労働力は2名である。構成員である小規模経営では、1戸

表6-1 調査事例経営者の概要（ココホトト市トト県）

経営形態	中規模乳業企業契約型		市内商人介在型		市外商人介在型		出荷組織経由型	
	小規模経営の養殖小区 a	小規模経営の養殖小区 b	中規模経営 c	小規模経営の養殖小区 d	小規模経営の養殖小区 e	小規模経営の養殖小区 f	中規模経営 g	中規模経営 h
	養殖小区	養殖小区	企業的家族経営	養殖小区	養殖小区	養殖小区	企業的家族経営	企業的家族経営
成立時期（年.月）	2011.2	2014.4	2017.8	2009.9	2009.8	2013.8	2012.5	2012.11
構成戸数（戸）	18	4	1	5	6	8		
大手との契約解消時期（年.月）	2017	2018.8	2017.12	2016.12	2015	2016.12	2018.2	2018.2
乳牛頭数（頭）	500	310	320	300	130	326	300	340
うち、搾乳牛頭数（頭）	350	82	110	100	60	105	180	110
搾乳牛頭数の比率（%）	70	26	34	33	46	32	60	32
1戸当たり平均搾乳牛頭数（頭）	19	21	—	20	10	13	—	—
出荷乳量（t/日）	2～3	1.4	2.3	2	0.8	1.7	3	2.9
搾乳牛1頭の平均搾乳量（kg/日）	6-9	17	21	20	13	16	17	26
1戸当たり平均出荷乳量（t/日）	0.11-0.17	0.36	2.30	0.40	0.13	0.21	3.00	2.90
調査時点の乳価（元/kg）	3.4	3.4	2.7	3.0	2.7	2.8	3.0	3.0以上
飼料調達方式	自家栽培+購入	自家栽培+購入	購入	自家栽培+購入	自家栽培+購入	自家栽培+購入	購入	購入
各経営の雇用労働者（人）	2	4	10	1	0	2	9	12

資料：中規模経営、小規模経営の養殖小区への聞き取り調査（2019年6月実施）より作成。

注：1）a・b・c・d・e・f の場合、1戸の平均出荷乳量＝1戸の平均搾乳量＝1戸の平均搾乳牛頭数*搾乳牛1頭の平均搾乳量。

2）a・b・c・d・e・f の雇用労働者は、各養殖小区が雇用した労働者である。養殖小区に加入する
小規模経営は、主に労働力は家族である。

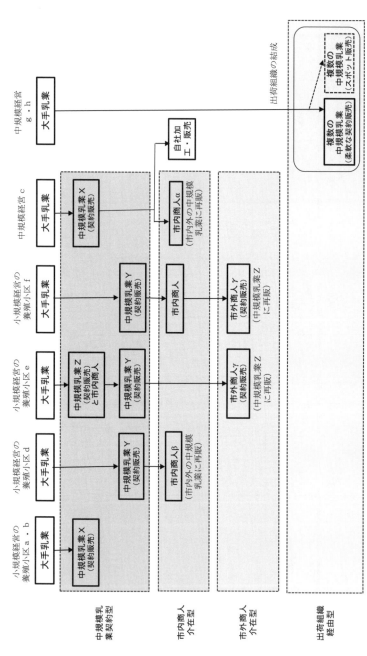

図6-3 事例経営者の生乳販売形態の選択過程

資料：1) 2015年の大手乳業との契約終了後、小規模経営の養殖小区 e は市内商人と中規模乳業 Z の間で何度も販売先を変えていた。聞き取り調査（2019年6月実施）より作成。
注：1) 2015年の大手乳業との契約終了後、小規模経営の養殖小区 e は市内商人と中規模乳業 Z の間で何度も販売先を変えていた。
2) 市内商人は生乳を中規模や他の商人に販売するが、生乳の最終的な販売先は中規模乳業である。
3) 中規模経営 g と h は、柔軟な契約に基づいて複数の中規模乳業に共同で生乳を販売し、契約乳業が生乳を必要としない場合にのみ、スポット販売を行う。

当たり 19 頭の搾乳牛を飼い、出荷乳量は 0.11 ～ 0.17 t／日に過ぎない。飼料は小規模経営が自家栽培し、不足分は飼料会社から購入する。

　4 戸の小規模経営で構成された養殖小区 b は 2014 年設立で、乳牛飼養頭数は計 310 頭、うち搾乳牛は 82 頭で、出荷乳量は 1.4 t／日である。雇用労働力は 4 名である。また、構成員の小規模経営では、平均 21 頭の搾乳牛を飼養し、1 日当たり 0.36 t の出荷乳量である。牧草は養殖小区 b の管理者が栽培し、不足分やその他の飼料は飼料会社から購入する。

　養殖小区 a と b は、出荷乳量が大手乳業メーカーによる最低要求量 5 t／日に満たなかったため、それぞれ 2017 年、2018 年に大手乳業メーカーとの契約を解消した。その後は、飲用乳と乳飲料を加工する内モンゴル自治区ウランチャブ市に位置する中規模乳業 X（事例から 240km に立地、2001 年設立）に生乳を直接販売する。ウランチャブ市政府の公式サイトから、中規模乳業 X は地元政府の支援を受け、2009 年に直営牧場を建設、当初は 1,700 頭程度の乳牛を飼養し、2020 年には 1 万頭の乳牛を飼養する計画であった。

　a と b は、中規模乳業 X と書面契約を交わし、生乳出荷は中規模乳業 X の乳質基準に従って行う。a の場合、集乳は中規模乳業 X のミルクローリーで行われる。b の場合、養殖小区 b の管理者がミルクローリーを 2 台所有し、毎日、養殖小区 b の生乳と、ホリンゴル県の他の 4 経営の生乳を中規模乳業 X に輸送する業務を中規模乳業 X から委託されている。

　調査時点で、中規模乳業 X の乳価は 3.4 元 /kg で、契約期間内は不変である。さらに、小規模経営の養殖小区 a と b の両方の管理者は、1 kg 当たり 0.3 ～ 0.4 元[1]の手数料を差し引き、構成員である小規模経営に 3 元 /kg 程度の乳代を支払っている。中規模乳業から支払われる乳代は月払いであるが、支払い滞納が多い。契約当初、滞納はほぼなかったが、次第に多くなった。こうした滞納は、継続的な生乳出荷を経営者に強い

---

[1]　構成員の小規模経営に課される手数料は、一般的に養殖小区の管理者が建設した住宅や牛舎、購入した搾乳設備の使用料、電気や水道の使用料などが含まれ、管理者の基準によって異なる。

るための意図的な行為といわれている。また、中規模乳業Xは旧正月の期間（2月）は生乳取引を停止するため、その間はフフホト市内の集乳商人に販売している。

2．市内商人介在型

中規模経営 c は 2013 年設立で、乳牛飼養頭数は 320 頭、うち搾乳牛110 頭、出荷乳量は 2.3 ｔ／日である。雇用労働力は 10 名である。また、中規模経営 c は、全ての飼料を飼料会社から購入する。

5 戸の小規模経営で構成された養殖小区 d は、2009 年設立で乳牛飼養頭数は 300 頭、うち搾乳牛 100 頭、出荷乳量は 2 ｔ／日である。雇用労働力は 1 名である。構成員の小規模経営では、1 戸当たり平均 20頭の搾乳牛を飼い、出荷乳量は 0.40 ｔ／日である。飼料は小規模経営が自家栽培し、不足分は飼料会社から購入する。

中規模経営 c は、2017 年に大手乳業メーカーとの契約を打ち切った。その理由は、大手メーカー指定の購入飼料が高価であったこと、大手乳業メーカーが貸付金の継続を拒否したためであった。その後、生乳を中規模乳業Xへ販売した時期があったが、2019 年 1 月にフフホト市内の集乳商人 α への販売に変更した。商人出荷と並行して、生乳の自家加工と販売も少量行っている [2]。

小規模経営の養殖小区 d は、養殖小区 a・b と同じく、出荷乳量が大手乳業メーカーの 1 日当たり出荷乳量の基準に満たなかったため、2016 年に契約を解消した。その後、河南省商丘市の中規模乳業 Y（事例から 1,000km に立地）に生乳を販売していた。同社は、2005 年に設立され、2015 年に上場、自社で 2 つの直営牧場を持ち、主に飲用乳や乳飲料を加工している。2018 年 3 月よりフフホト市内最大規模の集乳商人 β への販売に切り替えた。

2）中規模経営 c は小型の機械を導入し、生乳を均質化・殺菌した上で、250 ｇパックで販売している。1 パックの価格は 3 元、販売頻度は月 2 ～ 3 回である。

集乳商人 α、β の集乳拠点はいずれもトクト県から 60km の距離にある[3]。商人 α、β は、生乳生産者との書面契約を行わず、生乳生産・出荷基準も厳しくない[4]。集乳は、それぞれ商人 α、β のミルクローリーで行われる。また、商人 α は大手乳業メーカーの生乳輸送の運転手、商人 β は大手乳業メーカーの契約牧場に配属された技術員であったが、両商人とも酪農経営や生乳加工に携わったことはない。しかし、共に過去にさまざまな酪農経営、さらにはさまざまな乳業メーカーと接してきたため、生乳生産と生乳販売に精通しており、生乳の集乳と転売が容易になる。調査時点では、商人 α はフフホト市内の中規模乳業に、商人 β はフフホト市内および市外の中規模乳業に生乳を販売している。調査時点で、中規模経営 c と養殖小区 d の乳価は、それぞれ 2.7 元 /kg、3 元 /kg であるが、乳業メーカーの季節需要に応じた変動が大きい[5]。このうち、養殖小区 d の管理者が徴収する手数料については、情報が得られなかった。また、乳代支払い方法は柔軟であり、販売側が希望すれば出荷時点での現金決済や前払いも可能である。

3．市外商人介在型

6戸の小規模経営で構成された養殖小区 e は 2009 年に設立され、乳牛飼養頭数は 130 頭、うち搾乳牛は 60 頭で、1日当たり出荷乳量は 0.8 t である。雇用労働力は用いていない。構成員の小規模経営では、平均 10 頭の搾乳牛を飼い、出荷乳量は 0.13 t／日である。

8戸の小規模経営で構成された養殖小区 f は 2013 年に設立され、乳

---

3) フフホト市には、長期的に集乳に従事する商人 α、β のほかに、生乳の最需要期にのみ集乳を行う商人もいる。商人 β は 6 t のミルクタンク 6 基、15 t のミルクローリー 3 台を有しており、市内最大規模の集乳商人である。商人 α は、β より規模が小さく、ミルクローリー 2 台で集乳を行っている。
4) 集乳商人は、体細胞数・細菌数、乳タンパク質などに関する基準を設けず、乳質・乳成分の最低限の水準のみを設けている。抗生物質を含む生乳は出荷を受け付けない。ただし、商人出荷の場合、生乳が抗生物質を含む場合でも子牛への給与は可能としている。大手乳業メーカーとの契約時には、抗生物質を含む生乳は廃棄する必要があり、子牛向け給与もできなかった。
5) 乳価は、生乳需要が増加する 9 月から翌年 2 月まで上昇期にあり、2 月以降は低下する。中規模経営 c への聞き取り調査によれば、市内集乳商人の乳価は上昇期に最高で 4.5 元 /kg であったが、最低時にはわずか 2.4 元 /kg と、変動が大きい。

牛飼養頭数は326頭、うち搾乳牛は105頭で、1日当たり出荷乳量は1.7 t である。雇用労働力は2名である。構成員の小規模経営では、平均13頭の搾乳牛を飼い、1日当たり0.21 t の生乳を出荷する。e・f は共に、構成員の小規模経営による飼料の自家栽培を行い、購入飼料の利用もある。

養殖小区 e は大手乳業メーカーによるインフラ更新の要請に対応できず、2015年に契約を解消した。その後、生乳販売先をフフホト市内の集乳商人、内モンゴル自治区パオトウ市の中規模乳業 Z（事例から70km に立地、飲用乳・チーズ・粉乳・ヨーグルト・乳飲料などを加工）、フフホト市内の集乳商人や中規模乳業 Y と、次々に変更したが、2018年3月から、内モンゴル自治区パオトウ市の市外集乳商人γに販売している。

養殖小区 f は2016年に大手メーカーと契約を解消した。その理由は、大手乳業メーカーによる乳価引き下げで収入が減り、大手乳業メーカーの要請を受けて行っていた牧場の改築工事を中断せざるを得ない状況になったためである。その後、中規模乳業 Y やフフホト市内の集乳商人と、次々に販売先を変更したが、e の紹介で、2018年11月から市外商人γに販売している。市外商人γは酪農経営者でもあり、自身が生産した生乳と集荷した生乳を中規模乳業 Z に販売する。2007年に設立された中規模乳業 Z は、直営牧場を持ち、2009年からは、パオトウ市に工場を持つ大手乳業メーカーと契約し、自社牧場で生産した有機生乳の販売も行っている（中規模乳業 Z の「2019年度財務報告書」）。そして、一時は生乳の売上が乳業 Z の売上の半分以上を占めるようになった。乳業 Z では、自社の生乳を大手乳業メーカーに販売するとともに、契約牧場から生乳を購入して加工している。生乳が供給過剰になると、余剰分を粉乳に加工し、生乳が不足すると大手乳業メーカーへの販売を縮小する[6]。

また、養殖小区 e と f は、中規模乳業 Y に生乳を販売していたところ、

---

6) 中規模乳業 Z の報告書によると、売上高に占める生乳の売上比率は2013年が51.3％、2014年が59.8％となっている。2015年8月23日付の「第一財経日報」による。

中規模乳業Yが乳代支払いを滞納したため、中規模乳業Yを離れて市内商人に販売した時期がある。その後、未支払い乳代を受け取れないことを恐れて、中規模乳業Yに販売し続けたが、結局、未支払い乳代を受け取ることができず、再び中規模乳業Yとの取引を停止した。当時、中規模乳業Yは資金繰りに困っていたため、契約牧場への乳代支払いが長期にわたってできなかった。2021年時点の聞き取りでも、依然として乳代の未払いがあったことを確認した。

　調査時点で、養殖小区e・fの乳価は、それぞれ2.7元/kg、2.8元/kgで、販売先は同じであるものの、乳質による乳価差がある。乳代は、商人γによる月払いである。養殖小区eとfの管理者がそれぞれ1kg当たり0.1元、0.3元の手数料を差し引き、つまり小規模経営に支払われる乳価はそれぞれ2.6元/kg、2.5元/kgである。また、この市外商人γに生乳を販売している酪農経営は、トクト県に4経営ある。そのうち、担当の酪農家1戸がトクト県中心部の指定場所まで生乳を輸送し、輸送費用は輸送した生乳の重量に応じて分担している。平日は1日1回、冬期は2日に1回、県内の拠点に輸送され、そこでパオトウ市の商人γに引き渡される。

4．出荷組織経由型

　中規模経営gは、2012年設立で乳牛飼養頭数は300頭、うち搾乳牛180頭、出荷乳量は3ｔ/日である。雇用労働力は9名、飼料は飼料会社から全て購入する。

　中規模経営hも2012年設立で、乳牛飼養頭数は340頭、うち搾乳牛110頭、出荷乳量は2.9ｔ/日である。雇用労働力は12名、飼料は全量購入する。

　中規模経営gとhは、大手乳業メーカーの乳質基準（例えば、体細胞数25万/ml以下）に対応できずに出荷乳量が制限されたため、いずれも2018年に契約を解消した。大手メーカーとの契約解消時期は、事例

経営では遅い方の事例になる。

　大手乳業メーカーとの契約解消以降は、ほかの４つの酪農経営と出荷組織を設立し、生乳の共同販売を行っている。この出荷組織は、合作社や養殖小区などと異なって搾乳施設の共同利用は行っておらず、販売のみの共同化である。調査時点で、出荷組織の構成員数は、トクト県３経営、フフホト市ホリンゴル県３経営の計６経営に拡大し、１日当たり出荷乳量は合計30 ｔに達する。生乳の最需要期（春期）には、構成員外の生産者も含め取り扱う生乳の調達元が10経営に増えることもある。また、構成員のほとんどは企業的家族経営で、取り扱う生乳には合作社や養殖小区の出荷するものもあるが、酪農経営が出荷組織へ加入、退出するのは自由である。

　出荷組織を立ち上げた理由は、大手乳業メーカーとの契約解消時期が生乳の不需要期であり、大手乳業メーカーが自社の乳質基準を満たしていないとして出荷量を制限し、生乳販売が困難になったからである。しかし、当時は中国南部の乳業メーカーでは生乳が不足し、乳価も高かったため、生乳を独自に販売する組織を立ち上げることが考え出されたのである。また、近郊の中規模乳業は乳代支払いの滞納があり、集乳商人は低乳価であることから、個別出荷より大ロットの出荷量で取引交渉力を強め、乳価上昇や有利な出荷条件の実現も意図している。

　出荷組織の機能を**図６−４**に示した。出荷組織は構成員を複数のグループに分け、各グループが異なる中規模乳業と販売契約を結ぶ。契約内容は契約乳業にとって柔軟な内容であり、乳質基準、毎回の取引乳量、輸送頻度は契約乳業から指定されるが、乳価は市場の実勢価格というものである[7]（出荷組織の機能①）。出荷乳量の変更で余剰が出る場合、出荷組織は契約乳業への出荷後、構成員の余剰乳を別の乳業へスポット販売するための手配をする（出荷組織の機能②）。逆に契約乳業への出荷乳量が足りない場合は、出荷組織外の酪農家から生乳を買い取る（出

7）契約乳業は、生乳の輸送頻度や重量に変更があった場合、少なくとも１週間前までに出荷組織に通知する義務がある。

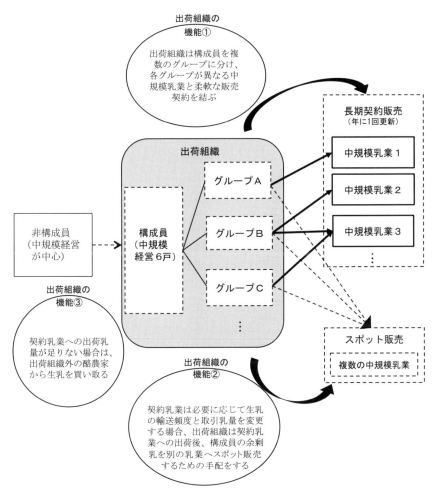

図6-4　出荷組織による生乳の共同販売

資料：中規模経営 g と h への聞き取り調査（2019年6月）より作成。

注：1）出荷乳量に応じて、構成員が1つまたは複数の中規模乳業と販売契約を締結することができる。

　　2）機能③の場合、契約乳業がより多くの生乳を必要としていない場合、出荷組織は構成員の生乳
　　　　販売を支援するだけである。

　　3）出荷組織は、この3つの主要な機能に加えて、資材などの調達やグループ活動の企画を行って
　　　　いる。

荷組織の機能③)。このように、フレキシブルな取引を志向する乳業とのリスクを、集乳商人のような機能を出荷組織で内部化して軽減しようとしている。なお、出荷組織はフフホト市の指定場所まで生乳を輸送し、中規模乳業に引き渡す。

集乳は出荷組織が購入した 40 t のミルクローリーや構成員所有のミルクローリーで行い、輸送前には出荷組織の検査係[8]が乳質検査を行う。乳質検査が不合格になった場合は、構成員が責任を負う。集乳用のミルクタンク内に仕切りがあって合乳はされず、生乳は経営者ごとに区分されている。また、生乳の輸送重量を調整できるように、構成員は３～５ t のミルクタンクを１～２基持っている。出荷が困難な場合は自分たちのタンクに貯蔵し、自力で出荷できる場合は自分のミルクローリーで輸送したり、物流業者のミルクローリーによって、まとめて販売する。乳質により、経営者間で乳価差がある。調査時点で、中規模経営 g の乳価は３元 /kg、h は３元以上 /kg である。ただし、乳業メーカーの需要量変動を反映して乳価の変動は大きい。乳代は契約乳業から出荷組織に支払われ、出荷組織はそれを、会計係１名、出納係１名、検査係１名、運転手兼倉庫係１名の給料として、乳代から１kg 当たり 0.1 元 /kg を差し引き、残りを構成員に分配している。出荷組織が設立された当初は契約乳業からの支払い滞納が発生することが多く、構成員の利益を守るために、出荷組織はそれ以降、乳代滞納が多い中規模乳業との契約を徐々に解除していった。

第４節　中小規模経営の生乳販売形態の選択要因

本節では、前述の４類型と、同じトクト県で大手乳業メーカーと契約を行う事例とを比較し、中小規模経営の生乳販売形態の選択要因を分析する。

---

8) 出荷組織は乳質検査の設備や試験紙など（乳業メーカーが使用している検査方法・設備とほとんど同じ）を購入し、集乳前に検査係が各酪農経営の生乳を検査し、乳価を算出するのである。

1．生乳販売形態の比較

　表6－2で、事例経営者の4つの生乳販売形態を、大手乳業メーカーへの販売形態（大手乳業契約型）も交えて、取引・乳価・乳代回収面の3点で比較した。

　第1に、取引面である。市内商人介在型を除く他の3類型は、大手乳業契約型と同じく、乳業メーカーとの契約方式は書面契約で、取引継続の蓋然（がいぜん）性は高い。生産者にとって長期的に生乳を販売できるが、出荷乳量や乳質などを安定させる必要がある。中規模乳業契約型は供給過剰時に取引制限・拒否が行われる場合があり、その際は低乳価であっても販売できないが、その期間は旧正月（2月）のみで事前に取引制限時の対応を考えることはできる。また、出荷組織経由型では、酪農経営者が設立した出荷組織経由で柔軟な契約で複数の中規模乳業に生乳を販売することで、取引の面も比較的安定している。

　一方、市内商人介在型は、口頭契約のみで出荷時の乳質基準も緩く、酪農経営者にとって生産と出荷面での制約は少ない。ただし、供給過剰時の取引制限・拒否の対応が他の類型より多く、生乳販売の安定性に問題がある。

　第2に、乳価面である。乳価水準[9]は、中規模乳業契約型が、大手乳業契約型に次いで高い。調査時点では、出荷組織経由型、市内商人介在型、市外商人介在型の順に乳価水準が低くなった。次に、乳価の安定性だが、中規模乳業契約型は契約期間中の乳価が一定であるため、安定性は最も高い。

　一方、中規模乳業契約型以外の3類型では、乳業メーカーの需要量変動に応じた季節的な乳価変動が大きい。なお、市内商人介在型と出荷組織経由型では複数の乳業メーカーに販売するが、市外商人介在型は中規模乳業Zの1社のみである。

---

9) 乳価のばらつきは、乳質の違いもあるが、中規模乳業への販売方法の違いもあり、さらに、調査時期である3月か6月で乳価の季節変動も考慮しなければならない。

表6-2　フフホト市トクト県における生乳販売形態の比較

| | | 大手乳業契約型 | 中規模乳業契約型 | 大手乳業契約解消 | | |
| | | 大手乳業 | 中規模乳業 | 市内商人介在型 | 市外商人介在型 | 出荷組織経由型 |
				集乳商人	集乳商人	中規模乳業
直接の出荷先	出荷先との契約方式	書面	書面	口頭	書面	書面
出荷先からの要求	生産過程	出荷先の定める牧場管理システム導入、生産整備・飼養過程の管理・指導・支援、飼養・搾乳過程の監視	なし	なし	なし	なし
	飼料利用	なし	なし	なし	なし	なし
	乳質基準	出荷先が設定	出荷先が設定	下限水準	出荷先が設定	出荷先が設定
	出荷乳量	出荷先が設定	出荷先が設定	口頭取り決めによる	出荷先が設定	出荷先が設定
	出荷頻度	出荷先が設定	出荷先が設定	口頭取り決めによる出荷先の需要量により変動	出荷先が設定	出荷先が設定
	乳質検査	出荷先が行う	出荷先が行う	出荷先が行う	出荷先が行う	出荷先が行う
	乳質基準未達成時の対応	取引拒否・生乳廃棄の取引拒否要請あり	取引拒否要請あり	取引拒否要請あり	取引拒否要請あり	取引拒否要請あり
取引	供給過剰時の対応	取引制限・拒否のケースあり、低乳価でも取引不可	取引制限・拒否のケース（2月のみ）、低乳価でも取引不可	取引制限・拒否のケース多、低乳価で取引可能	取引制限・拒否のケース少、低乳価で取引可能	取引制限・拒否のケース少、低乳価で取引可能
	生乳輸送方式	出荷先の基準に基づき物流業者を利用	出荷先が実施	出荷先が実施	生産者と出荷先が協力して実施	出荷組織が実施
乳価	乳価（調査時）	3.4~3.6元/kg	3.4元/kg	2.7~3元/kg	2.7~2.8元/kg	3元/kg~
	乳価変動	契約内容づき乳質により変動	契約期間中一定	出荷先の需要量による変動大	出荷先の需要量による変動大	出荷先の需要量による変動大
乳代回収	支払い方式	月払い（資金貸付可能）	月払い	即時現金決済、前払いも	月払い	定期支払い
	潘納頻度	潘納なし	潘納多	潘納少	潘納少	潘納少

資料：中規模経営、小規模経営の酪農小区の聞き取り調査（2019年6月実施）、大手乳業契約型については第5章に基づき作成。

　第3に、乳代回収面である。大手乳業契約型では、乳代支払いの滞納がなく、乳代回収が最も容易である。中規模乳業契約型では乳代支払いの滞納が多く、乳代回収は最も困難である。残りの3類型でも、乳代支払いの滞納が起きる場合があるものの、中規模乳業契約型ほど多くはなく、乳代回収が相対的に容易と言える。また、中規模乳業は、未支払い乳代を「人質」として、酪農経営に自社への生乳販売を継続させる商習慣がある。一方、市内商人介在型では、商人が即時現金決済に応じることがあるほか、転売先の中規模乳業が乳質の良い生乳を優先的に求めている場合には経営者に乳代を前払いして、高品質の飼料購入を求めることもある。

　では、なぜ乳代支払いの滞納は、商人介在型よりも中規模乳業契約型で多く発生するのであろうか。契約牧場は、未払い乳代を回収できなくなることを恐れて、乳代支払いの滞納があっても中規模乳業との契約継続を選択する。もちろん、一部の契約牧場、特に中規模経営の中には、乳代支払いの滞納があると経営の資金繰りが困難に陥りやすく、契約解消を選択するケースもある。しかし、集乳商人にとっては、中規模乳業が生乳を一時的に購入する際の取引業者として存在している。中規模乳業は、生乳が必要なときだけ商人から生乳を購入する。そのため、中規模乳業が集乳商人の乳代支払いを滞らせる可能性は低い。つまり、スポット取引よりも契約取引の方が乳代支払いの滞納がある可能性が高い。

　以上、事例の生乳販売形態を比較した結果は、第1に取引の安定性は、市内商人介在型を除く他の3類型はいずれも高い。これは、市内商人が口頭での契約であるため、乳質基準や出荷量、出荷頻度についての要求が低く、特に生乳供給過剰の場合には取引を制限・拒否する可能性が高いためである。第2に乳価水準は、中規模乳業契約型が最も高く、市外商人介在型が最も低い。乳価の安定性は、中規模乳業契約型は他の3類型よりも高い。第3に乳代回収の容易さは、中規模乳業が取引継続目的に意図的に乳代支払いを遅延する中規模乳業契約型が最も困難であり、残りの3類型は比較的容易である。

2. 生乳販売形態の選択要因

　以下では、生乳販売形態の選択要因を検討する。

　まず、中規模乳業契約型の選択要因である。大手乳業メーカーと契約を解消した経営者が、周辺の中規模乳業と契約しようとしたのは自然な流れである。中規模乳業契約型は、乳価水準は高く、乳価自体や生乳販売の安定性も高いため、大手乳業メーカーへの販売時とさほど変わらない販売を行えたと言える。だが、書面契約を締結していたにも関わらず、契約当初はなかった乳代支払いの滞納が頻発するようになり、経営者の資金繰りは悪化した。

　そのため、事例経営者 c～f は中規模乳業との契約を解消した。中規模経営 c は、飼料の全量購入や搾乳牛 1 頭当たり出荷乳量の多さから、小規模経営と比べると集約的経営であることが示唆される。また、雇用する従業員数も多い。よって、経営継続に要する回転資金が相対的に多額になると思われる。加えて、過去の牧場施設整備のために借入金があり、返済の必要もあった。中規模経営 c は市内集乳商人から資金を借り入れ、生乳販売による返済を行うために市内商人への販売へ転換することになった。小規模経営の養殖小区 d～f は、特定の飼料会社による飼料購入とセットで中規模乳業 Y に生乳を販売していたが、飼料が高額で、なおかつ乳代支払いの滞納が起き、乳代回収も見込めなかったことから、中規模乳業 Y との契約を解消した。

　一方、養殖小区 a と b は中規模乳業との契約を継続している。b は、中規模乳業 X の集乳業務を受託するなど中規模乳業 X との関係が緊密であり、当面はこのメーカーとの契約を続けるものと推測される。a については、契約継続を説明できるような、中規模乳業 X との特別な関係性は確認できなかった。ただし、養殖小区 a は構成員も含めて設備投資をほとんど行っていない上、搾乳牛 1 頭当たり出荷乳量は 10kg/ 日以下と小さく、事例の中でも特に粗放的な経営と思われる。このため、乳代滞納が資金繰りや経営継続に与える影響は相対的に小さいと言えるが、

中規模乳業との契約継続を説明する消極的な要因にとどまると思われ
る。いずれにせよ、調査時点で、トクト県内で中規模乳業契約型を選択
する酪農経営はこれら事例の2つのみであり、マイナーな販売形態であ
るのは確かである。

　次に、市内商人介在型の選択要因である。事例経営者は、市内商人と
の関係を以前から有していた。すなわち、過去の大手乳業メーカーとの
契約時には、大手乳業メーカーに拒否された生乳をしばしば市内商人に
販売していた。こうした関係性を背景に、事例経営者 c 〜 f が市内商人
を次の販売先に選択したことは理解しやすい。市内商人は出荷時の現金
決済にも応じるため、中規模乳業契約型のネックであった乳代回収の困
難さは大幅に改善される。口頭契約で乳質など出荷要求基準が緩いため、
生産と出荷に対する制約は少ないものの、乳価水準は低い。ただし、市
内商人は低い乳価であれば販売可能であるものの取引制限・拒否の可能
性が他類型より高く、乳価の季節的変動も大きい。養殖小区 e・f は、
これらの理由により市内商人への販売を取りやめるに至った。

　それに対して、中規模経営 c は、牛乳・乳製品の自家加工・販売を重
視していることから、市内商人との口頭契約による出荷要求基準の緩さ
を経営上有益と判断し、かつ市内商人への借金返済の必要性から、市内
商人への出荷を続けている。また、養殖小区 d はフフホト市最大の集乳
商人 β からの乳代回収の容易さを重視して、市内商人との契約を継続し
ている。

　続いて、市外商人介在型の選択要因である。市外商人は、市内商人と
異なり、従来から取引関係があったわけではなかった。市内商人介在型
と比較して、乳質などの出荷要求基準は厳しいものの、書面契約により
取引制限・拒否の可能性は低く、取引の安定性は高い。乳代回収は、即
時現金決済ではないが、月払いで滞納も少ない。

　養殖小区 e・f は市内商人介在型を脱した後、中規模乳業 Z との契約
締結を望んだが、乳質が乳業 Z の取引基準（乳タンパク質率3.0％以上）
に満たないため、乳業 Z に直接販売できなかった。ただし、乳業 Z は市

外商人γを通じて基準外の生乳を調達しているため、養殖小区 e・f は
この市外商人γを通じて中規模乳業 Z への販売が可能となった[10]。し
かし、この類型も市内商人介在型と同様、乳価の季節変動が大きく、さ
らに調査時点での乳価は 4 類型中で最も低かった。養殖小区 f によれば、
乳価は最低時には 1.3 元 /kg と非常に低く、加えて商人γにしか販売で
きない販売契約になっている[11]。このような低乳価が続けば、さらに
販売形態を変更する可能性もあり得るとのことである。

　最後に、出荷組織経由型の選択要因である。中規模経営 g・h は、大
手乳業メーカーとの契約解消時期が比較的遅い事例であり、地元生産者
との情報交換を通じて、上述の 3 類型の特徴をよく把握していた。この
ため、新しい販売形態、すなわち出荷組織を通じた共同販売を行うよう
になった。出荷組織が生乳を販売する中規模乳業からは乳代支払いの滞
納が時々起きているものの、取引の安定性は市外商人出荷型並みになっ
ている。また、乳価は中規模乳業契約型に劣るが、商人出荷よりは高い
水準である。出荷組織は乳代支払いの滞納が少ない中規模乳業と積極的
に契約し、かつ複数の販売先を確保している。出荷組織を通じて販売先
の乳業メーカーを生産者自ら選択できることがこの販売形態の大きな利
点であり、経営の高いインセンティブや生乳販売の自律性を確保できて
いると事例経営者は評価する。また、中規模乳業の望むフレキシブルな
取引に由来するリスクを出荷組織で軽減することで、生乳販売を持続可
能なものにしている。

　以上のように、大手乳業メーカーとの契約解消後、中規模経営と小規
模経営の養殖小区の生乳販売形態の選択論理は、自らの経営にとって制
約条件の少ない形態を選択するということである。もちろん、酪農経営
者は試行錯誤しながら生乳の販売形態を模索するのであり、一直線に制
約の少ない形態を選択できるわけではない。集約型の中規模経営 c・g・

10) 中規模乳業 Z では、飲用乳だけでなく、粉乳や乳飲料の加工も行っている。そのため、高い乳成分を必要
としない粉乳や乳飲料の加工のために、乳成分・出荷乳量は基準外だが乳質は安全な生乳を、市外商人γを通
じて購入している。そのため、e と f は、この商人γを通じて生乳を乳業 Z への販売が可能となった。
11) 転売先の中規模乳業 Z の需要量が少ない場合（生乳の供給過剰時）は、乳価が引き下げられ、生乳は主に
粉乳に加工される。

hのいずれも飼料は全量購入で、雇用する従業員数が多く、牧場設備への投資も多い。hは搾乳牛1頭当たり出荷乳量が事例中で最も多い。これらの経営は、乳代回収の容易さ（支払い滞納がないこと）と、乳価水準を特に重視していると考えられる。

第5節 中規模乳業の生乳調達戦略と中規模経営の生乳販売対応

　4類型いずれも、生乳は最終的に内モンゴル自治区内外の中規模乳業に販売される。販売先の中規模乳業X、Y、Zはいずれも飲用乳を加工しており、工場近郊の都市部を中心に販売していると思われる。生乳需要期に事例経営からの生乳購入量が増える点から、自社の直営牧場・契約牧場で生乳需要を満たせないため、事例の経営から生乳を購入していると考えられる。

　内モンゴル自治区は中国最大の生乳産地であり、中国における大きな生乳移出地域でもあるため、これら中規模乳業は、安定した生乳調達のために、自治区内の中規模経営や養殖小区と契約したり、自治区内の商人を介して生乳を購入している。一般的に直接契約は全量買い取りが義務となるため、乳業としては必要量を超える生乳を購入しなければならないリスクがある。一方、商人を通じた購入は、生乳需要期の乳価高騰や、適切な乳質の生乳を購入できないリスクがある。そのため、近年では、中規模乳業は出荷組織を組織した中規模経営と、フレキシブルな契約を結ぶことで契約による全量買い取り義務を回避しつつ、必要時必要量購入を追求している。おそらく、中規模乳業における生乳使用製品の販売量が不安定であることが、こうした原料調達を行う背景であると思われる。

　これに対し、中規模経営cの販売戦略は、市内商人への販売と自社加工・販売と間で数量調整することで、持続的な販売を実現している。さらに自経営での生乳の一部を加工・販売することで生乳の付加価値を高め、乳価変動の影響を緩和する。一方、中規模経営gとhの販売戦略は、

共同販売により取引交渉力を強化し、中規模乳業と柔軟な契約を結んで、長期契約販売とスポット販売を切り替えて持続的な生乳販売を行い、取引の不安定さのリスクを軽減する。

なお、前回の調査から2年が経過していたため、2021年12月6日から19日にかけて、新型コロナウイルス感染症の流行に伴う生乳販売の変化の可能性について、事例経営者を対象に補足調査を実施した。結果として、図6－5が示すように、中規模経営3戸のうち、市内商人αへの販売継続が1戸（中規模経営c）、出荷組織での販売継続が1戸（中規模経営g）、経営者の高齢化で廃業が1戸（中規模経営h、2020年）であった。また、事例の中規模経営gとhを含む6戸の酪農経営で構成された出荷組織では、1日当たり出荷乳量が最も多い（5t／日）構成員が大手乳業メーカーとの生乳販売契約に復帰した（中規模経営i、2020年）。さらに、出荷組織には新たに2戸の中規模経営が加わり、1日当たり出荷乳量の合計は以前よりやや減ったものの、構成員は6経営で維持している。

中規模経営hの経営者への補足調査によると、新型コロナの影響によって、出荷組織は、河北省や中国南部の中規模乳業から、内モンゴル自治区やその周辺地域の中規模乳業に生乳販売をシフトしてきた。特に、出荷組織は中規模乳業X、Y、Zと契約して生乳を供給するようになった。この間、中規模乳業Yが乳代支払いの滞納が多いため、現在、乳業Yと直接契約する生産者はいなくなっているが、出荷組織を経由して中規模乳業XとZには生乳が供給され続けている。つまり、以前は中規模乳業契約型の経営と取引していた中規模乳業も、今では出荷組織から生乳を調達するようになったのである。

一方、図6－6が示すように、5つの小規模経営の養殖小区のうち、1養殖小区は廃業（小規模経営の養殖小区b、2021年7月）、別の1養殖小区は市内商人βへの販売継続（小規模経営の養殖小区d）、残りの3養殖小区はフフホト市の集乳商人βへの販売へ移行した（小規模経営の養殖小区a・e・f）。養殖小区aは2021年5月、養殖小区eとf

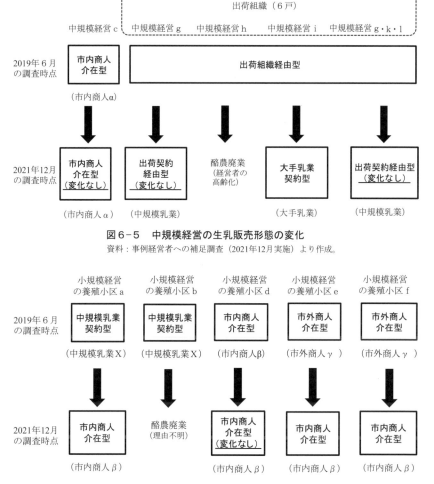

図6-5　中規模経営の生乳販売形態の変化
資料：事例経営者への補足調査（2021年12月実施）より作成。

図6-6　小規模経営の養殖小区の生乳販売形態の変化
資料：事例経営者への補足調査（2021年12月実施）より作成。

は2020年6月に商人βへの販売に変更した。養殖小区aは中規模乳業
への生乳販売の困難さ、養殖小区dと密接な関係にある養殖小区eとf
は、市外商人からの乳価低下が理由である。

　つまり、事例経営者の販売形態は、最終的に市内商人介在型と出荷組

織経由型に絞られることになった。

　したがって、中規模乳業の立場からすれば、酪農経営と直接契約するよりも、出荷組織やフフホト市の集乳商人を通じて生乳を調達することが望ましい。特に、上記の分析から分かるように、出荷組織を通じた生乳の調達は、生乳の全量買収義務回避や生乳調達コストの低減など、より有利な生乳取引を追求することが可能である。

　また、酪農経営者の立場からすると、生乳は最終的に中規模乳業に販売されるものの、その販売経路は市内商人の介在や出荷組織経由の傾向が強い。しかし、小規模経営の場合は、養殖小区に加入し、市内商人を介して販売する。一方、中規模経営は、市内商人介在と出荷組織経由の両方の販売が可能である。

　その理由は、小規模経営が養殖小区に加入することと、中規模経営が生乳販売のため出荷組織を設立することとでは、生乳販売における交渉力に差があるためである。中規模経営の出荷組織は、小規模経営の養殖小区よりも競争力がある。養殖小区に加入して市内商人に販売する小規模経営よりも、出荷組織を設立して中規模乳業に直接販売する中規模経営の乳価が高く、有利販売を実現しやすい。

第6節　小括

　事例経営者の半数がメラミン事件以降に大手乳業メーカーとの契約を解消し、中規模乳業に直接販売する「中規模乳業契約型」、フフホト市内の集乳商人に販売する「市内商人介在型」、フフホト市外の集乳商人に販売する「市外商人介在型」、酪農家が組織した出荷組織を通じて共同販売を行う「出荷組織経由型」の4類型を通じて、生乳販売を行っている。

　事例経営者のうち、中規模経営は経営規模が大きく、出荷乳量も多い集約的経営である。全ての事例経営者が大手乳業メーカーとの出荷契約を解消した経緯と時期は異なるが、大手乳業との契約解消後、特定の販

売形態にとどまらず、時間の経過とともに販売形態を変更していく傾向が見られる。

　取引・乳価・乳代回収の面における販売形態の比較の結果、大手乳業メーカーとの契約解消後の販売先の選択には、中規模乳業契約型をまず選択し、次いで市内商人介在型、市外商人介在型へと変更していく傾向が見られた。出荷組織経由型は、近年になって登場した新しい販売形態である。

　また、大手乳業メーカーとの契約解消後における、中規模経営、小規模経営の養殖小区の生乳販売形態の選択論理は、自らの経営にとって制約条件の少ない形態を選択することである。もちろん、経営者は試行錯誤しながら販売形態を模索するのであり、一直線に制約の少ない形態を選択できるわけではない。また、集約型の中規模経営は、乳価基準や乳代回収の容易さを特に重視している。

　4類型いずれも、生乳は最終的に内モンゴル自治区内外の中規模乳業に販売されるが、中規模乳業は、必要時必要量の生乳を購入することを追求している。これに対応して、中規模経営は自家加工との組み合わせや共同販売による持続的な有利販売を追求している。

　さらに、事例経営者への補足調査を実施した結果、これら経営の販売形態は、最終的に市内商人介在型と出荷組織経由型に絞られることになった。養殖小区に加入して市内商人に販売する小規模経営よりも、出荷組織を設立して中規模乳業に販売する中規模経営の乳価が高く、有利販売を実現する可能性が高いと言える。

（鄭　海晶）

第7章　総括と展望

第1節　総括

　第Ⅰ部の課題は、中国の中規模酪農経営の生乳販売行動の展開メカニズムを明らかにするものであった。分析の結果は以下の通りである。

　第2章では、メラミン事件以降、生乳生産量は横ばいになる一方で、輸入増加は国産乳製品の在庫増加を増やし、乳価下落をもたらすことに加え、生産コストの上昇と乳価の下落により、酪農経営の困難をもたらした。加えて、政府は事件を受けて液体乳・乳製品の製造段階での規制を強化するとともに、酪農経営の大規模化を促進し、これによって中国における中規模・大規模経営の割合が上昇し、そして生乳生産は中規模・大規模経営に集中していることを明らかにした。

　第3章では、内モンゴル自治区は中国最大の生乳生産地であると同時に、大きな生乳移出地でもあり、同自治区の少数の大手乳業メーカーが自治区の生乳市場で高いシェアを持つ一方で、残りの中規模乳業における製品の販売量によって生乳需要の変動があること、自治区内の小規模経営の戸数が激減する一方、中規模・大規模経営が増加しており、特に中規模経営の戸数は国内で最も多いことを明らかにした。

　第4章では、内モンゴル自治区の中規模経営は小規模経営に比べて酪農専業化が進んでいるため、小規模経営よりも生乳販売を積極的に行うこと、また、同自治区の中規模経営は大規模経営と同様に生乳を乳業メーカーに直接販売することが中心であるが、大規模経営よりも多くの販売ルートを持っているという特徴を明らかにした。

　第5章では、メラミン事件以降、内モンゴル自治区の大手乳業メーカーは小規模経営から構成される養殖小区からの生乳調達を停止し、直営牧場新設や契約牧場の規模拡大に取り組んでおり、大手乳業メーカーの経営近代化要請に対応できた中規模・大規模経営は大手乳業メーカーの主な生乳調達先になった一方、一部の中規模・小規模経営は、大手乳業メー

カーからの近代化要請と契約継続に経営上の有利性を見いだせず、最終的に大手乳業メーカーとの契約を解消したことを明らかにした。

　第6章では、大手乳業メーカーとの契約関係を解消後、中規模経営、小規模経営の養殖小区は経営上の制約が少ない生乳の販売形態を選択するようになること、集約的な中規模経営は乳価や乳代回収の容易さを特に重視し、中規模乳業への持続的な有利販売を実現するために、共同販売や経営多角化を行いながら、販売ルートを切り替えていることを明らかにした。

　以上を総括すると、メラミン事件以降、中国政府は大規模酪農経営の発展を推進し、それまで小規模経営が多かった内モンゴル自治区でも中規模経営が多く出現した。同自治区の中規模経営の多くは生乳販売を重視する酪農専業経営で、生乳の乳業メーカーへの直接販売が中心だが、これ以外にも販路を持っている。その結果、大手乳業メーカーとの契約販売が酪農経営の自律性を制限し、契約販売の有利性が期待できないと判断し、大手乳業メーカーとの契約関係を解消して他の販売ルートに移行した中規模経営もいる。しかし、大手乳業メーカーとの契約関係を解消したことで、中規模経営は自身の経営の裁量は高まる一方で、生乳販売のリスクが高まった。そのため、中規模経営は、生乳販売のリスクを低減し、持続的有利販売を実現するための販売形態を目指している。

　したがって、中国における中規模酪農経営の生乳販売行動は、大手乳業メーカーへの契約販売から、経営の自律性が高い中規模乳業への柔軟な販売へと移行してきたと言える。中規模経営は生乳の販売が困難でない大きな生乳移出地域に位置している点も重要である。大手乳業メーカーとの契約解消後の中規模経営の展開メカニズムは、その高い自律性と立地優位を活かした有利販売の展開に基づいている。小規模経営は養殖小区に加入して生乳を販売しているが、養殖小区は零細多数の経営で、乳質は低く出荷乳量も少なく、生乳販売で交渉力が弱いため有利な立場を得る可能性は低い。また、小規模経営は経営規模自体が小さく、牛舎や設備などの投資も少なく、生乳生産・販売における自律性も高くない。

第2節　展望

　第Ⅰ部で分析した酪農の中規模経営は、これまで農外企業や政策に翻弄（ほんろう）されてきた中国の農業経営の姿とは異なり、家族経営の規模拡大を基盤に発展してきた日本や欧米などの酪農先進国と異なった展開過程ではあるが、独立した農業経営者として、自己の利益を追求する近代的な農業経営の成長を示すものである。そして、中規模経営の共同出荷組織の結成は日本や欧米のような農協が成立し得る端緒となると思われる。

　今後、この共同販売組織の展開には、中国政府の政策という外部からの支援だけでなく、中規模経営による乳質・乳量の向上や酪農家による生乳輸送・分配機能の強化などの取り組みが求められている。

（鄭　海晶）

第Ⅱ部

中国各地域における生乳流通の諸形態

第8章　各国における生乳流通チャネルの構造と主体間関係
―文献レビューから―

第1節　本章の課題

　酪農新興国である中国や東南アジア諸国、そして伝統的な酪農大国である欧米諸国では、乳業メーカーをはじめとする企業の酪農経営への参入、すなわち垂直的統合のさまざまな形態が存在する。本章では、文献調査を通して、酪農先進国ならびに酪農の新興国・途上国における生乳流通の現状を明らかにし、乳業メーカーによる酪農経営への関与について整理する。

第2節　先進諸国の生乳流通

　世界の生乳生産について2019年の状況を見ると、EUにおける生産調整（クォータ制）の廃止や、米国の新たな酪農所得補償制度により、生産は増加傾向になる。また、ニュージーランド（以下、NZ）など輸出国の乳価が上がり、これによってEUや米国も国際市場での競争力が改善してくると予測して増産する傾向にある。その一方、近年における中国やインド、東南アジアなど新興国を中心とした牛乳・乳製品の需要が凄まじい伸びを見せている。同諸国における酪農乳業も近年大きく成長し、生産も飛躍的に増えているが、輸入に対する需要が依然として増加しており、そうしなければ需要拡大のペースと海外産を求める消費傾向に対応できない。先進諸国の国内需要は元来非常に大きく、生乳の生産余力も本来大きくないことから、世界における牛乳・乳製品需給の逼迫（ひっぱく）基調が長期的に続くと考えられる。
　表8－1に、先進諸国の生乳生産・出荷の概要について示した。多くの国では、農協などの生産者組織または集乳組合などの中間組織に出荷するルートと、直接、乳業メーカーへ販売するルートが共存している。

表8−1　欧米諸国の生乳生産状況と出荷形態（生乳生産量の高い順）

	生産者数	生乳生産量	平均乳価	生乳出荷形態（流通チャネル）	乳価の決め方
米国	4.0万戸	98,690千t	40.0円/kg (359USD/t)	①生産者組織（酪農協）81% ②商系乳業メーカーに直接販売、直加工19%	連結乳マーケティング・オーダー（FMMO）制度およびカリフォルニア州生乳マーケティング・オーダー制度の下で行われている。USDAが実勢の製品価格を用いた公式に基づいて毎月算定・公表した最低引取価格を念頭に、集乳者と生産者が上乗せ基準価格の交渉・決定を行う／一部商系乳業メーカーとの個別引取契約もある
フランス	4.5万戸	25,541千t	47.1円/kg (357EUR/t)	①農協出荷（55%）②民間乳業に直接販売（45%）	契約供給量（割当量）は全国酪農経済委員会（CNIEL）の指標に準拠し、超過分はバター・粉乳の国際市場価格を参考に基準価格を決定
NZ	1.2万戸	21,392千t	43.6円/kg	フォンテラ（酪農協が母体の乳業メーカー）に直接販売（約9割）	①乳価は年度初めに、国際製品価格等を基に乳価（見込み値）を算定し、提示
英国	1.4万戸	15,311千t	43.2円/kg (285GBP/t)	①乳業メーカーに直接販売（約7割）②生産者組織（約3割）	①生産者と乳業との相対交渉 ②生産者組織と乳業との相対交渉
カナダ	1.1万戸	7,375千t	62.6円/kg (721CAD/t)	州ごとに1元集荷また機関（州政府機関、ミルクマーケティングボード「MMB等」）が生産者ごとに生産量と割当。全量MMB等に出荷。	①飲用向けについては、各州のMMB等が決定 ②加工向けについては、国の酪農委員会（政府機関）が決定する乳製品の支持価格を基に、MMB等と乳業が相対交渉
デンマーク	0.4万戸	5,694千t	50.9円/kg (2,857DKK/t)	アーラフーズ（酪農協が母体の乳業メーカー）に直接販売（約9割）	乳製品の国際価格やコスト等を基に、アーラフーズ内で指標価格を（月ごとに）決定
スイス	2.1万戸	3,912千t	70.5円/kg (619CHF/t)	①生産者組織（30）②小規模チーズ加工工場含む（500）※大手乳業メーカー、小売2企業の寡占市場でピラミッド型の流通構造	業種横断的な団体BOMIによる3段階方式で指標価格を算出 ①国内仕向けAミルク：国内の飲用乳・乳製品市場価格を基準に設定（最も高値）②EU仕向けBミルク：EU向けの脱脂粉乳、脱脂粉乳と国内市場価格を指標にBOMが算出 ③Cミルク：EU以外の全約乳、バターの国際市場価格を指標にBOMが算出 指標価格を参考に集乳者と乳業が契約乳価を決定
（参考）中国	130.2万戸	31,165千t	58.9円/kg (3.48元/kg)	①乳業メーカーに直接販売 ②集乳団体	地方直営牧場は指標価格を算出するが、基本的に大手乳業メーカーが決定したものが地域内の中小乳業の乳価となる。
（参考）日本	1.6万戸	7,289千t	103.1円/kg	①旧・指定団体（97%）②その他（集荷業者、農協、個人等）（3%）	①指定団体と乳業との相対交渉（用途別）に年間価格を設定 ②乳業との相対交渉等
（参考）韓国	0.5万戸	2,624千t	107.1円/kg (1,044KRW/L)	①乳業メーカーに直接販売（3割強）②全国組織（3割強）③単位（3割強）	①酪農振興会が生産者と乳業の交渉を仲介 ②酪農家2名、乳業代表3名、学識経験者1名で構成される委員 ③酪農振興会会合で協議

資料：「FAO STAT」、農林水産省「畜産統計」、ホルスタイン・ファーヌ会「中国乳業統計資料2018」、第5回酪農業ワーキング・グループ会議農林水産省提出資料（データ出典IDF「世界の酪農状況2015」、IDF「The World Dairy Situation」）、植田（2019）（データ出典酪農振興会「2017酪農統計年鑑」）、農畜産業振興機構（2017）、渡邊ら（2017）、矢野（2012）、矢野（2013）、須田（2019）より筆者作成。

注：1）生産者数について、米国、カナダ、NZは2016年の酪農戸数である。英国とデンマークは2014年、中国は2016年、韓国は2016年、日本は2018年の戸数。フランスは2016年の酪農専門経営戸数である。2）生乳生産量は2018年の数値。3）平均乳価、日本は2017年、他は2018年、中国は2017年年間平均値で換算した。フランスについて、平均乳価は乳用牛のみ。4）生乳生産量、平均乳価は2017年用牛のみ。5）為替相場は、中国は2017年年間平均値TTSY、他は2018年年間平均値で換算した。

ここでは、既存資料を入手できたNZ、フランス、韓国について概観する。

1. ニュージーランド

　NZの乳製品の輸出量は世界の輸出量の30％を占め、世界最大の乳製品輸出国である。NZでは、広い牧草地を利用し、年間を通じて放牧が行われ、生乳生産コストは主要生産国の中でも低く、世界市場において強い競争力を有している（本田, 2010）。経済新興国などでの急速な経済発展に伴う食生活の変化により、乳製品の世界的な需要が拡大している。前述にもあった東南アジア諸国は、酪農振興や生産基盤の強化に注力しているが、需要拡大のペースに追いつかないことや生産コストの上昇などから、比較的安価なNZ乳製品に対する需要がさらに増加し、NZの今後の牛乳・乳製品の輸出余力は限定的とみられている（大塚ら, 2018）

　NZの酪農・乳業の発展は、「経済・農業の自由化」[1]と大規模酪農・乳業組合「フォンテラ」誕生の2つの構造改革によってもたらされた（本田, 2010）。一連の急速な制度改革と当時の国際市況の中で、結果的に、市乳市場規模の限界による乳価の低迷と労働生産性の高い畜種への転換を促進し、新たな草地開発による輸出市場に特化した加工原料乳生産農場が急速に台頭することにより、今日のNZ酪農の基礎を強化したのである（小澤, 2011）。他方、NZの酪農・乳業組合は早くから合併・吸収が進み、1997年にあった12組合が1999年に4組合に統合された。2001年に4組合のうち大きな2組合が合併し、乳業メーカーの一元輸出組合であったNZデーリィボード（New Zealand Dairy Board、NZDB）と統合して誕生したのがフォンテラ社であった（荒木, 2003）。

　フォンテラ社はNZ最大の企業で、世界140ヶ国に乳製品を販売し

---

1)「経済・農業の自由化」とは1980年代半ばから始まった行政改革のことで、農業に関しては①最低価格補助の廃止②農業に対する税の減免の廃止③組合の在庫に対する金融支援の停止④卵、牛乳、小麦の国内販売組合の終結—などである（荒木, 2003）。

ており、日本は米国、中国に次ぐ３番目に大きな販売先となっている（本田，2010）。フォンテラ社の企業形態について、前述した酪農組合としての合併の歴史を踏まえて一般的に「巨大酪農組合」「農協系乳業」と称することが多いが、小澤（2011）はそれを「協同組合」ではなく、「酪農家による独占的所有企業」として位置付けている。同社の意思決定とは、生乳出荷量の多寡に応じて購入を義務付けられる株式の数に左右されており、自ら大規模生乳生産者の発言力が強くなる傾向にあると小澤（2011）は指摘する。フォンテラ社の設立とともに2001年に「酪農産業再編法」が成立し、生乳および乳製品市場での競争を促進するための措置が導入され、フォンテラ社による生乳市場独占状態によって生じる弊害を回避し、酪農家の保護や、乳業メーカーの新規参入の機会が設けられた（玉井ら，2010）。その背景には、NZ酪農家の多くが多額の借入金を有しており、経営継続に困難を極めている農家も少なくないことがある（小澤，2011）。経営難の酪農家に対して新規参入乳業メーカーはフォンテラ社の株式を売却して借金返済に当てると同時に、当該乳業メーカーと出荷契約を締結するなどの提案をしているが、酪農家は、新規参入乳業メーカーの継続経営の見通しがまだつかないため、安易にフォンテラ社の株式（＝出荷枠）を売却できないのが実情である（小澤，2011）。小澤（2011）はこの状況について「巨大乳業資本に対抗するニッチを狙った『新たな動き』とも解されるが、いずれにしてもフォンテラ社への出荷に伴う多額な株式獲得（＝出荷枠獲得）が新規就農および規模拡大に伴う弊害となっている」と指摘している。

　フォンテラ社は酪農家に対して「ファーマーズハンドブック（Fonterra Farmers' Handbook）」を配布している。筆者が入手した94頁にも及ぶ2016/2017シーズンのハンドブックにおいては、会社理念や管理責任などの概要のほか、大部分は生乳生産における規範と基準およびそれに満たさない場合の処置などが細かく記され、乳代計算の仕組みも明記されている。また、小澤（2011）の聞き取り調査によると、酪農家によるフォンテラ社への評価は高く、特に個別酪農家（株主）との綿密な情報提供

および意見交換の場を設定していることが挙げられた。また、フォンテラ社の情報公開に高い透明性を有していることから、酪農家は同社を「自らの組織」として強く認識し信頼している点が特徴的である。

2. フランス

　欧州連合（EU）では1984年以降、2015年まで生乳クォータ制度が実施されてきた。生乳クォータ廃止前後から、フランス酪農部門における契約化と生産者組織の動きが注目されており、さらに新農業食品法が2018年10月に成立し、生産者に公正な報酬が与えられるよう、生産者価格が交渉される際の指標の作成を垂直的業種組織が担うことが取り決められた。これが新たな展開をもたらしている。

　フランスの酪農経営は再編過程にあり、経営数は2000年の7.1万戸から2015年の4.5戸へと減少する一方、経営当たり農地面積は同期間に62 haから95haへと1.5倍になり、経営当たりの生乳の平均生産量は約22万Lから約41万Lへと倍増しており、経営規模の拡大が見られる（須田, 2019）。須田（2019）によると、こうした酪農経営の多くが農協に加入しており、組合員数は約3.5万で、経営総数の8割弱をも占めている。農協は集乳量の55％、加工の45％を占める。農協が集乳した生乳の80％は農協により加工される。農協による集乳割合は、ドイツの70％やオランダの95％に比して低い。例えば最大の農協系乳業ソディアールグループは全国の71の県で70以上の工場を有し、約1.18万戸の生産者から集荷している（全国集乳量の20％）。これに対して民間乳業メーカーは集乳量の45％、加工量の55％を占め、うち最大規模の乳業多国籍企業ラクタリス社は全国に65工場を有し、1.2万戸の生産者から集乳している。

　クォータ制が廃止されることが決定されると、廃止に伴い生乳生産量が増加し価格が下落することが予想されたことから、EUでは、生乳の価格維持と販路を確保すべく、多様な取り組みがなされてきた（**表8−**

表8-2 フランスにおけるクォータ制から酪農契約へ

年	事項
2008	欧州委：2015年4月のクォータ廃止を決定
2009	欧州酪農危機（2007/08の高騰後の生乳価格急落）
2010	仏：農業近代化法により書面での契約による原則導入
2012	欧州委：酪農パッケージ。規則no.261/2012（クォータ廃止対策） 仏：「生乳部門における経済組織化に関するデクレ（no.2012-512）」
2013	欧州規則：「OCM規則」no.1308/2013による契約化、生産者組織、垂直的業種組織
2014	仏：「農業の未来に関する法律」により生産者組織（OP）の役割承認 仏：デクレ（no.2014-842）：民間乳業メーカーにOPとの契約義務付け
2015	クォータ廃止（4月）
2016	仏：Sapin 2法：乳価への生産コストの考慮、生産者間で契約の有償譲渡禁止
2017	欧州司法裁判所「フランスのノール県のエンダイブ経済組織」判決 欧州規則：「オムニバス規則」no.2393/2017によるOCM規則の修正
2018	仏公正取引委員会「農業部門に関する見解」no.18-A-04 仏：新農業食料法：生産者価格への生産コストの反映

資料：須田（2019）より。

2）。フランスにおいては、特に「契約化」と民間乳業メーカーに対する生産者の交渉力を強化するため、生乳生産者を生産者組織（PO）へ「組織化」する措置を推進してきている。民間乳業メーカーの91％は、集乳の相手となる生乳生産者と契約書を取り交わしているとフランス政府が報告しており、法律で書面による条件提示を義務付けたことがこの高い割合につながっている可能性がある（須田，2019）。また、他のEU加盟国は契約期間が6ヶ月などのケースに対し、フランスは5年（現在7年）以上の契約期間を義務付けており、取引関係の安定化を図っている（須田，2019）。

3．韓国

　韓国では制度によって飲用乳の国内生産を保護する一方で、乳製品の国内市場を開放してきた。近年では、輸入乳製品が国内市場で高いシェアを占めている状態になり、国内の生乳生産は実質、飲用向けに限定されることになっている（趙，2005；植田，2019）。この状況の中で、飲

用乳の消費停滞は直ちに生乳の需給不均衡につながり、政府にとって一定規模以上の生産基盤を維持しながらも、過剰生産をいかに抑制していくが大きな課題となった（趙，2005）。対策として、生乳生産者に生産量を割り当て、一定量に制限することで需要を上回る供給を抑制するクォータ制が導入され、生産費を反映した価格制度と組み合わせることで、輸入自由化の下でも酪農家の所得の安定を目指す制度設計となった。これまでに集乳主体ごとにクォータが管理されてきたが、その運用に酪農家間の割当量や乳価に不平等が存在しているため、韓国政府は、全国単位のクォータ制への見直しを検討した。これに対し乳業メーカー側が強く反発し、対立が続いている（植田，2019）。酪農を取り巻く環境が厳しくなる中で、酪農家、乳業メーカーおよび食品業界に対し、需給均衡維持のための自制心を期待することは非常に難しいということに問題の深刻さがあると指摘される（趙，2005）。

　韓国の生乳流通について、植田(2019)に基づいて説明する。韓国では、酪農家と乳業会社の代表者で構成される酪農振興会という組織の理事会に「生乳価格調整交渉委員会」が設置され、クォータ内の「基本価格」を決定している。一方、酪農家のクォータを管理し、クォータに基づいて酪農家から集乳を行う主体は、乳業会社、酪農振興会（集乳は酪農組合に委託）、酪農組合、乳加工組合に分かれており、それぞれの集乳割合と供給ルートを図8－1に示している。酪農振興会や酪農組合が生産契約に基づいて酪農家から集乳した生乳は、供給契約に基づいて乳業メーカーに販売される。乳業メーカーの生乳調達は大きく4タイプに分かれる。全て直属農家との直接取引で調達する乳業Ⅰ型、直属農家と直接取引しながら、酪農振興会・酪農組合との供給契約で調達する乳業Ⅱ型、直属農家から調達するとともに酪農振興会との供給契約で調達する乳業Ⅲ型、酪農振興会との供給契約のみによる調達を行う乳業Ⅳ型である。大手乳業メーカーは集乳主体でありながら直属農家との直接取引も行う一方、中小乳業メーカーは酪農振興会との供給契約が中心となっている。直属農家のいる大手乳業会社では、毎年酪農家と生産契約を結び、

クォータに基づいて自ら必要とする生乳を酪農家から確保し、さらに必要に応じて毎年10月に酪農振興会、酪農組合と供給契約を結んで国産生乳を確保している（植田，2019）。

　植田（2019）の調査によると、酪農振興会の扱う生乳については、政府が財政資金で支える仕組みが定着している一方、乳加工組合では通常は組合の定款に基づき、組合員である加工組合農家から全量を買い入れている。政府の財政的な支援のないソウル牛乳協同組合では、組合員を管理して品質の高い生乳生産を奨励し、HACCP導入を進めて飲用乳の価値を高めている。また、乳業メーカーや乳加工組合が酪農家から直

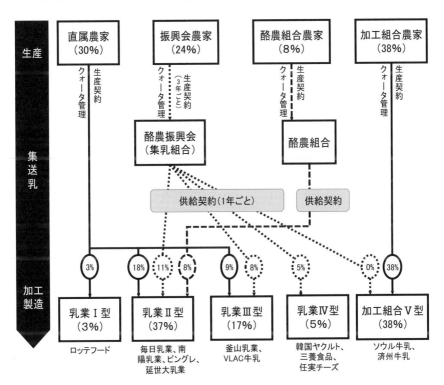

図8-1　韓国における生乳流通経路（2016年）

資料：植田（2019）より筆者加筆。
注：パーセンテージは全国の集乳量に占める割合である。

接集乳を行う場合には、需給調整や加工原料乳に対する政府の財政的な支援はない。乳業Ⅱ型に属する大手Ａ社の場合、180戸の酪農家との直接取引が全体の28％を占め、酪農振興会から49％、酪農組合から23％を供給契約で調達している。同社は、酪農振興会からの供給契約で生乳を購入する場合、生乳生産者は指定できないこともあり、生乳調達において酪農振興会などよりも自社の直属農家のクォータを優先させ、直属農家の乳質を改善することで自社ブランドの牛乳の品質を高めてきたという（趙，2005；植田，2019）。

　このように個々の集乳主体が現在の制度の中で個別の合理性を追求しながら、飲用向けに集乳が行われている。一方で将来的に飲用需要が減少し、乳業会社が酪農振興会から購入する生乳の量を大幅に減らし供給過剰となると、政府が酪農振興会の酪農家を財政的に支え続けることは難しくなる可能性がある（植田，2019）。現行政策の維持、直接取引への移行、全面的クォータ制への移行といった3つの選択肢のそれぞれの問題点について分析した趙（2005）は、いずれの変革を模索しても韓国の酪農が直面している難関を克服することが容易でないこととした上で、生産者団体と乳業メーカーが対立するのではなく、共助を通して相互に生きる道を模索する必要があると指摘した。

第3節　新興国・途上国の生乳流通

1．東南アジア諸国

　東南アジア諸国においては、牛乳・乳製品の消費量に占める輸入量の割合（生乳換算）は一般的に高く、タイを除いて牛乳・乳製品の自給率は低い（**表8－3**）。東南アジアでは、気候条件などにより酪農乳業は欧米諸国に比べて盛んではなく、また、流通やインフラの関係から、粉乳類や加糖れん乳が主たる消費品目となってきている。しかし近年は、経済発展や一部コールドチェーンの発達に伴い、とりわけ都市部お

よびその周辺では飲用乳の需要も高まりつつある（農畜産業振興機構,
2019)。こうした牛乳・乳製品需要の伸びが期待される中、日系企業を
含む外資系乳業メーカーの積極的な参入も見られている（インドネシア
やベトナムなど）。また、学校給食牛乳（学乳）制度の展開に伴い、国
産生乳の利用が期待されると同時に、関税撤廃などによる輸入の急増が
懸念され、国内における酪農生産の基盤強化ならびに生乳流通のあり方
が課題として挙げられている。

（1）ミャンマー

　加糖れん乳消費が中心のミャンマーでは、2011年の民政移管後の経
済成長に伴い、飲用乳を含む牛乳・乳製品の消費がとりわけ都市部を
中心に拡大しつつある。また、生乳生産量も増加しており、酪農家の
85％は飼養頭数30頭以下の小規模・零細酪農家が大半を占めるが、近
年、NZプロジェクト（Myanmar Dairy Excellence Project）[2] など海
外からの技術支援や投資を受けて、30～100頭未満の中規模、100頭
以上の大規模酪農家の数は多くなってきている（斎藤ら，2007；青沼ら，
2017)。一方で、安価な乳製品の輸入や生乳価格の地域差などにより、

表8-3　生乳生産および牛乳・乳製品の需給動向（生乳換算ベース）

国名	生乳生産量 （千t）	輸入量 （千t）	消費量 （千t）	輸出量 （千t）	1人当たり 消費量（kg）
ミャンマー	1,856	520	N/A	N/A	N/A
タイ	1,198	1,560	2,393	364	34.6
インドネシア	928	3,014	3,898	43	14.9
ベトナム	881	1,404	2,158	127	23
マレーシア	37	2,177	1,558	656	48.6

資料：ミャンマーは青沼ら（2017）、その他は農畜産業振興機構（2019）より。
注：1)ミャンマーは2015年、その他は2017年のデータ。
　　2)ミャンマーの生乳生産量は水牛乳を含む。
　　3)消費量は「生乳生産量＋輸入量－輸出量」で算出。1人当たり消費量は、消費量を当該年の人口
　　　で除して得られた数値。人口はIMFのデータを使用。

2）NZ政府は、ミャンマーにおいて、2014年2月から5年間のプロジェクト（予算総額610万NZドル＝約
4億8,190万円）としてNZプロジェクトを実施している。目的は、酪農家には質の高い生活を提供し、消費
者には安全な食品を提供するため、収益性が高く競争力のある酪農産業を開拓する政府の活動を支援すること
とされている（青沼ら，2017）。

酪農全体の発展が進まないという課題もある（青沼ら，2017）。

　ミャンマーは日本の酪農協同組合（以下、酪農協）のような酪農家の経営安定と生乳の過不足を調整する組織は存在せず、多くの酪農家は、流通業者を介在させるなどして自ら生乳の販売ルートを探す必要がある。図8－2に示したように、一般的にミドルマンと呼ばれる集乳業者を通じて生乳市場で集乳され、そこから加糖れん乳工場などに卸されて加工され、小売店、ティーショップを介して消費者に届けられる。生乳は冷却されずに集乳缶（1缶約22kg）に入れられ、集乳業者のバイクやトラックなどの荷台に積まれて生乳市場または加糖れん乳工場などへ運搬される。生乳市場は、通常朝夕の2回開催で、集乳業者とバイヤーとの間で相対取引が行われる。取引価格の基準となる建値は存在しない

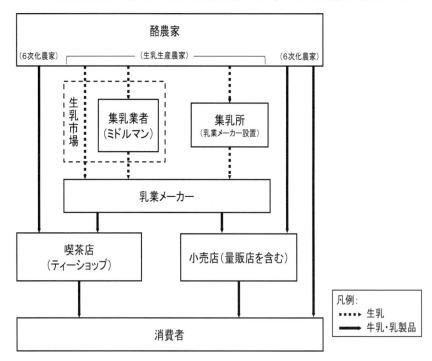

図8-2　ミャンマーにおける生乳、牛乳・乳製品のフロー
資料：青沼ら（2017）より筆者作成。

ため、バイヤーの言い値で価格が決定される面があるが、集乳業者間の情報網があるため、生乳に特段の瑕疵（かし）がない限り、実勢価格を下回ることはない（青沼ら，2017）。

　乳業メーカーが集乳所を複数設置して生乳を調達するケースもあるが、そのうち契約酪農家を有するメーカーも存在している。国内最大規模を有する乳業メーカーのミャーブイン（Mya Ba Yin）社は加糖れん乳（国内のおよそ4割を供給）のほか、製菓向けの生クリームを製造している [3]（青沼ら，2017）。斎藤ら（2007）の調査によると、当時の1日当たり集乳量は5万Lを超えており、これを約500の集乳業者が酪農家から運んでくるという状況にあったが、青沼ら（2017）によると、現在ではミャンマーの酪農地帯の1つであるマンダレー管区に10ヶ所の集乳所を保有しており、1,200戸程度の契約酪農家から集乳している。自社でも乳牛150頭ほど飼養している（斎藤ら，2007）。一方、ミャンマー酪農発祥の地に立地し、加糖れん乳のみ製造している中規模乳業メーカーのヤダナー・シン・ミン（Yadanar Sinn Min）社は、4ヶ所の集乳所を通じて契約酪農家から1日当たり5.12ｔの生乳を集乳し、1.72ｔの加糖れん乳を製造している。同社は生乳を安定的に確保するため、契約酪農家に対して1日当たり生乳16kgにつき50万チャット（約4万円）の契約金を支払っている。なお、この契約金は契約を解除する際に返還する義務がある（青沼ら，2017）。ミャーブイン社のような大規模乳業メーカーの台頭と安価な輸入乳製品の増加によって、かつてマンダレー管区のほぼ村ごとに存在していた極めて小規模な加糖れん乳工場が淘汰され、中規模のヤダナー・シン・ミン社も苦しい経営状況にあるという（青沼ら，2017）。

　ミャンマーにおける輸入品との競争激化や大手乳業メーカーによる川上統合が展開する中で、国内の酪農全体を発展させるためには、酪農家が生産した生乳を安定的に乳業メーカーに販売できるような仕組みが必要である（青沼ら，2017）。

---

3) 同社は、主力の業務用向けのバルク品はティーショップに、消費者向けの缶詰は量販店に出荷している。

（2）タイ

　国家政策として酪農振興が推進されており、かつ、近年急速にその生産を拡大しているタイは将来的にこの地域の酪農乳業の中心地域の１つになるとして注目されている。タイでは、酪農家の経営安定と生産維持を目的として、生乳取引価格を統制するとともに、学乳プログラムの拡充などで生乳需要の拡大を図ることにより、飼養頭数、生乳生産量の増加傾向をもたらしている。なお依然として小規模農家が多く、乳量と乳質の向上が課題となっている。一方、国内生産だけでは需要を満たせないため、FTA を締結している豪州および NZ の乳製品を中心に輸入しているが、将来的に関税が撤廃されると輸入量が急増し、供給過剰につながることが懸念され、酪農業の競争力強化が急務となる（小林ら，2019）。

　タイの生乳、牛乳・乳製品の主な流れを**図８−３**に示している。酪農家における搾乳は１日２回（主に朝と夕方）行い、一部の大規模酪農家ではミルキングパーラーを利用しているものの、大半の酪農家はバケットミルカーを利用している。酪農家が集乳缶をバイクや自家用車などに積んで集乳所に搬入することが多い（小林ら，2019）。そのため、搾乳から集乳所に到着するまでの間、冷却できずに細菌数が増加してしまう場合もある。集乳所は酪農協が運営する場合と乳業会社が運営する場合がある。集乳所は国内に 206 ヶ所あり、受け入れ時にアルコールテストなどの品質検査に合格[4]し、乳質基準を満たした生乳のみクーラータンクに移し、貯蔵される（小林ら，2019）。各集乳所に貯蔵された生乳のうち、約 40％が学校牛乳用に、残りの約 60％が一般消費者用に仕向けられ、各乳業工場で高温短時間殺菌（HTST）乳（約 72 ～ 75℃で 15 秒程度殺菌）、超高温殺菌牛乳（以下 UHT 牛乳）、ヨーグルト、アイスクリーム、ミルクタブレット（乳固形分を錠剤サイズに固めたもの）

4）木田ら（2005）によると、乳質を判定し農家販売乳価を決定する基準として、メチレンブルー検査の脱色時間が４時間以内の場合 11.2 バーツ／ L、４～５時間の場合 11.4 バーツ／ L、６時間以上の場合 11.6 バーツ／ L などに区分されている（脱色時間が長いほど細菌数が少ない）。抗生物質の残留が検出された場合、乳価の 30 倍の反則金を課せられることもある。

などの牛乳・乳製品に加工される。なお、乳製品の製造には、コストを
低く抑えるために海外から輸入した脱脂粉乳などが原料として使用され
ることが多い。製造された商品は、国内の小売店で販売されるほか、カ
ンボジア、ミャンマー、ラオスなどの周辺諸国を中心に輸出されている
(小林ら，2019)。

　木田ら（2005）によると、従来、生乳の農家販売価格は農業協同組合
省所管の外郭団体であるタイ酪農振興機構（Dairy Farming Promotion
Organization of Thailand、以下DPO）が生産費を基礎に算出した基準
価格に基づいて、品質によって調整されていた。また、乳業工場による
買取価格は、集乳所から工場までの距離、および品質に基づいて決定さ
れていた。1996年以降、農業協同組合省農業経済事務所によって生乳
取引価格の基準価格が設定され、メチレンブルー試験による品質判定結

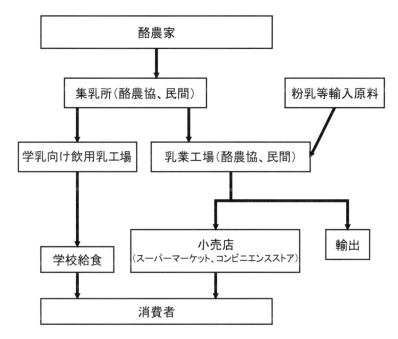

図8-3　タイにおける生乳、牛乳・乳製品のフロー
資料：小林ら（2019）、p.93より筆者加筆。

果により価格帯は 11.2 ～ 11.6 バーツ（30.2 ～ 31.3 円）/ L と決定され、1997 年からは工場買取価格は一律 12.5 バーツ（33.8 円）/ L で固定された。なお、飲用乳価格は経済省国内取引局によって統制されているが、実際の飲用乳販売価格はスーパーマーケットなど大手小売店の価格競争の結果に左右されており、小売店は他社との競争でできる限り低価格で販売しようとするため、乳業会社はコスト削減によって製品価格を低く抑える必要に迫られる。輸入原料の使用割合が高ければ高いほど飲用乳の生産コストが低く抑えられるため、多くの乳業メーカーは国産原料乳の調達を少量に抑えたり、低品質を理由に生乳受け入れを拒否したりしている（木田ら，2005）。

　2008 年に、タイ政府は酪農家の経営安定と生産維持を図るため「2008 年乳牛および乳製品法」に基づき、農業協同組合省長官を委員長として、他省庁および酪農関係団体で構成される酪農ボード委員会を設立した。同委員会では、酪農家の平均生産コストを算出した上で、生乳取引価格および工場買取価格の 2 種類の基準価格を定めている。小林ら（2019）によると、直近の生乳取引価格の基準価格は 17.5 バーツ（約 62 円）/kg、工場買取価格の基準価格は 19.0 バーツ（約 68 円）/kg で、1997 年時点の約 2 倍となった。生乳取引価格および工場買取価格は、基準価格に生乳の品質によりプレミアム価格が加減される仕組みとなっている。なお、工場買取価格から輸送費、酪農協のサービス費などを除いた庭先価格が、最終的な酪農家の受け取り価格となる。庭先価格は近年一貫して上昇傾向にある一方で、大規模化の進展などにより生産コストは下降傾向にあるため、酪農家の利益は確保されている（小林ら，2019）。

　タイの酪農家は、酪農協の組合員[5]とそれ以外の独立経営農場に大別されるが、一般的に酪農協に所属する場合が多い。独立経営農場は経

5）木田ら（2005）によると、協同組合設立の要件として 60 世帯以上の参加、総乳牛頭数 300 頭以上、農家の立地は集乳所から 20km 以内にあることとされている。個別農家の協同組合への参加要件は、まず酪農技術研修を受講すること、10 ライ（1.6ha）以上の用地を確保し、飼養頭数が 5 頭以上であることが望ましいとされている。農家は加入申請に際し 1,000 バーツ（2,700 円）程度の申し込み金を支払い、組合は売り上げの 1 ～ 2 ％をサービス料金として徴収する。

営規模の大きい場合が多く、これらの農場は各自で乳業工場の集乳所へ出荷する必要があり、乳業メーカーは保証価格で生乳を買い取る。しかし、酪農協組合員のようにきめ細かいサービスの提供を受けることができない（木田ら，2005）。こうした小規模農家が主体となっているタイの酪農における酪農協が果たす役割は大きい（木田ら，2005；小林ら，2019）。小林ら（2019）の調査では100の酪農協が存在しており、集乳を共同で行う場合と、集乳だけでなく牛乳製造と販売まで行う場合の2通りの組合がある。大規模酪農協には、生産者から集乳する以外に、所有する工場において牛乳・乳製品を製造し販売しているものもある。国内最大規模とされているノン・ポ（Nongh Pho）酪農協と、ムアクレック（Muaklek）酪農協がそれである（**表8－4**）。やや古いデータではあるが、木田ら（2005）の調べによると、2003年のノン・ポ酪農協の飲用乳市場シェアは14％で上位3位にランクインした。

　タイは牛乳・乳製品の輸出入の加工拠点としても位置付けられているため、市場シェアの高い乳業メーカーの多くは外資系企業、または合弁企業である。例えば日系の乳業メーカーのCPメイジ社は、1989年に当時の明治乳業（現在の明治）の海外進出の一環としてタイ国内の農業・食品産業などの巨大複合企業であるCPグループと合弁で設立した現地法人である。同社の乳業工場は、最も酪農が盛んな中部地方のサラブリ県に位置し、タイの各地から、日量約500ｔを集乳している。同社では、

表8-4　ノン・ポ（Nongh Pho）酪農協とムアクレック（Muaklek）酪農協の比較

酪農協名	組合員世帯数	1日当たり集乳量(t)	生乳の販売先	自社の製造品目	主な出荷先等
Nongh Pho	1,800	150	全て自社工場で処理・加工	UHT牛乳、高温短時間殺菌乳、アイスクリーム、ヨーグルト、ミルクタブレット	直営店、卸売による量販店、コンビニエンスストア、フランチャイズによるカフェ展開
Muaklek	500	100〜120	30％自社で処理・加工、70％民間乳業メーカーに販売	飲用乳など	学校給食、一般消費者用向け

資料：小林ら（2019）、pp.97-98より筆者作成。
注：1)ノン・ポ酪農協の組合員世帯数は搾乳を行っている数である。
　　2)ムアクレック酪農協の1日当たり集乳量は管内の1日当たり生乳生産量である。

酪農家への支援組織として乳業開発チーム（dairy develop team）を組織し、管理方法などについて助言を行っている。同社のチルド牛乳はUHT 殺菌を採用し、タイで最大のシェアを持っており、コンビニエンスストア、スーパーマーケット、フードサービスなどを通じて販売している。また、製品を6ヶ国に向けて輸出しており、ミャンマーやカンボジアなど隣国への陸路配送も行っている（小林ら，2019）。

　タイでは、乳価の基準価格が高く設定されていることから、原料乳製品の国際競争力は弱い。このため、国内の酪農乳業は飲用乳市場への依存度が高く、学乳制度の整備などを図ることにより、酪農の発展を支えてきたと言える。タイ政府においては、関税撤廃となる 2025 年まで生乳の価格統制を引き続き実施しつつ、酪農業の競争力強化のための 10 ヶ年戦略を掲げており、目標達成に向けた動向を今後とも注視していく必要がある（小林ら，2019）。

（3）インドネシア

　インドネシアでは人口増加および経済発展に伴い乳製品に対する需要が増加すると見込まれる中、生乳自給率は3割に満たない水準（2009年）であるため、供給の大部分を輸入に頼っている（農畜産業振興機構，2010b）。インドネシアにおいては、先進的な飼養技術や近代的設備を取り入れた直営牧場を有する大手乳業メーカーも存在しているが（農畜産業振興機構，2016）、生乳の大部分は酪農協（GKSI）を通じて、ネスレ社、Ultra Jaya 社、Frisian and Flag 社、Sari Husada 社、Indomilk（Indolakto）社、Mirota 社、ダノン社などの乳業メーカーに販売されている（農畜産業振興機構，2010b）。

　生乳取引は、酪農協と乳業メーカーの間で行われている。両者は、大手乳業メーカーが加盟するインドネシア乳業協会が前年の乳価や脱脂粉乳の国際価格などに基づき提示した標準取引価格を参考に、基準価格と品質などに応じた加算額を設定し取り引きしている。インドネシア乳業協会が提示した 2015 年の標準取引価格は、5,300 ルピア（53 円）/kg

であるが、飼料価格の上昇を理由に、一部の酪農協は、6,000 ルピア（60円）/kg を希望していたとのことである。酪農協は、手数料として乳価から 350 〜 550 ルピア（3.5 〜 5.5 円）/kg 程度を徴収し、残りを農家に配当している（農畜産業振興機構, 2016）。若林ら（2015）によると、酪農協に雇用されている専任スタッフから乳質改善の指導を受けて一定以上の基準になれば生乳を出荷できる仕組みとなっている。また、乳業メーカーによる乳質改善のための指導や、酪農協のクーラーステーション建設を支援することもあるという。

（4）ベトナム

　ベトナムは、1986 年に市場経済を取り入れた社会主義へ移行するドイモイ政策を施行し、1990 年代には急速な経済成長を遂げた（小林ら, 2002）。酪農は、2001 年の酪農振興計画の実施以降大きく成長し、さらに、近年の大手乳業メーカーによる酪農部門への進出により、乳牛飼養頭数と生乳生産量は増加している（青沼ら, 2018）。国内の乳業メーカーは製造する牛乳・乳製品の約 8 割を輸入原料に依存していたが、2008 年に中国産乳製品からメラミンが検出され、中国産乳製品に対する不信感が高まるとともに、乳業業界を震撼させたという（青沼ら, 2018）。農村開発省は同年「2020 年に向けた畜産開発戦略」を策定し、酪農乳業関係については、輸入原料に依存しない体制を構築するとともに、国産生乳の増産を推進することとなった。

　こうした背景の中で、大手乳業メーカーが国産生乳調達のため、大規模な直営牧場の開設などを進めており、酪農部門と乳業部門の双方の機能を持つ垂直統合型の乳業メーカーが増加している。TH ミルク社が 2009 年に牛乳・乳製品市場に参入し、大規模牧場を設置した。他に最大手のビナミルク社などが、国内の各酪農生産地域において大規模牧場の開発を進めており、地方の飼養頭数が大幅に拡大してきている。2013 年時点における 1,000 頭以上を飼養する乳業メーカーの大規模直営牧場が全国に 15 ヶ所あり、飼養頭数全体の 34％を占めており、大手

乳業メーカーはさらなる増頭計画や直営牧場設置計画を有している（青沼ら，2018）。他方で、最大手のビナミルク社は、2016年5月に米国のドリフトウッド・デイリー社を完全子会社化し、同年上半期にはシンガポールの大手飲料メーカーの乳業部門であるF&Nデイリー・インベストメント社がビナミルク社の株式の11％を購入したように、乳業部門における合併・買収（M&A）の動きが活発化している（青沼ら，2018）。

　先進諸国やタイ、インドネシアと異なり、ベトナムの酪農は国営企業を中心とした形式が採用されていたため、酪農協は現段階においては発達していない。このため、酪農家は乳業メーカーと直接生乳の取引契約を結び、生乳を販売している（青沼ら，2018）。その生乳流通のフローを**図8-4**に示した。一般的に酪農家はバルククーラーを有していないため、搾乳した生乳を集乳缶（1缶約40kg）に入れて取引契約を締結している乳業メーカーの集乳所へ運搬する（青沼ら，2018）。Bui（2013）によると、生乳流通において乳業メーカーが支配的な地位にあり、乳価の取り決めや集乳所の管理などの主導権を有しており、酪農家はそれに従わなければならない。また、国内の大手メーカーは川下の卸売業者や小売業者に対しても影響を及ぼしている（Bui，2013）。そのほか、酪農家によっては、乳業メーカーによる融資を受けて酪農経営を開始するケースもある（青沼ら，2018）。

　青沼ら（2018）が取り上げた乳業メーカー4社の生乳調達状況と各社の川上統合について述べる（**表8-5**）。最大手のビナミルク社は、原料調達の海外への依存度を低下させ、自社調達を強化するため、直営牧場の設立に注力しており、2,500頭規模の直営牧場を10ヶ所展開し、新規の800頭規模の直営牧場の開設も予定している[6]。直営牧場のほか、約7,000戸の契約酪農家から集乳しており、集乳量のうち8割を占める（2015年）。契約酪農家に対し、できる限り増頭を推奨し、また、規模別のモデル牧場を設置し、30頭規模ではバケットミルカー、50頭規模

6）ビナミルク社の直営牧場の詳細について青沼ら（2018）を参照されたい。

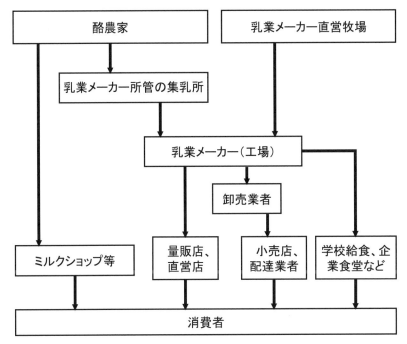

図8-4　ベトナムにおける生乳のフロー
資料：Bui（2013）、p.81、Tranら（2018）より筆者加筆。

以上はミルキングパーラーといったような実証展示を行っている。生乳
の買取価格について、プライスリーダーのビナミルク社の乳価が基準と
なり、他社はそれを参考にして価格を決定しているとみられる。ビナミ
ルク社は、年初に酪農家と生乳の取引契約を締結し、その際に年間の乳
価を決定する。酪農家への乳代の支払いは、乳価から集乳所の維持費や
受乳検査料を差し引いた金額を、集乳所の管理業者を通じて支払われる。
小規模・零細の契約酪農家が多いため、安定した収益を得て増頭意欲を
持ってもらえるよう高めの乳価を設定し、契約酪農家が生産する生乳は
全量買い取っている。

　THミルク社は2009年の設立と同時に、総額12億米ドルに上る「工
業型大規模酪農・牛乳生産プロジェクト」の下、大規模牧場と乳製品工

表8-5 ベトナムにおける乳業メーカーの事例比較

	ビナミルク社	THミルク社	モクチャウ乳業	IDP乳業
資本構成	民間61%、国39%	民間100%	民間100%（旧国営企業）	民間100%（日系資本を含む）
従業員数	6,000名以上	工場450名、牧場1,900名	本社30名	180名
直営牧場数	10牧場	8牧場	3牧場	なし
飼養頭頭数	25千頭	約45千頭	2千頭	なし
契約酪農家戸数	約7,000戸	なし	570戸	2,000戸
飼養頭数	頭数不明	なし	21千頭	10千頭
川上統合の形態	契約・直営	直営	契約・直営	契約
1日当たり集乳量	593t	470t	200t	105t
集乳所	50ヶ所	無（100%自社牧場）	10ヶ所	21ヶ所
1kg当たり乳価	14,000VND（プライスリーダー）	―	13,200 VND	11,000 VND（品質の良い場合は最大で12,000 VND）
輸入原料の使用	粉乳類、ホエーなど	なし	なし	EU、豪州、NZ、米国から粉乳類などを輸入
工場数	13工場	1工場	2工場（飲用乳、乳製品）	3工場（ハノイ市2、ホーチミン市1）
主力商品	飲用乳（UHT、パスチャライズ）；ヨーグルト；バター；青果、妊婦用調製粉乳	飲用乳（UHT、パスチャライズ）；ヨーグルト；バター、チーズ	飲用乳（UHT、パスチャライズ）；チーズ、バター、ヨーグルト	飲用乳（UHT、パスチャライズ）；ヨーグルト

資料：青沼ら（2018）より筆者加筆。

場の建設を開始した。乳業としては後発組ながら、イスラエルの飼料設計ソフトや個体管理システムなどのハイテク技術を取り入れ、飼料生産から生乳生産、加工、流通、販売までの垂直統合を実現した。完全に直営のため、契約酪農家を有しておらず、生乳取引も存在しない。100％自社産生乳を使用していることで差別化を図り、近年では急速に市場シェアを拡大し、ビナミルク社を脅かしつつあるという（青沼ら，2018）。

　2006年に民営化したモクチャウ乳業は地域社会に密着しており、契約酪農家の飼養頭数が直営牧場より圧倒的に多く、集乳量の大部分は契約酪農家からの生乳となっている。契約酪農家の飼養牛を含め全て同社の技術チームが人工授精を実施している。ビナミルク社と同様に年初に酪農家と契約を締結し、国家品質基準や脂肪・タンパク質の含有量に基づき酪農家ごとに規格分けし、乳価を決定している。

　そのほか、IDP乳業は直営牧場を持たず、契約生産のみとなっている。IDP乳業は、2年に1回だけ酪農家と乳価交渉を行う。交渉は、地区、グループ単位ごとに酪農家を参集して行う。

　以上見てきたように、ベトナムの酪農は大きく成長しており、乳業メーカーによる直営牧場の開設などにより、飼養頭数と生乳生産量が増加している。しかし、依然として10頭以下規模の酪農家が大宗を占め、農地の制約もあることから、酪農家による規模拡大が困難である。モクチャウ乳業のように乳業メーカーと酪農家が共に成長している産地では問題は少ないとしても、今後それ以外の酪農家は苦戦を強いられる可能性がある（青沼ら，2018）。

（5）マレーシア

　マレーシアの生乳自給率は、極めて低い水準にあり、1990年代半ばから2011年までに5％程度あったが、2017年では2％程度となっている（藤井，2012；農畜産業振興機構，2019）。主な乳業メーカーは、ネスレ社、ダッチ・レディー社、F&N乳業（プレミアブランド）、デュ

メックス社、ニュージーランド・ミルク・プロダクツ社であり、この大手5社が市場全体の推定取扱量の75%以上を占める寡占状態となっている（小林ら，2001）。1人当たり消費量が高く、市場規模は今後も拡大する余地を残しているが、輸入品を中心とした市場が形成されており、国内の酪農生産においては乳牛飼養頭数の減少に伴う生乳生産量の縮小が見られている。一方、政府は飲用乳向けへの国産生乳の生産拡大を図り、学乳制度における還元乳利用から国産生乳への切り替えなど、増加する消費に対する自給率を高める意向を示している（藤井，2012）。

　マレーシアの生乳流通は**図8−5**に示したように、おおむね70%が国の獣医局の傘下に置かれている集乳センター（Milk Collecting Center、以下MCC）を経由して供給されており、残り30%のうち、酪

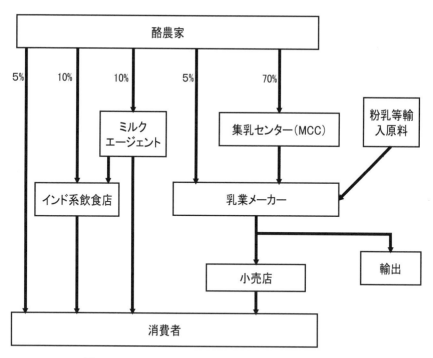

図8-5　マレーシアにおける生乳、牛乳・乳製品のフロー
資料：Bonifaceら（2012）、p.60より筆者加筆。

農生産者から直接乳業メーカーへはおよそ5％、ミルク・エージェント
と呼ばれる牛乳商を経由するのはおよそ10％、直接飲食店へはおよそ
10％、直接消費者へはおよそ5％である（Boniface et al. 2012）。ここ
からは、MCC を経由する場合とそうでない場合の生乳流通の状況につ
いて述べる。

a．集乳センター（MCC）を経由する場合

　マレーシアの酪農家は小規模経営が多く、1戸当たり生乳生産量も
少ないことから、バルククーラーのような生乳の冷蔵保管施設を持た
ないことが多い。また、価格交渉においても弱い立場にある（小林ら,
2001）。そのため、中小・零細規模層の酪農家を中心に MCC と契約し、
MCC でいったんプールした後に乳業メーカーがローリーで集乳すると
いうシステムとなっている。MCC は獣医局が管轄しているため、専門
スタッフやバルククーラー、乳質検査器具などは隣接する地方獣医セン
ターに配置されている。

　MCC の主な役割は酪農家からの生乳の買い取りと乳業メーカーへの
販売である。具体的には、個々の酪農家がバケットで自ら生乳を MCC
に持ち込み、MCC の職員が現場でアルコールテスト、比重測定を行い、
あらかじめ設定された基本乳価で買い取る（乳質により乳価の上下があ
る）。MCC は買い取った生乳をバルククーラーに貯蔵し、定期的に乳
業メーカーの集乳を受けるか、MCC 自前のローリーでメーカーに搬入
する（小林ら, 2001）。MCC から乳業メーカーへの乳価は、基本的に
政府が乳業メーカーと不定期に交渉することで決められる。乳質により
「AA 等級」、「A 等級」、「A⁻ 等級」にグレーディングされ、それによる
価格の増減がある（Boniface et al. 2012；藤井, 2012）。

　政府は、乳業メーカーへの販売価格と上述した基本価格（酪農家の庭
先価格）の差額に取り扱い乳量を乗じたものを全国でプールし、MCC
の維持費としている（小林ら, 2001）。小林ら（2001）の調査によると、
当時のマレー半島部諸州には 38 ヶ所の MMC があるが、うち実質的に

稼働しているのは 20 ヶ所で、ボルネオ島のサバ州の 16 ヶ所と合わせて計 36 ヶ所が稼働中であり、残り 16 ヶ所は契約酪農家がいない状況にある。獣医局は稼働していない MCC にも人員と設備を配置しており、稼働中の MCC からの収益でこれらを維持している。なお、MCC の他の業務として、①農家の研修②凍結精液、人工授精および家畜診療業務の無償提供③牧草種子や濃厚飼料の供給（有償）④飼料分析の手配⑤技術普及業務—などのサービス提供がある。

　酪農家にとって、MCC へ納入した場合の手取りは 1 L 当たり 1.80 〜 2.50 リンギットで、市場実勢によるそれに比べて 5 割ほど低いが（小林ら，2001；Boniface et al. 2012）、MCC と契約していれば前述のサービスを受けることができる。ただし、これは実質的にはあらかじめ乳代から控除されていると同様であるとの見解もある（小林ら，2001）。

b．MCC を経由しない場合

　図 8−5 に示したように、酪農家の出荷先に関する政府の規制はなく、酪農家は直接乳業メーカーや飲食店、牛乳商などに販売することが可能であり、個別配達で直売することもできる。この場合の乳価はおおむね市場実勢によって決められるが、季節や地域によって価格が大きく異なる場合もある。この場合の農家の手取りは 2.20 〜 4.00 リンギット / L 程度の幅がある。また、Boniface et al.（2012）によれば、MCC と契約している酪農家も他のルートに生乳を販売することが可能となっており、酪農家にとっての生乳販売の自由度は高いとみられる。しかし、酪農家、流通業者、乳業メーカーなど、ミルクサプライチェーンにおける各経済主体の数と規模が非対称的であり、それゆえに主体間のリンケージが弱いため、取引コストの増大につながりやすいと考えられる。

　輸入乳製品中心に市場が形成されているマレーシアにおける酪農の生産基盤は脆弱（ぜいじゃく）である。多数の外資系乳業メーカーが存在するものの、国産生乳が必須の原料ではないため、乳業メーカーによる生乳生産への垂直統合のケースがまだ少ない。一方、国内の酪農を振興

すべく、政府はMCCを通して既存酪農家の生乳販売を一定程度安定させた形となり、多様なサービスの提供を通して酪農への新規参入のハードルを下げたと言える。また、飲用向け製品の生乳自給率を高めたいという政府の意向が示されており、今後の政策動向に期待したい。

２．南アジア

　南アジアでは、乳牛のほかに、主に在来品種の牛や水牛の飼養が盛んである。ここでは、世界最大の生乳生産国であるインドと、酪農開発に積極的に取り組むパキスタンの生乳流通について取り上げる。

（１）インド
　インドは世界最大の生乳生産・消費国であり、現在は自給自足しているものの、毎年400万〜600万t消費量が増加すると予測されており、潜在的に国際市場に与える影響力は大きい（平石, 2012）。年間1億5,550万tの生乳生産を担うのは、1〜2頭の搾乳牛を飼う零細農家である（三原ら, 2017）。生乳生産量のうち、水牛の生産量が半分以上を占めており、生産コストも低いとされている（平石, 2012）。

　図8−6にインドにおける生乳流通の概要を示した。インド政府や酪農関係者の間では、酪農協と民間乳業メーカーが集乳・処理・流通するルートを「組織セクター」（Organized Sector）と呼び、零細卸売業者により流通するルートを「非組織セクター」（Unorganized Sector）と呼んでいる。また、零細卸売業者は「ミルクマン」[7]と呼ばれている。図8−6に示したように、インドの生乳流通は、8割が自家消費や近隣住民への直接販売、ミルクマンを介した流通に仕向けられることが大きな特徴となっている[8]。長谷川ら（2006）によると、一般的に大都市

---

7) 三原ら（2017）によると、ミルクマンは農村を回って生乳を買い付け、常温のまま牛乳缶に入れ、バイクを使って都市部に運び、販売している。国際協力機構（JICA）が行ったウッタルプラデシュ州の調査では、農家は特定のミルクマンと長年付き合っており、生乳の成分分析をせずに重量に基づいて取引をしている。また、生乳に水を混ぜて増量していないことを示すためにミルクマンの目の前で搾乳を行っている。
8) 三原ら（2017）によると、ミルクマンは、過剰供給となる冬期に買い取りを拒否したり、価格を大幅に引き下げたりする例があるため、政府は、年間を通して一定価格で買い入れを行う組織セクターへの出荷を奨励しており、2022年に組織セクターの流通シェアを50%とする目標を立てている（2016年の実績は21%）。

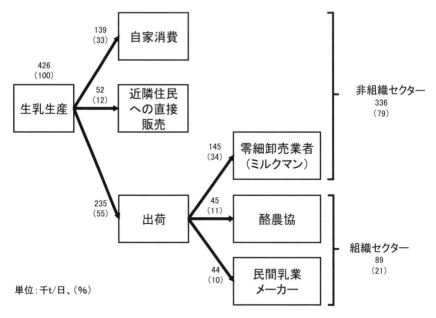

図8-6　インドの生乳流通の概要

資料：長谷川ら（2006）、平石（2012）、三原ら（2017）より筆者加筆。
注：都市部で生産された生乳の流通については不明であるため、すべての生乳が
　　農村で生産されたと仮定した場合の推計値である。

近郊では、一部の農家あるいは水牛のオーナーがミルクマンなどを含む生乳流通の中間流通業者として機能することもある。酪農協や民間乳業メーカーによる組織化された生産は少なく、零細農家による生産が主体であるため、増産のための投資が行われにくい（平石，2012）。米国農務省「Dairy and Products Annual 2014」の分析によると、生乳の半分が飲用乳、残りが乳製品、さらにその半分がギー（バターオイル）に仕向けられている。また、酪農協は生乳の75％（2015年）を飲用乳として販売しているため、乳製品は主に民間乳業メーカーによって製造・販売されている[9]（三原ら，2017）。

　生産者によって組織される酪農協が全国にあり、集乳、自社工場での処理・加工、販売が行われている（図8-7）。地域的な段階としては、

9）インドにおける主な酪農協と民間乳業メーカーの集乳、加工、流通については三原ら（2017）を参照されたい。

全国段階、州段階、県段階、村落段階（単位農協）がある（**図8－8**）。生乳、牛乳・乳製品の流通と代金回収に関しては基本的に州段階、県段階、村落段階の3段階構造で行っている。インド酪農開発委員会（National Dairy Development Board、NDDB）はこうした酪農協の普及と拡大を目的とした支援活動を行っている。なお、酪農協のシェアは地域のよって大きく異なり、グジャラート州ではほぼ100％である一方で、マハラシュトラ州では40％程度である。自律的に村落内で意見がまとまらない地域では酪農協ができにくく、この場合、民間乳業メーカーの職員が各農家を回って説得し、集乳を行うこととなっているという（三原ら，2017）。

　三原ら（2017）の調査によると、インドでは約1億3,800万戸の農家のうち、酪農を営んでいるのは8,000万戸程度である。これら酪農家は、複合農家、零細専業農家と大規模専業経営の3類型に分けられる。複合農家は、主に米や麦などの農産物の販売によって収入を得ており、副業

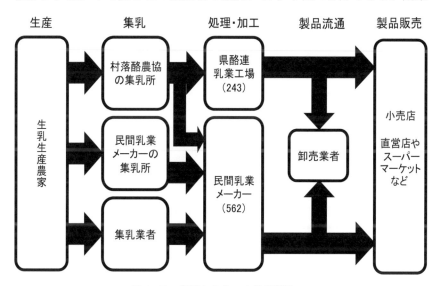

図8-7　組織セクターの物流構造

資料：平石（2012）、三原ら（2017）より筆者加筆。
注：（　）は2010年3月末の工場数である。

として牛や水牛を飼い、収入に占める酪農の割合は 20 ～ 50％程度とい
われている。零細専業農家は、農作物を栽培する農地を持たず、購入飼
料や公共牧野からの青刈り牧草の給与、または放し飼いによって牛や水
牛を飼っている。大規模専業経営は全体像が不明であるが、酪農協に出
荷する生産者（組合員）と民間乳業メーカーに出荷する生産者の数が３：
１である一方、出荷量は１：１であるため、民間乳業メーカーに出荷す

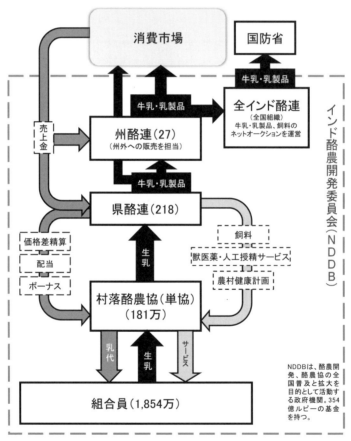

図 8-8　インドの酪農協関連組織の階層と役割
資料：長谷川ら（2006）、三原ら（2017）より筆者作成。
注：　（　）の数字は2016年時点のものである。

る大規模な生産者が多いと考えられる（三原ら，2017）。なお、民間乳業メーカーの集乳の仕組みは基本的には酪農協と同様であるが、他の民間乳業メーカーや酪農協、集乳専門の業者から生乳を調達するケースもある（三原ら，2017）。

　やや古いデータであるが、長谷川ら（2006）の調査によると、多国籍企業ネスレ社の現地法人であるネスレ・インディア社の一部集乳実績（2001年）として、1,002村落の8万5,000戸農家と契約生産を行っている。1961年の集乳開始からしばらくは酪農協から生乳を調達していたが、需要増加に対応して、直接生産農家に収入とサービスをより提供することで生乳生産を増やそうと、徐々に契約生産方式に切り替えた。契約生産農家のメリットとして、生乳販売に係るコストの節約、市場価格を下回らない生産者乳価、同社が提供する飼料や獣医薬品、飼料作物の種子、ミネラルなどの卸売価格での購入、同社による銀行ローンのあっせんなどが挙げられた。もう1社のインド民族系資本であるMahaan Proteins 社は、集乳圏を工場から半径150km圏内としており、1,000村落の3万戸農家から集乳を行っている。40ヶ所の村落レベルの集乳所から40％程度、10～15戸のバルク契約生産者から60％程度の調達構成となっている。集乳所を経由する場合の乳代支払いは10日ごとに1回、契約生産者への乳代の支払いは15日ごとに行っている。契約生産者の中には、バルククーラーを持ち、自分の牛・水牛からだけでなく、近隣の農家から集乳する者もいる。生産者乳価について、同社が市場調査をして自社の判断で決定しているが、市場価格より安過ぎないように設定しているという。

　また、平石（2012）が調査したマハラシュトラ州の大手乳業メーカーと生産者との関係事例によると、生乳調達は、酪農協から2割程度、個別の生産者および集乳業者から8割程度となっており、水牛乳は扱っておらず、牛乳のみの集乳となっている。乳価に影響する品質は乳脂肪分のみであるが、体細胞数、細菌数も一定の基準を満たさなければ受け付けない。集乳商人や個別生産者の生乳納入場所としてチリングセンター

（クーラーステーション）や村落ごとのバルククーラーの設置を進めている。また、同メーカーは生産者に濃厚飼料を提供しているほか、人工授精、ワクチン接種、疾病予防や治療などのサービスも有償で提供している。生産者への支払いは10日に1回となっている。

　以上、インドにおける生乳の流通構造について整理した。生乳生産量全体の約2割を占める組織セクターについては、酪農協の拡大と同時に、民間乳業メーカーによる契約生産といった垂直統合の動向も見られた。なお、約8割の生乳が非組織セクターに流通しているため、その詳細と実態がまだ明らかになっていない。インドにおける酪農発展の課題としても、集乳と生乳販売の組織化が挙げられており、今後は組織セクターにおけるシェア拡大と民間乳業メーカーによる垂直統合の動向に注目したい。

（2）パキスタン

　パキスタンにおいては、人口増加などに伴う乳・乳製品の需要が増加しており、生乳の生産量が需要に追いつかない状態にある（Ahmad 2012）。パキスタンにおける乳はその9割が小・中規模農家、そして残る1割が商業型牧場にて生産されている。酪農に従事する農家の43％は1～2頭、そして28％は3～4頭を飼養する小規模農家であり、国内全体で860万戸の小規模農家が5,680万頭の牛と水牛を飼養している。しかし、アジア開発銀行の推計によれば、全国生乳生産量の6割強を占めるパンジャブ州の農村部において生産される牛乳の15～20％がコールドチェーンの不備により損失しており、第2位の産地で、全国生乳生産量の2割強を占めるシンド州においてはさらに状況が悪く、20～30％が損失しているといわれている（国際協力機構，2010；Ahmad, 2012）。

　パキスタンにおける生乳の流通は**図8−9**に示した。国際協力機構（2010）の調査によると、パキスタンの生乳は主にミドルマン（中間流通業者）を通じて流通されており、生乳取引においてもミドルマンが優

位の立場にある。とりわけ都市隣接型商業酪農（酪農コロニー）[10]で生産した生乳は、コールドチェーンに頼ることなく、ミドルマンを介して都市部へ供給される。生乳を好むパキスタン人の趣向と合致しており、その大半は政府の販売基準に適さない状態で販売されている。また、酪農家から小売業者に直接販売することもあり、また農場経営者が

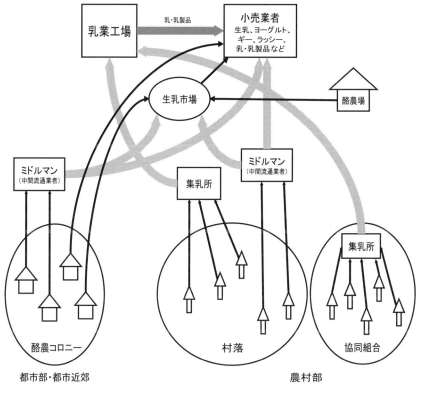

図8-9　パキスタンにおける生乳の流通（シンド州の例）
資料：国際協力機構（2010）、p.27より筆者作成。

10) 国際協力機構（2010）では、パキスタンの畜産システムを①農村型小規模農家（3頭規模）②市場指向小規模農家（6頭規模）③農村型商業農場（40頭規模）④都市隣接商業酪農（25～100頭規模の集合地帯）⑤砂漠放牧型⑥都市型酪農⑦商業肥育牧場―の7タイプに分類している。このうち、④都市隣接商業酪農とは、大きな都市に隣接する形で州政府の手によって設置された、生乳供給のための搾乳コロニーを指す。生乳に対する都市需要の高さと高乳価、市場へのアクセスの良さを背景にしてこのシステムは急速に普及し、現在ではパキスタン国内における全ての主要都市近郊で見られる。コロニー内の多くの農場は25～100頭以上の家畜を飼養し、その90％以上は水牛でほとんどが搾乳牛である。購入飼料に頼っており、濃厚飼料とワラが中心である。

小売販売まで手掛けているケースもある。都市には生乳（卸売）市場があり、ミドルマンと小売業者の間で売買が行われる。市場に出回る牛乳の97％がこの経路で販売されている。都市部では乳価が高いため、民間の乳業メーカーはこうしたルートから集乳することは少ない。一方、民間乳業メーカーはNGOを含む援助団体とタイアップするなどの手段によって酪農家の協同組合を組織し、若干の設備投資を実施してコールドチェーンを整備することにより、比較的低価格で大量の生乳を長期間にわたり安定的に集めている。このタイプがドナーや政府公社、乳業メーカーやNGOによるプロジェクトを通して普及しつつあるが、未だにその規模が小さく、こうした正規なルートで処理される生乳は市場全体の3％に過ぎない（国際協力機構，2010）。

第4節　小括

　以上、酪農先進国および新興国・途上国の生乳流通について概観した。多くの酪農先進諸国においては、早くから近代的な酪農乳業を展開してきており、政府による市場介入や手厚い補助によって生産調整を行い、生産者価格の安定化を図り酪農所得を確保してきた。また、酪農協などの生産者組織の結成が共通しており、民間乳業メーカーとの交渉力を強化してきた。そのため、民間乳業メーカーによる酪農経営への直接的な関与は多くなかったと考える。なお、クォータ制の廃止によって増加すると思われる民間乳業メーカーと生産者との契約取引について、これからも注視する必要がある。また、NZやデンマークなど農協系乳業メーカーがほぼ独占状態の場合、民間乳業メーカーによる垂直統合とはやや事情が異なるが、酪農家が所有している資本とはいえ、実際に傘下の酪農家が経営難に陥った場合に出荷枠（株式）の売却に踏み切れず、経営が悪化する恐れもある。

　一方、新興国・途上国においては、気候が乳牛の飼養に向かない地域も多く、地域によって消費習慣の差も大きいため、近代的酪農業の展開

が後発的である。他方、先進国の直接投資や多国籍乳業企業による加工拠点などの建設が積極的に行われたため、牛乳・乳製品の製造において輸入原料への依存度が高まっている。冒頭でも述べたように、世界における牛乳・乳製品の需給が逼迫基調にある中で、自国の酪農生産基盤の構築と強化が求められる。しかしながら、多くの国では、生産者が極めて零細で生産効率が低いこと、インフラやコールドチェーン整備のための資金確保が困難であることが阻害要因となっているように考える。その中で乳業メーカーが直営牧場を積極的に展開するベトナムにおいては、協同組合が発達していない分、直接取引が展開されている。また、後述する中国と同様、酪農生産基盤の構築に係るコストを財政だけではなく、酪農業よりも一足先に発展し、ある程度資本が蓄積されている乳業メーカーが負担し、川上に対する投資やサービスの提供などを促すことで酪農業の成長をリードすることが期待されている。この場合、乳業メーカーによる酪農協ないし個別酪農経営への関与が濃厚になることも予想される。

（戴　容秦思）

第9章　メラミン事件以降の中国における
　　　　酪農乳業の政策動向と課題

第1節　本章の課題

　中国の生乳市場において、2008年の「メラミン混入粉ミルク事件」
（以下「メラミン事件」）[1] の発生により、生乳価格の主な決め手である
タンパク質の検出値を高めるために、生乳の流通段階においてメラミン
の混入が多く行われていたことが判明した。それ以降、生乳生産から加
工処理までの段階の管理と監督が重視されるようになり、生乳の生産・
流通を一貫して行うことを目的とする取り組みが盛んに行われるように
なった。例えば、零細・小規模酪農家が行っていた乳牛飼養を近代化・
標準化した農場に集中させ、酪農家各自で行っていた手搾り等の搾乳作
業を大型搾乳機械の共同利用によって代替する等の酪農生産の組織化が
その一環である。他方、とりわけ近年、大手乳業の全国での事業展開に
より、大規模酪農経営の展開、乳業の自社農場の新設が多く見られるよ
うになった（戴，2016）。

　一方、2008年以降の中国における生乳生産量は横ばい状態にあり、
年間3,600万〜3,900万tに定着している（2017年は3,648万t、う
ち牛由来が3,545万t）。また、牛乳・乳製品の年間1人当たり消費量
の平均値も大きな増減がなく12kg台[2] にとどまっている。粗い計算で
あるが、中国の人口を13.86億人（2017年）とした場合の国民1人当
たり生乳供給量は約26kgであり、わずかな輸出仕向け量を除いても、
牛乳・乳製品に対する国民の実需要を十分に賄える生産能力を有してい
る。他方で、還元乳等といった加工段階で使われる乳製品や、粉ミルク、

---

1) 2008年9月に、中国の元大手乳業メーカー「三鹿集団」が製造した粉ミルクに、結石などの病気を引き起
こす化学物質メラミンが混入し、粉ミルクを飲んだ乳児1人が腎臓結石で死亡したほか、5万4千人の乳児が
腎臓結石にかかり医療機関で治療を受けた。総被害者数は約29万4千人に上り、うち6人の死亡に関連性が
疑われた。「蒙牛」「伊利」「光明」などの大手メーカーを含む21社の牛乳・乳製品からもメラミンが検出され、
自主回収を行った。
2) 2017年の都市部住民と農村部住民の牛乳・乳製品の年間1人当たり消費量の平均値である。都市部では減
少傾向、農村部では増加傾向にある。

チーズ、バターなど固体乳製品の輸入が恒常化しており、さらに近年においては飲用乳、発酵乳、乳飲料などの液体乳製品の直輸入も増加している[3]。国内の牛乳・乳製品に対する消費者の信頼がまだ回復していないことに一因があると考えられる。

　実際、メラミン事件直後に、生乳と乳製品の生産・流通過程における品質管理を強化するための一連のトップダウン的政策[4] が打ち出されており、中国の酪農乳業を「量的成長」から「質的確保」へと向かわせることが急ピッチで行われた。中央政府では関連の法整備と品質管理体制の構築を急ぐとともに、地方レベルでは生産現場に対する管理・監督の機能強化が政府関連機関のほかに、乳業メーカーにも課された[5]。現地調査によると、大手乳業メーカーにおいては、駐在員の派遣、酪農生産管理システムや ICT によるリアルタイムモニタリングの全面的導入によって生乳調達のコントロールを徹底する動きが見られた。また、酪農生産者に対しては、生乳生産量（買い取り乳量）の限定、飼料購入種類と購入先の登録や限定、優良乳牛の飼養頭数の確保と1頭当たり乳量の向上、標準化牛舎への改築、搾乳施設の内部化と搾乳設備の更新などの要件が加えられた。その結果、乳業メーカーによる管理体制が施された酪農生産現場では、衛生状況が大きく改善され、乳牛1頭当たり乳量の増加も見られ、生乳の品質改善に寄与したと言える。しかしながら、乳業メーカーの諸要件を満たすためには資金と土地の確保が必要であり、乳業メーカーの担保の下で資金を借り入れる優遇政策も一部では存在するが、酪農生産者にとっては必ずしも対応できないのである。実際にそれが原因で乳業メーカーから生乳買い取りの契約が打ち切られた酪

3）外資系小売チェーンや国内の大手小売チェーンの一部富裕層向けの業態などを中心に取り扱いが増えている。
4）事件後に中国政府は、酪農乳業に係る 20 余りの規則・規程ならびに 66 の国家品質標準を頒布している。
5）2008 年 11 月に発表した「乳業整頓振興規劃綱要」（酪農乳業の整頓・振興に関する計劃綱要）は、中国の酪農乳業のそれまでの展開における中長期的に積み重ねた矛盾と問題を次のように指摘した。①酪農乳業の急速な発展の中、「質」よりも「量」を追求する傾向がある②生乳、牛乳・乳製品に対する品質の管理と監督に大きな欠陥がある③乳業メーカーによる盲目な拡大による製造能力の過剰、生乳調達先の争奪など悪質な競争が繰り返され、社会的責任感が欠如している④搾乳ステーションに対する監督・管理が欠落しており、生乳への異物混入や擬製、買いたたく等の行為への取り締まりが不足し、運営管理が乱れている⑤酪農業の規模化・標準化レベルが低く、生乳生産者と乳業メーカーの利益関係が合理的でない⑥法的整備が滞っており、業界に対する法的指導が情勢に間に合っていない。

農家も多数存在しており、中には経営中止を余儀なくされたケースの存在も現地調査から明らかになっている。

　よって本章では、現段階における中国の酪農乳業の振興に関する政策について整理し、メラミン事件で表面化した中国の酪農乳業の問題点を再確認する。

第2節　中国における酪農乳業に関する主な政策

　メラミン事件以降、中国における酪農乳業を取り巻く市場環境がますます厳しいものとなった。まずは、国内外の消費者による中国産牛乳・乳製品の安全性に対する消費者意識の覚醒、すなわち不信感および警戒感である。それに対して中国政府は乳牛飼養の規模拡大と標準化を推進することで消費者にアピールする策を取ったが、大規模化した畜産による家畜ふん尿処理など環境保全の問題が指摘され（長命，2017）、世界からさらに厳しい目で見られるようになった。一方では酪農振興策によって継続的増産などを図ろうとする中国の酪農業、他方では安価な海外産原料や輸入製品が増え続けており、高まりつつある生乳生産コストが小売価格に反映されないという苦境に陥っている（寺西ら，2019）。

　表9－1は2000年以降の中国における酪農乳業に関する主な政策を示している。2008年のメラミン事件を受けて、特に生乳流通部門と乳業加工部門においては、安全性と品質の確保を目的とした規定や規則が定められ、中国政府による酪農乳業に対する「整理・整頓」がこれらの政策の下に行われた。

　例えば2008年のメラミン事件直後の11月に、発展改革委員会、農業部、工業と情報化部など13の部門の下で作成された「乳業整頓振興規劃綱要」（酪農乳業の整頓・振興に関する計劃綱要）が国務院弁公庁を通して発表された（国弁発（2008）122号）。この通達においては、メラミン事件の発生が、中国の酪農乳業のそれまでの展開における中長期的に積み重ねた矛盾と問題であるとし、その矛盾と問題について次の

表9-1　中国の酪農乳業の関連政策

年	酪農部門	生乳流通部門	乳業加工部門	産業全体
2005	「乳牛良種補助項目資金管理暫定弁法」(農業部)			
2007	「酪農乳業の持続的健康な発展の促進に関する意見」(国務院)：2008～2015年300頭以上規模の約5,800牧場に累計約50億元を超える補助金を執行(中央財政、発展改革委員会)		「液体乳新規識別管理の強化に関する通知」(質量監督検験検疫総局・農業部)：還元乳使用の表示：超高温滅菌乳と低温殺菌乳の表示の区別	
2008	乳牛群性能改良計画(DHI)の推進補助(農業部)、乳牛保険が中央財政農業保険補助範囲に納入	「乳品質安全監督管理条例」(国務院)：生乳の管理責務と責任の所在(生乳取引に必要な生乳購買許可、生乳運輸許可)「生乳購買契約書(様式)」(農業部・工商総局)：生買契約の量・価格・乳価基準・買付の明記「生乳取引における量・価格・乳価基準・買付・貯蔵・運輸・販売に関する品質管理の規範	「乳業機振興規劃綱要」(発展改革委員会等)：3年以内に「乳製品企業良好生産規範(GB1693)」に達しない乳業メーカーを休止・整頓する、整頓しても基準に達しない企業は淘汰。	
2009			「乳製品工業産業政策(2009年修訂)」「工業情報化部・発展改革委員会」：群境は日生乳処理能力が300～500t以上で、自社または契約の生乳調達量は処理能力の40%以上とされ	
2010		「生乳（GB1930-2010）」（衛生部2010）：15 乳製品の国家標準、2生産規範、49検査方法標準」(農業部)		
2011	「乳畜飼養と生乳流通段階の違法行為は法律に依拠し厳しく処する規定」(農業部)			
2012	酪農用アルファルファ発展振興の実施(2012年中央一号文件)			
2013			「乳幼児配合乳生産許可審査細則(2013版)」(食品薬品監督管理総局)	
2014			「乳幼児配合粉乳生産企業食品安全信用記録の管理規定」(食品薬品監督管理総局)	
2015	「糧改飼」の展開(2015年中央一号文件)、"鐮弯"地区トウモロコシ栽培構造調整に関する指導意見」(農業部)：一部地域でのトウモロコシとその他飼料用作物への栽培転換		「中華人民共和国食品安全法」：特に乳幼児配合乳に言及及び「乳幼児配合粉乳生産企業食品安全性サプライチェーン情報記録管理」(食品薬品監督管理総局)	
2016	「全国アルファルファ産業発展規劃(2016～2020)」(農業部)「全国草食畜牧業発展規劃(2016～2020)」(農業部)		「乳幼児配合粉乳製品フォーミュラ登録管理弁法」(食品薬品監督管理総局)	「全国乳業(酪農業を含む)発展規劃(2016～2020)」(農業部・発展改革委員会・工業情報化部・商務部・食品薬品監督管理局)
2018				「国務院弁公庁による酪農振興と乳製品質安全確保に関する意見」(国弁発[2018]43号)

資料：筆者作成。

6点を指摘した。

第1に、酪農乳業の急速な発展の中、「質」よりも「量」を追求する傾向がある。

第2に、生乳および牛乳・乳製品に対する品質に関する管理と監督に大きな欠陥がある。標準体系が不完全で、モニタリングと管理の制度も整えておらず、生産の全過程における品質管理が脆弱（ぜいじゃく）である。

第3に、乳業メーカーによる盲目な拡大により、製造能力が過剰となり、生乳調達先の争奪、悪質な競争が繰り返され、社会的責任感が欠如している。

第4に、搾乳ステーション[6]に対する監督・管理が欠落しており、生乳への異物混入や擬製、買いたたき等の行為に対する取り締まりが不足のため、搾乳ステーションの運営管理が乱れている。

第5に、乳牛の飼養（酪農生産）方式が立ち遅れており、規模化・標準化レベルが低く、酪農家と乳業メーカーの利益関係が合理的でない。

第6に、法的整備が滞っており、業界に対する法的指導が情勢に間に合っていない。

これらの問題点の解決に向けて、当通達もまた目標計画、措置と責任を明確に定めている。

まず、目標について、現代的酪農乳業の建設を目指し、品質管理に関する制度整備、乳業メーカーと搾乳ステーションの整理、規範的な家畜飼養を重点的に行い、ひいては食品産業全体の品質生産管理水準の全面的向上に寄与することを掲げている。なお、その目的は、国民の健康と安全を確実に保証することと、当面の経済と社会発展の安定を維持することの2点にある。

6）搾乳ステーションは、中国における独特の集乳システムであり、搾乳と集乳を行う中間流通施設である。最初は1996年に内モンゴルの大手乳業メーカーによって設置された。これは、搾乳施設・機械に投資する資金的余裕のない小規模・零細酪農家が安定的に搾乳を行い、経営を維持していくための共同搾乳施設である（農畜産業振興機構、2010a）。ところが生乳生産の大規模化・集約化によって、乳業メーカーから切り離された「搾乳ステーション」が現れている。現在の搾乳ステーションの運営形態には、①乳業メーカーによる完全運営②乳業メーカーは生産資材である搾乳設備を提供するが、運営は個人（団体）によるもの③個人（団体）による完全運営（搾乳設備の購入を含む）―の3形態がある（戴・矢野，2012）。

目標達成のために、次の3つの具体的なステップを計画している。

第1のステップは、2008年末までに、生乳と牛乳・乳製品の生産、買い取り、加工、販売等各段階について全面的な整理を行い、各段階を正常に回復させる。

第2のステップは、2009年10月末までに、関連法の整備と品質標準の充実を実現し、生乳生産技術規程の普及、搾乳ステーションの規範化建設と管理の強化、乳業メーカーにおける適正生産規範（GMP）の実践を推進する。これらを通して酪農乳業の制度化・規範化における進展を図る。

第3のステップは、2011年10月末までに、飼養段階の大規模化と生販一体化（酪農生産における搾乳ステーションの内部化）、（乳業メーカーの）加工拠点の配置の最適化、業界全体の標準化、および市場競争の規範化、品質標準体系の充実等の面において実質的な進展を遂げる。具体的な指標として、乳牛の優良品種率を60％に引き上げ、1頭当たりの年間生乳生産量を5.5tに近づけ、100頭以上規模の乳牛飼養場のウエートを現時点の20％から30％に引き上げる。乳業メーカーはGMPに相応した改修を行い、処理能力に占める原料調達基地（特約生乳生産者）の調達量を70％以上に引き上げる。乳業全体における加工企業の集中度を向上させる。以上をもって、酪農・乳業の品質標準体系、検測・監視・管理体系、品質生産管理体系の形成により、生乳と牛乳・乳製品の品質安全水準が著しく向上し、酪農乳業業界全体の素質と効率を新たなレベルに到達し、現代的酪農乳業の基礎構造のひな形を形成する。

この通達が下された後、生乳品質の管理責務と責任の所在を定める「乳品質量安全監督管理条例」（国務院）、「生乳売買契約書（様式）」（農業部・工商総局）、「生乳生産買付管理弁法」（農業部）が相次いで発表され、生乳取引に必要な生乳購買許可、生乳運輸許可の取得、生乳取引の量・価格・乳価基準・責任の明記、生産・買い付け・貯蔵・運輸・販売における品質管理の規範が定められた。2010年に「生乳（GB19301-2010)」（衛生部2010）が公表され、15乳製品標準、2生産規範、49検

査方法標準が定められたのである。乳業部門に関しては、2008年に発展改革委員会等が「乳業整頓振興規劃綱要」を発表し、3年以内に「乳製品企業良好生産規範（GB12693）」に達しない乳業メーカーを休業させて整理する。整理しても基準に達しない企業は廃業という通達を出した。2009年には、「乳製品工業産業政策（2009年修訂）」（工業情報化部・発展改革委員会）が公布され、新規工場は日生乳処理能力が300～500ｔ以上で、自社または契約の生乳調達量は処理能力の40％以上を条件に、乳業企業に対する生乳調達の契約化を促した。2010年に国務院弁公庁が「乳品質量安全保障の強化に関する通知」を発表し、乳製品加工・製造許可の規制を実施することとなった。その後の2013年から2016年の間に、とりわけ育粉の製造を中心に細則が決められ、2008年のメラミン事件への政策的対応はここまでで一段落ついたように思われる。

　2016年に、農業部、発展改革委員会、工業情報化部、商務部と食品薬品監督管理総局の5つの政府機関が「全国乳業発展規劃（2016－2020）」を打ち出し、酪農乳業の発展に新たな目標と任務を定めた。当通達の冒頭部分では、2008年メラミン事件以降の政策の対応および実績が述べられており、成果として、①アルファルファの発展振興や乳牛改良などに取り組んだこと②100頭以上規模の牧場数が48.3％に達したこと③1万1,893ヶ所の搾乳ステーションを整理・整頓したこと④生乳、牛乳・乳製品のサンプル検査の合格率が上昇したこと⑤乳業企業数の減少と企業収入の増加⑥安全性と品質確保のための法体制の構築―などが記された。一方、直面している課題として、①国際競争力が依然として低いこと②輸入拡大による影響③消費者が国産乳製品に対する信頼の欠如―が挙げられた。これらを踏まえ、当通達では2020年までの発展目標を掲げた（**表９－２**）。なお、一部入手できた2018年の実績と比較してみると、生乳生産量と生乳自給率が明らかに減少しており（**図９－１**）、輸入が拡大している中で、少なくともこの両項目は2020年の目標に達成することが難しいと考えられる。

　一方、100頭以上規模階層の酪農場は48％から62％にまで上昇し、

2020年の70％以上という目標には達成する方向へ動いている。具体的に、**図９－２**から分かるように、酪農場数が全体的に減少し、2009年から減少し続けているのは19頭以下の小規模・零細酪農場である。一方、100〜999頭規模階層も2014年から減少傾向に転じている。唯一伸びているのは1,000頭以上規模階層の酪農場数である。この背後には、政府による大規模牧場投資プロジェクトの実施が挙げられる。李ら（2017）によると、このプロジェクトでは、主に①産業資本と金融資本の投入②乳牛飼養頭数300頭以上、かつ申告条件に適合する牧場に対して資金助成（牧場単位のインフラ、飼料基地の整備、大規模牧場の建設、管理標準に基づく改修と拡張）③乳牛の品種改良に対する助成（優良家畜品種の凍結精液購入と乳牛の品種改良を奨励）④乳牛の輸入拡大（2008〜2014年にかけて、輸入した乳牛は68万頭を超え、その後継牛を加えるとその規模は140万頭へ；主な輸入国は豪州、NZ、ウルグアイ）

表９－２　2020年までの酪農乳業の発展目標

	主な指標	2015年	2020年（目標）	2018年実績
供給能力の保障	生乳生産量（万t）	3,870.30	4,100	3,176.80
	生乳自給率（％）	77.9	≧70	65.7
	乳製品製造量（万t）	2,782.50	3,550	2,687.10
安全性と品質	生乳サンプル検査合格率（％）	99.34	≧99	99.9
	乳製品サンプル検査合格率（％）	99.5	≧99	99.9
	育粉サンプル検査合格率（％）	97.2	≧99	99.5
産業レベル	100頭以上規模酪農場の比率（％）	48.3	≧70	62
	搾乳の機械化率（％）	95	≧99	n.a.
	1頭当たり搾乳牛の年間乳量（t）	6	7.5	7.4
	良質アルファルファの生産量（万t）	180	540	n.a.
	家畜ふん尿活用率（％）	50	75	70
	企業収入が50億元を超える育粉製造企業の数	1	3〜5	n.a.
	上位10位の育粉製造企業の集中度（％）	-	80	n.a.

資料：農業部・発展改革委員会・工業情報化部・商務部・食品薬品監督管理総局「全国乳業発展規劃（2016－2020）」、農業農村部「2019中国乳業質量報告」、各種新聞報道より筆者作成。
注：生乳生産量は牛以外の乳類も含む。

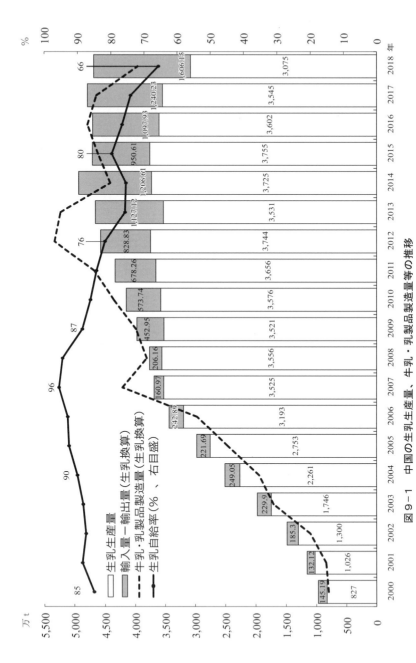

図 9−1 中国の生乳生産量、牛乳・乳製品製造量等の推移

資料：ホルスタイン・ファーマ社「中国乳業統計資料」（2010、2013、2017−2018年）より筆者作成。

注：生乳換算は推計である（乳製品×8＋液体乳類）。

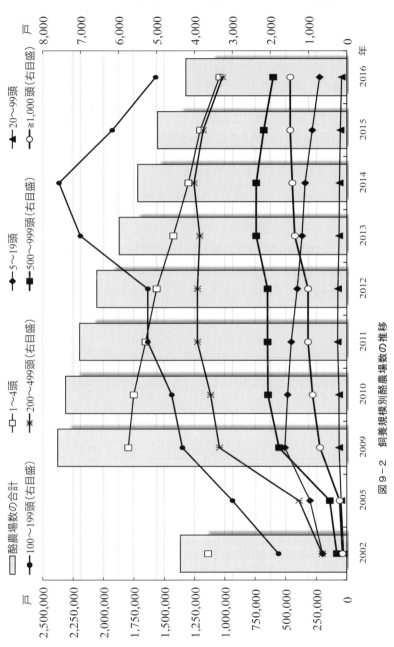

図9-2　飼養規模別酪農場数の推移

資料：ホルスタイン・ファーマー社「中国乳業統計資料2018」より筆者作成。

注：2003 - 2004年、2006 - 2008年のデータ、2005年の1 ～ 4頭現模の酪農場数は記載なし。

ーを推進している。これにより、酪農業の資本化と大規模化も進み、「牧業企業」といった畜産生産を中心事業とした企業的経営を行う経済組織が多く展開され、全国の生乳生産量に占める割合も高まりつつある（**表9-3**）。

表9-3　中国の「牧業企業」生乳生産量上位20社の概要（2017年）

	企業名（主な生乳供給先）	牧場数	飼養頭数 （万頭）	牧場当たり 飼養頭数（頭）	生乳生産量 （万t）
1	現代牧業（自社、蒙牛乳業、新希望乳業）	26	23.4	9,000	120
2	輝山乳業（自社）	82	20	2,439	70
3	聖牧高科牧業（蒙牛）	35	12.43	3,551	60.92
4	（外資系）澳亜牧場Greenfields（自社）	7	7.94	11,343	52.02
5	優然牧業（伊利乳業）	36	10.2	2,833	50
6	光明牧業（光明乳業）	28	8.6	3,071	46.71
7	賽科星集団（伊利乳業）	34	12.53	3,685	46
8	首農畜牧（三元乳業）	32	8.6	2,688	41.1
9	（外資系）フォンテラ（Fonterra）（自社）	8	8.92	11,150	37.1
10	中鼎聯合牧業（蒙牛）	120	8.5	708	30
11	中地乳業（自社）	8	6.42	8,025	29.66
12	原生態牧業	7	6.12	8,743	28
13	富源牧業（蒙牛乳業）	13	5	3,846	24
14	寧夏農墾賀蘭山乳業（自社）	14	3.56	2,543	18.28
15	河南瑞亜牧業	11	3.5	3,182	17.5
16	天津嘉立荷牧業（海河乳業）	14	3.15	2,250	16.5
17	中墾乳業（自社）	16	3.51	2,194	16.11
18	河北楽源牧業	7	3.32	4,743	14
19	甘粛前進牧業	13	3	2,308	12
20	新希望生態牧業（新希望乳業）	12	1.92	1,600	10.6
	上位20社合計	523	160.62	-	740.5
	全国に占める割合	-	12.0%	-	20.9%

資料：ホルスタイン・ファーマ社「中国乳業統計資料2018」、各種報道、各社HPより筆者作成。

第3節　メラミン事件で表面化した中国の酪農乳業の問題点

　図９－３に示したように、2000年に入り著しい量的な成長を見せた
中国の酪農乳業は、2008年のメラミン事件の発覚によってその急成長
の裏に潜んでいた構造的欠陥が表面化したと言える。馬ら（2016）は、
メラミン事件で表面化した中国の酪農乳業の問題点は大きく、①政府に
よる食品安全・品質管理の監督責任②産業連鎖における構造的欠陥―の
２点にあると指摘している。

１．政府による食品安全・品質管理の監督責任の問題

　この問題について馬ら（2016）は主に次の４つの問題を指摘した。
　第１に、食品安全・品質管理の担当機関は独立性や専門性が欠如し
ており、行政権の「ヨコ・タテ」の配置も不合理的である。とりわけ
2009年「中華人民共和国食品安全法」（以下、「食品安全法」）が頒布さ
れるまでは、品目に対する監督・管理ではなく、段階ごとに異なる行政
機関が監督・管理責任を負うことが原則となっていた。表９－４に示し
たように、酪農乳業の関連部門も８の行政機関によって管理されている
が、管轄対象や責務が不明確で、実際の管理上においては行政部門間
の「ヨコ」の連携といった情報共有と意思疎通が不十分であるため協
調性に乏しく、効果的な監督・管理ができているとは言えない（馬ら，
2016）。各管理主体の管轄対象が交差または重複しがちな体制のゆえに
管理の空白または死角が生じやすい。2009年に「食品安全法」が実施
され、中国の食品安全管理を統括するような組織として2010年に国務
院食品安全協調委員会が設置され、15の行政部門が参加した。しかし
ながら、現場レベルにおいては依然としてこれまでの体制と変わりがな
く、根本的な問題解決になっていないと馬ら（2016）は述べている。他方、
「タテ」においては、本来、中央政府が担うべき管理権限および責任が
地方政府に転嫁されているケースが多く、地方政府の判断に必要以上に

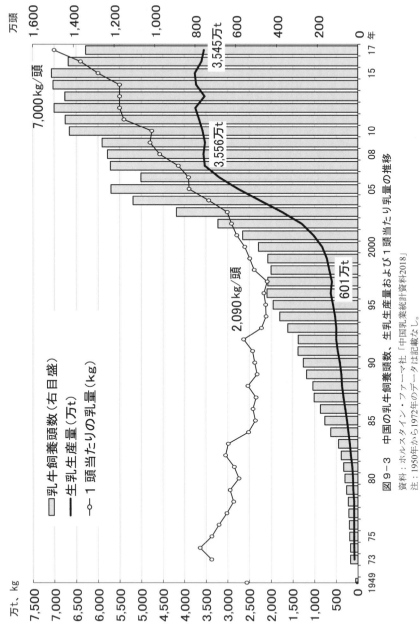

図 9－3　中国の乳牛飼養頭数、生乳生産量および1頭当たり乳量の推移

資料：ホルスタイン・ファーマーズ社「中国乳業統計資料2018」
注：1950年から1972年のデータは記載なし。

万t、kg

- 乳牛飼養頭数（右目盛）
- 生乳生産量（万t）
- 1頭当たりの乳量（kg）

7,000 kg/頭

3,545万t

3,556万t

2,090 kg/頭

601万t

万頭

168

委ねた結果、重大事故・事件の情報伝達の遅れや地方問題の隠蔽（いんぺい）などが起こりやすい。中央政府によるリスクに対するマクロ的なマネジメントが有効的に行われず、事態がコントロールの範囲を超えて悪化する恐れがある。メラミン事件を含め、これまで発覚された食品安全性問題の対応からも、こうした体制の弊害が顕在化しており、一部地方政府への集権により、中央政府によるリスク抑制のベストタイミングを逃し、大きな被害を出したことが記憶に新しい。

　第2に、食品安全に関する法律と標準体系の混乱である。基本的には、乳の安全性・品質管理のための法体系は4段階に分かれる。全国人民代表大会およびその常務委員会で制定された法律は最高の法的効力を有する。例えば2006年11月施行の「中華人民共和国農産品質量安全法」、2009年11月施行の「食品安全法」などがそれである。次は国務院が憲法と法律に基づいて制定した規定と条例である。例えば2008年10月施行の「乳品質量安全監督管理条例」がそれである。そして3番目は国務院各部委員会ならびにその他行政管理職能を有する機構が法律と規定に基づいて制定した規程である。例えば2008年11月施行の「生乳生産買付管理弁法」がそれである。最後は国務院各部委員会ならびにその他行政管理職能を有する機構が制定した国家標準、産業標準、企

表9-4　酪農乳業における中国の食品安全・品質の監督管理主体とその責務

主体（行政機関）	主な管轄対象
農業農村部（旧農業部）	生乳生産（飼料等資材の安全性・品質、乳牛飼養の防疫等）、乳製品の安全性と品質の監督
衛生部	乳製品の生産・消費段階の安全性・品質管理、乳製品安全性に関する事故・事件の調査、関連部門とリスクマネジメント計画の制定
国家食品薬品監督管理局	飲食・サービス業における乳製品の安全性管理、関係する重大事故事件の調査
商務部	乳製品市場の健全的な競争を促し、市場秩序の維持、市場全体の安全性管理をマクロコントロール
国家工商行政管理総局	消費者の保護を目的とし、原料乳ならびに乳製品流通領域の安全性管理
国家質量監督検験検疫総局	乳製品の生産・加工段階と輸出入段階の管理・監督
生態環境部（旧国家環境保護局）	産地の環境、酪農場と乳製品製造企業の汚染物質の排出に対する監督・管理とコントロール
科学技術部	乳製品の安全性・品質の管理、乳製品加工に関する標準と品質管理体制に係る研究と普及

資料：馬ら（2016）より筆者作成。

業標準である。例えば衛生部が発表した「生乳（GB19301-2010）」等がそれである。このように一見体系ができているように思われるが、その構造および執行力においては依然として問題が山積みである（馬ら，2016）。まず、食品安全に係る各法令の条文は大まかな内容が多く、具体的な品目の生産・流通に関する規定が少ない。標準に関しては、国家標準、産業標準および企業標準に交差、矛盾または重複が存在しており、整合性が欠如している。また、現行標準のレベルは国際標準に比べて大きなギャップがあり、食品安全確保の観点からも国際的に信頼度が低い。もう1つは「二重標準」問題である。つまり国内市場仕向け品と輸出仕向け品の標準が異なっており、国内消費者による信頼回復が難航する要因の1つでもある。

　第3に、制度的な市場参入障壁と賞罰制度の失効である。制度的な参入障壁が設けられ、業種に基づく認証が強制的に推進されてきたが、メラミンによる汚染を食い止めることができなかった。乳業メーカーの場合、市場参入の許可を取得するためのハードルが高いが、参入した後の管理と監督がおろそかになっている。メラミン事件後に、既存企業に対する審査と食品生産許可証の発行が制度として開始したが、いまだに許可証未取得の企業が多く存在しており、制度の実行が非効率的である（馬ら，2016）。また、行政機関による品質検査はまだ計画的な体制に整備されておらず、突然の立ち入り検査や抜き取り検査が主な手法となっている。このような検査は、短期的な波及効果があっても、中長期的な品質確保に寄与することが難しい。さらに、品質検査を免除するなどといった、いわゆる優良企業に対する優遇制度はかえって安全性問題の発生リスクを高めている。罰則の効力や法的拘束力が決して高くなく、違法や違約行為でもたらした収益の方が高いことがしばしばあるため、機会主義的行動が助長される可能性が高い。

　第4に、第三者による監督・管理システムの欠如である。前述した地方政府への集権がもたらす弊害や、政府と企業の癒着による監督・管理の失効を防ぐべく、第三者による監督・管理体制の構築が必要である。

2．産業連鎖の構造的欠陥

　産業連鎖（Industry Chain）は中国の研究者が酪農乳業の主体間関係に関する研究でよく用いる概念で、とりわけタテの連鎖における主体間の連携関係は、産業の発展を左右する重要な点であると認識されている（Hou,　2007；鐘,　2013；馬ら，2016）。

　中国の生乳流通ならびに酪農生産の状況が著しく変化したのは、搾乳ステーション等といった集乳施設の設立後である（戴,2016）。「小規模・零細酪農家—搾乳ステーション—乳業メーカー」といった連鎖の展開により、搾乳ステーションは乳業と酪農生産者の結節点として、その役割が大きく注目されてきた。1990年代に搾乳の機械化が推進され、徐々に酪農生産者による機械化搾乳が義務付けられるようになり、1996年から搾乳ステーションが大手乳業によって設置されるようになった（農畜産業振興機構編，2010a）。ところが鐘（2013）によると、搾乳サービスを酪農家に有料提供している単なる搾乳機能を有する集乳商人の集乳施設であるケースも少なくない。こうした集乳商人が運営する搾乳ステーションにおいては、関連の政府部門による監察、乳業による技術指導・監督が行き渡っていないケースが多いため、搾乳段階における生乳品質に問題が起きる可能性が大きい（鐘,2013）。こうした背景の中で、乳業の支援の下で搾乳ステーションと近代化・標準化された乳牛飼養施設「養殖小区」[7]を併設した農民合作社の結成という取り組みが推進されるようになった。こうした取り組みは、酪農家にとって施設の共同利用による生産コストの削減といったメリットがある（戴,2016）。一方で、こうした農民合作社の結成は、乳業の開発的支援が関与しているため、農民合作社が当該乳業に対して生乳全量販売を義務付けられる等、実質上、乳業の専属的な生乳生産基地となっている。農民合作社の結成によ

7）養殖小区は、家畜の養殖に適切な場所で、養殖活動を集約化するために建設された一定の規模を有し、統一的・標準的な管理を実行する家畜養殖基地である。本研究での「養殖小区」は乳牛を対象にした基地を念頭に置いている。すなわち、一定の区域内の小規模・零細酪農家が分散的な乳牛飼養と繁殖活動を1ヶ所に集約させ、共同的・統一的に行うための共同農場である（戴・矢野,2012）。

り零細・小規模農家の生産環境が改善されたものの、生乳取引において
は依然として乳業が主導的な位置にある（戴，2016）。

　馬ら（2016）は、中国における酪農・乳業の産業連鎖において、各
主体間の連携と合意形成を促進する仕組みが欠如しているため、利益配
分とリスク負担の不合理が恒常化し、主体間関係の緊張と分断が深刻化
していると指摘している。例えば、生乳の需要期では乳質検査基準を下
げて生乳を奪い合う、閑散期では基準を上げて乳価を抑えるなど、乳業
メーカーが酪農家へ市場リスクを転嫁している。また、搾乳ステーショ
ン、酪農家が、乳業メーカーとの情報の非対称性下において機会主義的
行動に傾く。さらに、生乳品質の実態が乳価および製品価格の形成（利
益）にほぼ影響（関係）しないため、酪農家を含むいずれの主体も生乳
品質への関心が薄いという現実にある。

　このように、メラミン事件で表面化した問題に対処すべく、利益共同
体としての産業連鎖の再構築が課題であると考える。実際に政府も、産
業連鎖の構造の見直しをすべく、そのためには、乳価の形成に第三者等
の参与によって利益配分の合理性と公平性を保障すること、乳業協会の
発展を促し、酪農家に対する利益の保護、乳価交渉、サービス提供など
の役割を発揮させること、農民合作社（酪農協）の発展を促進し、酪農
家の権益を守る役割を発揮させることが、産業連鎖における利益共同体
構築の基礎であり、政策の指針であると認識している（馬ら，2016）。
しかしながら、前述した政策内容を振り返ると、実践レベルで講じられ
た具体的措置は、商業的搾乳ステーション等搾乳業者の廃止、すなわち
産業連鎖の短縮、乳牛飼養の規模拡大と標準化、酪農専業合作社の発展
（酪農家と合作社運営者間の利益共同体関係の強化）、乳業メーカーの生
乳生産者に対する発注契約の結成、ベンチャー支援・資本参加等を通じ
た安定的な取引関係と密接な利益連動関係の構築、乳業メーカーによる
自社牧場または特約牧場の建設、乳業メーカーの市場集中度の向上（製
造能力が立ち遅れた企業の淘汰、大手企業主導による産業連鎖の再構
築、牛乳・乳製品の品質保障および国際競争力の向上）などであり、実

践が政策指針と乖離（かいり）している。これらの具体的措置は、集乳商人の排除、酪農経営規模の拡大、乳業資本による川上統合の強化、乳業資本の巨大化を意味する。結果的に、ここ約10年間で、特に主な酪農生産地においては、搾乳ステーションや「養殖小区」などが、飼養頭数1千頭以上の搾乳施設が内部化された大規模の酪農経営や5千頭ないし1万頭のメガファームなどに取って代わられ、家族経営を中心としたいわゆる「非効率的な」中小零細規模の酪農経営が淘汰の対象とならざるを得ない状況に置かれた（Sharma&Rou, 2014）。

馬ら（2016）は、メラミン事件に対する反省として酪農部門の「アップグレード」の必要性とその効果の一部を認めたものの、前述した実質的に家族経営の放棄につながったとも言える酪農部門の構造改革に疑問を示し、政府や政策制定関係者が酪農部門の大規模化に対する過大評価への懸念を示した。具体的に馬ら（2016）は次の3点を指摘している。

第1に、乳の安全性と品質の確保および環境負荷の観点から見て、酪農生産の集合体でありながらも乳牛の飼養自体はおのおのの酪農家が行うケースの多い「養殖小区」は、確かに効率化のための改善が必要であるが、企業的大規模化経営への転換は必ずしも最適な方法ではない。企業的な大規模化経営については、①過剰な資本投下とそれに見合わないコストの増加（特に汚水処理のコスト等）②廉価な雇用労働者は責任感が家族経営に比べて低い―といったデメリットを指摘している。

第2に、農外資本による酪農経営への参入と大手乳業メーカーを中心とした垂直統合の弊害が顕在化している。農外資本による農業への参入や統合はスケールメリットや知識のスピルオーバー（波及）効果をもたらすが、本質的には農外資本による農業への掌握であり、搾取と搾取されるという緊張関係から生じる弊害は不安要素として産業連鎖に内在化する。他方、乳業メーカーに酪農生産まで担わせることは、分業化がもたらす効率化を放棄することに等しく、乳牛飼養のリスクを集中させた危険な形となると馬ら（2016）は指摘した。

第3に、酪農乳業の産業連鎖の構造を見直す方法の1つとして、家族

経営を中心とした適正規模の酪農経営を促進し、酪農協同組合に類する農民合作社組織の結成ならびに農民合作社の主導によるミルクサプライチェーンの構築があると馬ら（2016）は述べている。

筆者らによる現地調査からも、乳業メーカーが主導する産業連鎖においては、とりわけ酪農家と乳業メーカー間は合理的な利益配分とリスク負担が実現されていないことが確認されている。具体的には次の4点が挙げられる。第1に、投資家の性格を有する大規模の生乳生産者であっても、メーカーとは対等な関係にならず、情報の非対称性問題が依然として根強く存在している。第2に、農民合作社は、中小規模の家族経営と同様に、生乳取引においては大手乳業メーカーと交渉する力を持っていない。第3に、乳業メーカーの諸基準と要請に対応できない生産者は生乳市場から淘汰され、生き残るために非合法的な手段を取る傾向がある。第4に、集乳商人の存在は、乳業メーカーから離脱した生産者の経営を存続させていることは事実であるが、集乳商人は合法的存在なのか、生乳流通における法的責任を負えるかが問題である。

貿易の自由化に伴い、乳業メーカーが海外産原料乳の調達にシフトしつつあり、大規模化を目指してきた国内の酪農部門がまさに進退窮まる状況に置かれていると言える。

第4節　小括 －現行政策の評価と課題－

以上を踏まえ、現行政策の評価と課題について考察する。

中国における酪農乳業に係る現行政策の考え方は大きく次の3点である。第1に、産業連鎖において、市場パワーの格差による利益摩擦を減少するために、主な経済主体の対等関係または連携関係の構築を図る。第2に、農民合作社の結成によって乳業メーカーと比較的安定的な取引関係を結び、酪農家の組織化程度を高めることで品質の監督と管理を可能にする。第3に、乳業メーカーの市場集中度の向上と大規模な直営・系列牧場の保有を通じて乳業メーカーが産業連鎖再構築の主導主体にな

ることを期待する。その効果として、乳業メーカーによる管理体制が施された生乳生産現場では、衛生状況が大きく改善され、乳牛1頭当たり乳量の増加も顕著であり、生乳の品質改善に寄与したと言える。

なお、問題点として大きく次の4点を指摘できる。

第1に、乳業メーカーの諸要件を満たすためには資金と土地の確保が必要であり、乳業メーカーの担保の下で資金を借り入れる優遇政策も一部では存在するが、生乳生産者にとっては必ずしも対応できない。

第2に、農民合作社の結成を推進するだけでは問題解決にはならない。

第3に、乳業資本による川上統合が強化される中で、生乳生産者がますます弱い立場に置かれ、対等かつ健全な取引関係を構築し得ない。

第4に、零細・中小規模酪農家を淘汰し、乳業メーカー系列の大規模牧業企業が生乳生産の担い手になることは、酪農乳業の持続的発展の実現に寄与するのか疑問である。

不祥事の再発防止対策としてのみならず、酪農乳業の国際競争力が求められるより大きな構図の中で、こうした中国の品質管理の強化に係る政策的・市場的な動向は、実質的に、中国における酪農乳業の構造改革を促している。その半面、大手乳業メーカーによる品質管理規則の運用が実質的に生乳市場の寡占化になり、そうした市場から外された酪農経営や中小乳業メーカーの存続問題が生じる。存続問題が長期化すればするほど不当な商行為につながりやすく、やがて食品の安全性を害するような本末転倒な事態になりかねない。とりわけ管理が強化された現段階の生乳市場から離脱した酪農経営体に対し、自立した経営を継続していくためのサポートが必要である。集乳商人に関する法規制の見直し、酪農家による生乳の加工・販売など日本でいう「6次産業化」のような展開の規制緩和や、適正規模のアグリビジネスに対する支援策などの検討が必要と考える。

（戴　容秦思・鄭　海晶・根鎖）

第10章　中国・華北部における酪農家と乳業メーカーとの関係性 —山東省を事例として—

第1節　本章の課題

　山東省は、内モンゴル自治区、黒龍江省、河北省に次ぐ中国第4位の生乳生産地であるが、人口が内モンゴル自治区の4倍である一方、生乳生産量は内モンゴル自治区の5分の2程度に過ぎない。その結果、牛乳・乳製品の大消費地、そして生乳移入地域となっている。同時に、山東省の乳業メーカーの数は中国で最も多く、同省は乳業メーカーの競争が激しい地域でもある。同省で販売されている牛乳の7割は省外の乳業メーカーが生産している（姜ら，2003）。また、山東省の地方政府は省外の乳業メーカーをこの地域に誘致するために牛乳・乳製品工場の建設と投資を行うとともに、これら乳業メーカー向けの生乳確保を保証し、省外の乳業メーカーが自ら牧場を建設する必要性を低下させた。これにより、生乳調達の競争がさらに激しくなった（姜ら，2003）。そのため、激しい競争の下で山東省の生乳流通状況を明らかにするためには、この地域の酪農家と乳業メーカーとの関係性を分析することが重要である。

　本章の課題は、内モンゴル自治区と条件の異なる中国山東省の分析を行い、山東省における酪農家と乳業メーカーの関係性を解明することである。本章における酪農家の階層区分は、小規模経営は乳牛飼養頭数100頭未満、中規模経営は同・100頭以上500頭未満、大規模経営は同・500頭以上とした。これらの課題に接近するため、まず、第1節では、内モンゴル自治区と山東省の酪農家をウェブアンケート調査の分析を通じて比較し、山東省の酪農家の特徴を解明する。第2節では、現地調査の分析から、山東省における規模階層別の酪農家の生乳生産・販売を分析し、酪農家の生乳販売の特徴を規模別に解明する。第3節では、現地調査によって、山東省の乳業メーカーの生乳調達の特徴を明らかにする。

第2節　山東省における酪農経営の特徴
－内モンゴル自治区との比較による分析－

　2021年3月19日から4月20日までの期間で、中国のオンラインプラットフォーム「問巻星」を用いて、内モンゴル自治区と山東省の酪農経営者に対するアンケート調査を実施した。現在、酪農経営を行っている経営（以下、経営者）と、すでに酪農を廃業した経営（以下、廃業者）をアンケート対象とした。アンケートには、内モンゴル自治区から542名、山東省から250名の回答があった。

　回答者の属性を表10－1に示す。性別では、両地域とも男性の割合が高い。回答者の年齢分布については、両地域とも31～60歳の割合がかなり高く、特に41～50歳の割合が最も高くなっている。続いて、回答者の家族人数の分布を見ると、家族人数1～3人層と4人以上層の割合は、両地域とも比較的近い。最後に、経営規模の内訳を見ると、小

表10-1　回答者の属性

調査項目		内モンゴル自治区						山東省					
		回答者数 n＝542	割合	うち、経営者 n＝340	割合	うち、廃業者 n＝202	割合	回答者数 n＝250	割合	うち、経営者 n＝159	割合	うち、廃業者 n＝91	割合
性別	男性	433	80%	278	82%	155	77%	189	76%	115	72%	74	81%
	女性	109	20%	62	18%	47	23%	61	24%	44	28%	17	19%
年齢別	18歳以下	0	0%	0	0%	0	0%	1	0%	0	0%	1	1%
	18～25歳	7	1%	4	1%	3	1%	6	2%	3	2%	3	3%
	26～30歳	25	5%	21	6%	4	2%	15	6%	10	6%	5	5%
	31～40歳	142	26%	105	31%	37	18%	39	16%	33	21%	6	7%
	41～50歳	205	38%	129	38%	76	38%	70	28%	47	30%	23	25%
	51～60歳	135	25%	72	21%	63	31%	68	27%	41	26%	27	30%
	60歳以上	28	5%	9	3%	19	9%	51	20%	25	16%	26	29%
家族人数	1～3人	250	46%	144	42%	106	52%	125	50%	90	57%	35	38%
	4人以上	292	54%	196	58%	96	48%	125	50%	69	43%	46	51%
規模別	小規模	439	81%	259	76%	200	99%	242	97%	152	96%	90	99%
	中規模	50	9%	31	9%	1	0%	8	3%	7	4%	1	1%
	大規模	53	10%	50	15%	1	0%	0	0%	0	0%	0	0%

資料：ウェブアンケート調査結果（2021年3月19日－4月20日実施）より作成。

規模経営の割合がかなり高くなっている。特に、廃業者では小規模経営の割合が高く、両地域とも廃業者全体の99％と非常に高い割合を占めている。

表10－2は、両地域における酪農を始めた理由を示したものである。内モンゴル自治区では、政府による奨励、酪農の収益性の高さ、家族の酪農従事が理由のトップ3であったが、山東省では全く異なる理由であった。山東省では、経営者自身の年齢や健康状態、家族介護といった経営者自身の都合、耕作地がないこと、酪農の収益サイクルの短さ（資金の回転の速さ）の3つが主な要因であった。

このことは、中国の伝統的な酪農地域である内モンゴル自治区では、酪農の発展は、政府の政策、酪農の収益性、酪農経営の経験など、こうした歴史的、あるいは酪農経営の外部要因に強く影響を受けていることを示唆している。一方、山東省は穀物地帯であり、酪農経営の歴史は内モンゴル自治区ほど長くなく、酪農に関する地方政府の政策も内モンゴル自治区ほど充実していないため、酪農経営を始めるかどうかは、経営者自身の都合や他の農業と比較した場合の酪農の特性によって判断され

表10-2　経営者の酪農経営の開始理由（複数回答、3つまで可）

酪農経営の開始理由	内モンゴル自治区		山東省	
	回答者数 n＝340	割合	回答者数 n＝159	割合
政府が酪農を推奨しているから	132	39%	21	13%
農業より酪農の方が収益性が高いから	102	30%	26	16%
昔から家族が酪農に従事しているから	85	25%	12	8%
耕作地を保有していないから	76	22%	41	26%
乳業メーカーが酪農を推奨しているから	61	18%	14	9%
農業より酪農の方が楽だから	44	13%	18	11%
酪農の収益サイクルの短さ	39	11%	35	22%
経営者自身の都合（年齢、健康、家族の介護など）	33	10%	48	30%
その他 （酪農関連学科卒業、安全な牛乳飲用、牛の飼育に興味）	3	1%	0	0%
無回答	12	4%	11	7%

資料：ウェブアンケート調査結果（2021年3月19日-4月20日実施）より作成。
注：割合＝各項目の回答数/回答者数

ることになった。

　表10−3は、両地域の規模階層別の飼料調達方法を示したものである。「すべて購入」と「自給よりも購入が多い」の割合の合計が内モンゴル自治区で69％、山東省で86％と高く、両地域の酪農経営の購入飼料への依存度が共に高いことがわかる。さらに、山東省の酪農経営、特に中小規模経営では、内モンゴル自治区よりも購入飼料への依存度が高い。これは、山東省は港に近いことで輸入原料を主体とする購入飼料を相対的に安価に購入できる、また中国最大の野菜産地であるため飼料生産向けの農地の確保が困難である点が要因と考えられる。なお、内モンゴル自治区の大規模経営は中小規模経営より購入飼料に依存しているが、その依存度は山東省の中小規模経営と同程度である。

　次に、酪農経営の兼業や複合経営の状況について分析する。表10−4に示すように、内モンゴル自治区の酪農経営、特に中小規模経営では、兼業や複合経営の割合が山東省より高い。中小規模経営での兼業や複合経営の内容を見ると、農作物の栽培・加工・販売、その他の酪農関連業務、出稼ぎ、これら3つの割合が、内モンゴル自治区でも山東省でも高くなっている。また、山東省の特徴としては、内モンゴル自治区で多い肉牛の飼養が見られない点である。また、山東省では、馬、羊、ヤギなどの飼養、乳製品の加工・販売がない。これは、内モンゴル自治区では

表10-3　規模階層別の飼料供給元の比較

	内モンゴル自治区				山東省			
	全体 n＝340		中小規模 経営 n＝290	大規模 経営 n＝50	全体 n＝159		中小規模 経営 n＝159	大規模 経営 n＝0
		割合				割合		
すべて購入	163	48%	44%	68%	103	65%	65%	−
自給よりも購入が多い	73	21%	22%	20%	34	21%	21%	−
購入よりも自給が多い	82	24%	27%	10%	12	8%	8%	−
すべて自給	22	6%	7%	2%	10	6%	6%	−
合計	340	100%	100%	100%	159	100%	100%	−

資料：ウェブアンケート調査結果（2021年3月19日–4月20日実施）より作成。
注：　1）割合＝各項目の回答数/回答者数
　　　2）山東省では大規模経営の回答はなく、全ては中小規模経営の回答である。

畜産業の歴史が長いことと回答者にモンゴル系遊牧民が多いことに由来する。

　実際には、同自治区の酪農は、主に東部・西部の草原地帯を中心としたモンゴル族系遊牧民による酪農経営と、中部地域を中心とした漢民族による酪農経営の2つに大別される。前者は、馬、羊、ヤギなどに加えて、少数の乳肉兼用種も飼養し、生乳を主に自家製の乳製品加工に利用する。一方、後者は主にホルスタイン種の乳牛を飼養し、生乳を販売している。

　多くの酪農経営が兼業や複合経営を行っていることを考慮すると、総収入に占める生乳販売収入の割合はどの程度であろうか。**表10−5**は、規模階層別の総収入に占める生乳販売収入の割合の分布を示したものである。生乳の販売収入が総収入の6割を超えるのは、内モンゴル自治区の中小規模経営では36（23＋13）％に過ぎないのに対し、山東省の中

表10-4　規模階層別の兼業や複合経営の比較（複数回答可）

兼業や複合経営の状況		内モンゴル自治区				山東省			
		全体 n＝340	割合	中小規模経営 n＝290	大規模経営 n＝50	全体 n＝159	割合	中小規模経営 n＝159	大規模経営 n＝0
兼業や複合経営あり		198	58%	60%	48%	62	39%	39%	−
兼業や複合経営の内容	肉牛の飼養	55	28%	29%	17%	0	0%	0%	−
	農作物の栽培・加工・販売	51	26%	28%	13%	19	31%	31%	−
	その他の酪農関連業務	32	16%	16%	21%	14	23%	23%	−
	出稼ぎ	30	15%	16%	13%	14	23%	23%	−
	無回答	24	12%	13%	4%	19	31%	31%	−
	選択肢以外の仕事	22	11%	8%	33%	5	8%	8%	−
	獣医師	21	11%	9%	25%	5	8%	8%	−
	生乳の輸送（運転手）	9	5%	5%	0%	3	5%	5%	−
	牛肉の加工・販売	8	4%	0%	33%	2	3%	3%	−
	馬、羊、ヤギなどの飼養	3	2%	2%	0%	0	0%	0%	−
	乳製品の加工・販売	1	1%	1%	0%	0	0%	0%	−

資料：ウェブアンケート調査結果（2021年3月19日−4月20日実施）より作成。
注：1）割合＝各項目の回答数/回答者数
　　2）山東省では大規模経営の回答はなく、すべて中小規模経営の回答である。
　　3）「その他の酪農関連業務」とは、搾乳、搾乳場所の清掃、飼料の調達など、牧場、養殖小区、合作社を含むさまざまな作業を指す。

小規模経営では73（35 ＋ 38）％であり、山東省の方がかなり高い。すなわち、山東省の中小規模経営は、内モンゴル自治区の中小規模経営よりも生乳販売収入への依存度が高い。山東省の中小規模経営の多くは酪農専業経営であり、そのため、生乳販売が難しくなると大きな困難に直面することになる。

　表10－6に、両地域の中小規模経営の廃棄時期と廃業要因を示した。中小規模経営とあるが、廃業者のほとんどは小規模経営であり、中規模経営の廃業は両地域でそれぞれ1戸のみであった。

　内モンゴル自治区の中小規模経営の廃業要因は、2008年のメラミン事件の前後を問わず、生乳販売の困難や収益性の悪化が主であり、

表10-5　規模階層別の総収入に占める生乳販売収入の割合の分布

生乳販売収入の割合	内モンゴル自治区						山東省					
	全体 n＝340		中小規模経営 n＝290		大規模経営 n＝50		全体 n＝159		中小規模経営 n＝159		大規模経営 n＝0	
		割合		割合		割合		割合		割合		割合
0～20%	74	22%	70	24%	4	8%	10	6%	10	6%	－	－
21～40%	67	20%	64	22%	3	6%	6	4%	6	4%	－	－
41～60%	60	18%	52	18%	8	16%	28	18%	28	18%	－	－
61～80%	81	24%	66	23%	15	30%	55	35%	55	35%	－	－
81～100%	58	17%	38	13%	20	40%	60	38%	60	38%	－	－
合計	340	100%	290	100%	50	100%	159	100%	159	100%	－	－

資料：ウェブアンケート調査結果（2021年3月19日－4月20日実施）より作成。

表10-6　中小規模経営の廃業時期と廃業要因の比較（複数回答、3つまで可）

廃業要因	内モンゴル自治区				山東省			
	2008年以前 n＝38	割合	2008年以降 n＝163	割合	2008年以前 n＝14	割合	2008年以降 n＝77	割合
生乳の販売が困難になったため	24	63%	111	68%	5	36%	20	26%
酪農の収益が低かったため	16	42%	64	39%	3	21%	11	14%
農村を離れたため	13	34%	5	3%	2	14%	22	29%
健康や高齢のため	2	5%	14	9%	8	57%	25	32%
後継者がいなかったため	2	5%	3	2%	4	29%	8	10%
環境汚染によって政府が許可しなかったため	0	0%	11	7%	4	29%	8	10%
無回答	2	5%	8	5%	0	0%	3	4%

資料：ウェブアンケート調査結果（2021年3月19日－4月20日実施）より作成。
注：割合＝各項目の回答数/回答者数

2008年以降に廃業が大幅に増加した。ただし、離村による廃業は2008年以降、低下している。経営者の健康状態や高齢化も、2008年以降に中小規模経営が廃業した重要な要因の1つである。また、環境汚染を理由とする政府の経営不許可も、2008年以降では一定数が存在する。

　一方、山東省の中小規模経営の廃業理由は、メラミン事件前後でやや変化が見られる。2008年以前では、経営者の健康状態や高齢化が最も多く、次いで生乳販売の困難、後継者不在、環境汚染による政府の経営不許可、酪農の収益性低下などであった。だが、2008年以降は、経営者の健康状態や高齢化、生乳販売の困難は依然として多いものの、後継者不在と環境汚染による政府の経営不許可は低下する一方、離村による廃業が上昇している。

　両地域を比較した特徴として、生乳販売の困難や収益性低下による廃業は、山東省は、内モンゴル自治区より全体的に低くなっている。**表10－5**の分析では、山東省の酪農経営は内モンゴル自治区と比べて酪農専業経営の傾向にある。にもかかわらず、山東省における生乳販売を困難とする廃業が、内モンゴル自治区より少ないのは直感に反するように見える。しかし、酪農が数ある収入源の1つに過ぎず、収入依存度も低い内モンゴル自治区ではむしろ生乳販売の困難による酪農の廃業が選ばれやすく、逆に酪農専業経営の多い山東省では生乳販売の困難や収益性低下に陥っても容易に廃業が選択されにくいのではないかという解釈も成り立ち得る。

　表10－7は、両地域における中小規模経営の廃業者と経営者の生乳販売ルートを比較したものである。

　内モンゴル自治区の場合、廃業者は、主に搾乳ステーションを通じて生乳を販売しており、その割合は61％に達していた。搾乳ステーションはメラミン事件後に政府方針もあって多くが閉鎖されたが、これが廃業要因に大きく関わっているだろう（経営者では同ルートは0％となっている）。次に、養殖小区や合作社などを通じた販売が多かった。一方、現在の経営者では、廃業者と比較して生乳の販売ルートが明らかに多様

化している。自家加工・販売の割合が 26％ と最も高い。これは、回答者の多くが内モンゴル自治区のモンゴル系遊牧民であること、内モンゴル自治区の多様な乳製品消費習慣が関係している。他にも、養殖小区や合作社を通じた販売、近隣の小規模な乳製品製造業者・飲食店に直接販売、乳業メーカーへの直接販売、生乳を都市住民に直接販売といったルートが多くなっている。特に、乳業メーカーへの直接販売が 16％ とさほど高くない点が目を引く。

　一方、山東省では、廃業者も現在の経営者も、都市住民への直接販売の割合が常に最も高いことが非常に特徴的である。廃業者で 45％、経営者では 69％ に達している。都市住民への直接販売が多い背景としては以下のことがある。メラミン事件により、中国の消費者は加工度の高い（添加物の多い）牛乳・乳製品に不信感を抱き、酪農家から無添加の生乳、あるいは牛乳・乳製品を購入したいという消費者が増えている。山東省は中国でも有数の酪農地帯であり人口も多いことから、都市部の消費者のニーズに応えて、酪農家が生乳を都市部の住民に直接販売してきた。

　山東省におけるその他のルートとしては、廃業者で自家加工・販売、

表10-7　中小規模酪農経営の廃業者と経営者の生乳販売ルートの比較（複数回答可）

生乳の販売ルート	内モンゴル自治区				山東省			
	廃業者 n=201	割合	経営者 n=290	割合	廃業者 n=91	割合	経営者 n=159	割合
搾乳ステーションを通じて販売	123	61%	0	0%	12	13%	0	0%
養殖小区や合作社などを通じて販売	26	13%	53	18%	4	4%	8	5%
集乳商人に直接販売	14	7%	38	13%	8	9%	49	31%
無回答	13	6%	29	10%	8	9%	4	3%
他の酪農家（非集乳商人）に直接販売	11	5%	20	7%	9	10%	32	20%
乳業メーカーに直接販売	9	4%	46	16%	8	9%	34	21%
自分で加工して販売	8	4%	75	26%	15	16%	8	5%
生乳を都市の住民に直接販売	7	3%	43	15%	41	45%	110	69%
近隣の小規模な乳製品製造業者・飲食店に直接販売	6	3%	50	17%	4	4%	4	3%
販売していない（自用、子牛の飼養用等）	0	0%	13	4%	0	0%	0	0%

資料：ウェブアンケート調査結果（2021年3月19日–4月20日実施）より作成。
注：割合＝各項目の回答数/回答者数

搾乳ステーションを通じた販売、他の酪農家（非集乳商人）や集乳商人に直接販売、経営者で集乳商人や乳業メーカー、他の酪農家（非集乳商人）に直接販売が多くなっている。内モンゴル自治区と同様に、現在でも乳業メーカーへの直接販売の割合が必ずしも高くない点が特徴と言える。山東省は、内モンゴル自治区と比較すると、集乳商人や他の酪農家（非集乳商人）への販売が多いのに対して、自家加工・販売、養殖小区や合作社を通じた販売が少ない。これは、山東省は酪農家が密集していないため、養殖小区や合作社などへの組織化が進んでいないこと、乳製品自家加工という遊牧民文化のないことが影響している。そのため、生乳販売は、乳業メーカーに直接販売できないとなれば、集乳商人や他の酪農家に依存せざるを得ない状況にある。

第3節　山東省における中小規模酪農経営の生乳販売の特徴
　　　　―現地調査を通じて―

1. 山東省の酪農経営の概況

　表10－8は、内モンゴル自治区と山東省の規模階層別の酪農戸数の推移を示している。

　山東省は、2019年時点で中国第4位の生乳生産量を誇る。同省の酪農家戸数は0.5万戸で、内モンゴル自治区の5分の1程度である。山東省を規模階層別に検討すると、内モンゴル自治区と同様に、小規模経営の戸数シェアは2008年以降年々低下し、2019年には85.4％まで低下した。内モンゴル自治区の小規模経営の戸数シェア95.3％と比べて、10ポイント近く下回っている。山東省では、内モンゴル自治区と比較して、小規模経営の減少がより急速であることを示している。また、山東省の中規模・大規模経営の戸数シェアはそれぞれ10.0％、4.6％であり、内モンゴル自治区と比べて高い。

表10-8　内モンゴル自治区と山東省における規模階層別の酪農戸数の推移

	内モンゴル自治区（万戸）	規模階層別の内訳			山東省（万戸）	規模階層別の内訳		
		小規模経営	中規模経営	大規模経営		小規模経営	中規模経営	大規模経営
2008年	53.5	99.8%	0.1%	0.0%	9.8	98.8%	1.0%	0.2%
2009年	48.9	99.7%	0.2%	0.0%	8.1	98.4%	1.3%	0.3%
2010年	44.9	99.7%	0.3%	0.1%	7.4	98.0%	1.6%	0.4%
2011年	34.5	99.4%	0.5%	0.1%	7.0	97.6%	1.8%	0.6%
2012年	23.5	98.9%	0.9%	0.2%	6.3	96.9%	2.4%	0.7%
2013年	17.2	97.9%	1.9%	0.2%	5.4	96.2%	2.9%	0.9%
2014年	8.5	94.7%	4.8%	0.5%	4.5	95.7%	3.2%	1.1%
2015年	5.2	92.6%	6.6%	0.8%	3.6	95.1%	3.7%	1.2%
2016年	4.9	93.6%	5.7%	0.8%	2.0	94.0%	4.2%	1.9%
2017年	4.0	95.1%	4.0%	0.8%	1.1	91.9%	5.2%	2.9%
2018年	3.2	97.6%	1.5%	0.9%	0.7	89.4%	7.0%	3.6%
2019年	2.8	95.3%	3.8%	1.0%	0.5	85.4%	10.0%	4.6%

資料：「中国畜牧業年鑑」(2008-2013)、「中国畜牧獣医年鑑」(2014-2020) より作成。

２．山東省における酪農経営の特徴と生乳販売－類型別の検討－

　山東省における酪農経営の生乳生産・販売の実態を規模階層別に把握するため、2019年9月11日から19日にかけて山東省の中部地区で現地調査を実施した。

　表10－9は事例生産者の概要である。類型は、生乳販売方式に従って行った。生産者Aは大規模経営で、主に全国展開する大手乳業メーカーと契約し生乳を販売する。生産者B・Cは中規模経営で、前者は主に地元乳業メーカーと契約して生乳を販売をしつつ自社加工・販売を行い、後者は自社加工・販売のみである。生産者D・Eは小規模経営で、都市住民へ生乳を直接販売し、兼業や複合経営で生計を立てている。

　搾乳牛は、大規模・中規模経営のホルスタイン種に対し、小規模経営の生産者D・Eはホルスタイン種に加え、交雑種も飼養する。飼養規模が小さいほど搾乳牛1頭当たり生乳生産量は少なくなっている。これは、

特に飼料構成・品質が影響している。小規模な庭先酪農家は中規模・大規模な牧場に比べ、集約的な飼養管理や飼料給与に消極的であるためである。中規模・小規模経営では肉牛飼養（乳用雄子牛を含む）が見られる。大規模経営は乳牛のみを飼養し、肉牛の飼養はない。

（1）生産者Ａ：大手乳業メーカー出荷

生産者Ａは2001年設立で、当初は地方財政局職員が共同で設立した民営牧場だったが、2013年に国有化された。調査時点で乳牛飼養頭数が1,700頭の大規模経営であった。うち、搾乳牛頭数は600頭で1日当たり21 t の生乳を生産する。また、約100頭の子牛を飼養し、半分は

表10-9　類型別の事例生産者の概要

類型	大手乳業メーカー出荷	地元乳業メーカー出荷+自社加工	自社加工・販売	都市住民直接販売	
生産者名称	生産者Ａ	生産者Ｂ	生産者Ｃ	生産者Ｄ	生産者Ｅ
所在地	濰坊市臨朐県	濰坊市青州市	濰坊市青州市	濰坊市青州市	濰坊市青州市
設立年	2001年	2000年	2008年	2000年	1999年
現在の経営形態	企業経営	企業経営	企業的家族経営	庭先酪農家	庭先酪農家
経営規模	大規模	中規模	中規模	小規模	小規模
乳牛飼養頭数（頭）	1,700	400未満	140	26	8
搾乳牛の品種	ホルスタイン種	ホルスタイン種	ホルスタイン種	ホルスタイン種+交雑種	ホルスタイン種+交雑種
搾乳牛頭数（頭）	600	60以上	23	6	4
生乳生産量（t/日）	21	2	0.69	0.15	0.1
搾乳牛1頭・1日当たり生乳生産量（kg/頭）	35	30	30	25	25
肉牛飼養頭数（頭）	0	10(肉牛)	20(乳用雄子牛)	5(乳用雄子牛)	1(乳用雄子牛)
生乳販売先	大手乳業メーカー	地元乳業メーカー(75%)+都市住民(25%)	都市住民	都市住民	都市住民
乳価（元/kg）	3.9	3.7〜3.9	12（バス乳）	6	7
雇用労働者（人）	52	10	10	2	4

資料：事例生産者への現地調査（2019年9月11日-19日）より作成。

雄子牛、半分は雌子牛である。牛舎が足りないため、雄子牛は全て地元
農家に委託して肥育され、雌子牛はすべて後継牛として飼養されている。
従業員は 52 名、飼料は、飼料会社や周辺の大規模農家から主にトウモ
ロコシサイレージを購入しているが、生乳の販売である大手乳業メー
カーからは飼料に関する指定はない。

　生産者Aは設立当初、維維乳業有限会社と石家荘三鹿集団股份有限会
社に生乳を販売していたが、メラミン事件後、ローカル乳業メーカー
DY に切り替えた。その後、中国で全国展開する大手乳業メーカー YL
が山東省に乳製品工場を建設、生産者Aは地元政府の仲介もあって大手
乳業メーカー YL と長期販売契約を結んだ（契約は毎年更新）。大手乳
業メーカー YL は調査地域内に直営牧場を所有していない。調査時点で、
Aの乳価は 3.9 元 /kg であった。

（2）生産者B：地元乳業メーカー出荷＋自社加工

　生産者Bは 2000 年に設立、調査時点では企業経営である。乳牛飼養
頭数 400 頭未満の中規模経営である。搾乳牛は 60 頭程度、1 日当たり
2 t の生乳を生産する。加えて、肉用専用牛を 10 頭飼養している。従
業員は 10 名で、飼料の一部を生乳出荷先の乳業メーカーから、残りを
他の飼料会社から購入している。生産者Bは牛舎の近代化と大規模化を
進めていて、将来的には大規模経営に発展する可能性がある。

　生乳販売について、大手乳業メーカーへの販売要件をクリアするのが
難しいため、ローカル乳業メーカー DY と契約して生乳を販売している。
しかし、ローカル乳業メーカー DY に販売する生乳は 75％（1.5 t / 日）
のみで、残り 25％（0.5 t / 日）は自社で加工・販売している。乳業メーカー
DY 向け乳価は、3.7 ～ 3.9 元 /kg である。乳質を確保するために、ロー
カル乳業メーカー DY は契約牧場の飼料の一部を同社から購入すること
を義務付けている。また、ローカル乳業メーカー DY の生乳購入量がそ
れほど多くないため、自社との契約牧場が生乳の一部を他のメーカーな

どへ販売することを認めている。

（3）生産者C：自社加工・販売

生産者Cは2008年以前に庭先酪農家として営農を開始し、現在は企業的家族経営である。調査時点で乳牛飼養頭数は140頭程度の中規模経営で、搾乳牛は23頭、1日当たり0.69 tの生乳を生産する。ピーク時には生乳生産量が1日当たり1 tに達することもある。また、乳用雄子牛20頭と同・雌子牛10頭を飼養し、雄子牛は20ヶ月まで肥育して肉牛として出荷、雌子牛は後継牛として継続的に飼養する。従業員は10名、飼料は飼料会社や周辺農家から購入している。

生産者Cは、設立以来、ローカル乳業メーカーDYに生乳を販売していた（契約は毎年更新）。メーカーDYは乳質の要求が厳しく、生乳を拒否したり廃棄したりすることが多く、加えて乳価も高くなかった。そのため、2017年秋にメーカーDYとの販売契約を解消して、自社での加工・販売を始めた。自社加工時の換算乳価は12元/kgで、乳業メーカー向けに販売していた時に比べて3倍以上高くなっている。販売できる牛乳・乳製品に合わせて、乳牛飼養頭数を調整している。調査時の乳牛飼養頭数は2017年秋と比べて半分であったが、販売可能な牛乳・乳製品が増えれば、牧場規模もそれに応じて大きくすることになる。

また、2011年にパンの販売を開始し、2013年には自社のパン製造工場を建設した。パンは、自社加工の牛乳・乳製品と合わせて、自社直販店で販売している。

（4）生産者D：都市住民直接販売

生産者Dは2000年に酪農を開始、2011年に乳牛専業合作社に加入した。その後、合作社を脱退してからは庭先酪農家である。調査時点で乳牛飼養頭数は26頭の小規模経営である。搾乳牛は6頭、1日当たり生乳生産量は0.15 tである。7頭の乳用子牛（乳用雄子牛5頭、同・雌子牛2頭）と5頭のヤギも飼養する。乳用雄子牛は肥育して販売する

が、雌子牛はすべて後継牛とする。また、ヤギのうち３頭は搾乳が可能
で、１日に 0.07 t の羊乳を生産する。主な労働力は経営者夫婦２名で、
乳牛とヤギの飼料は主に飼料会社から購入している。

　合作社に加入していた時期は、生乳は大手乳業メーカー YL に販売し
ていた。その後、大手乳業メーカー YL の契約牧場への要求が厳しくな
り、合作社は解散した。現在、生産者Ｄは、簡易な搾乳機器を購入して
乳牛とヤギの搾乳を行い、生乳・羊乳は都市住民に対して直接販売して
いる。生乳や羊乳の販売量に応じて、飼料の配合構成と給与量を調整し
ている。販売量が多くなる時は搾乳量を増やすために高品質飼料を与え、
販売量が少なくなる時はコストを最小限に抑えるために安価な飼料を与
える。

　調査時点では、牛生乳 0.15 t のうち、販売されるのは３分の１だけで、
残りの３分の２は自家消費されるか、子牛に与えられる。乳価は６元／
kg である。生乳の販売収入は販売量が少ないためそれほど大きくなく、
主な収入源は肥育雄牛の販売である。

（５）生産者Ｅ：都市住民直接販売

　生産者Ｅは 1999 年に酪農を始め、生産者Ｄと同様、乳牛専業合作社
に加入したが、後に脱退、その後は庭先酪農家になった。調査時点で乳
牛飼養頭数８頭の小規模経営である。搾乳牛は４頭で１日当たり 0.1 t
の生乳を生産する。また、肥育中の雄子牛１頭を飼養する。主な労働力
は経営者夫婦と息子夫婦の計４名で、飼料は飼料会社や周辺農家から購
入する。肉牛の凍結精液は安価であるため、搾乳牛の人工授精に肉牛精
液を用いることがあり、その結果として交雑種も搾乳用に飼養している。
当然ながら交雑種の搾乳量は低い。

　当初、生産者Ｅは、ローカル乳業メーカー DY の搾乳ステーションで
搾乳し、乳業メーカー DY に生乳を販売していた。その後、2014 年に
搾乳ステーションが閉鎖されると、生産者Ｅは同社への生乳販売を中止
し、都市住民への直接販売へと切り替えた。直接販売時の乳価は７元／

kgである。また、他の庭先酪農家からも生乳を購入して転売している。購入時の乳価は5元/kgで、1kg転売すると2元の収入となる。また、生産者Eは、合作社での共同搾乳・販売を通じて生乳の品質・安全性を確保することは容易ではなく、合作社に所属することは経営として長続きしそうにないと評価している。

　酪農経営に加え、200本以上の桃の木を栽培している。桃の販売による年間収入は家庭収入の3分の1、生乳・肥育牛の販売収入は残り3分の2を占める。地方政府は環境規制の観点から乳牛の庭先飼養を許可していない。乳牛飼養には住居と区分された牛舎と飼料倉庫が必要である。生産者Eの庭先は狭いため、区分された牛舎と飼料倉庫を設置できない。よって、経営をこの先拡大することは難しく、現状規模を維持していくことになる。

　以上を総括すると、大規模経営は生乳を乳業メーカーに販売する。一方、中規模経営は、乳業メーカーに生乳を販売することもあるが、乳業メーカーとの契約関係が安定するかは乳業メーカーが課す契約条件の厳しさ次第である。小規模経営は、かつては合作社に加入して生乳を乳業メーカーに販売していたが、合作社脱退後は、都市住民に生乳を直接販売することしかできず、酪農経営以外の兼業・複合経営の組み合わせで経営を存続させている。

第4節　山東省の乳業メーカーの生乳調達

　山東省の乳業メーカーは、主に全国展開する大手乳業メーカーとローカル乳業メーカーの2タイプが存在し、この両タイプが長期間にわたって共存している状態にある。ローカル乳業メーカーは低温殺菌牛乳と乳製品の加工を主とし、主に山東省内で販売を行っている。本節では、前節の事例生産者の生乳販売に関連して、ローカル乳業メーカーDYと全国展開する大手乳業メーカーYLの生乳調達戦略を分析することで、山

東省における乳業メーカーの生乳調達の実態を解明する。乳業メーカーへの訪問は、2019 年 9 月 11 日から 19 日にかけて実施した。

1．ローカル乳業メーカー DY

　1997 年に設立されたローカル乳業メーカー DY は、山東省淄博市に本社が立地し、低温殺菌牛乳とヨーグルトを製造している。また、このメーカーは牧草栽培、飼料加工に加えて、自社直営牧場の運営なども行っている。同社工場は、1 日当たり 500 t の生乳を処理できるが、調査時点では、ほぼ半分の 230 t しか処理していなかった。また、処理された生乳のうち、110 t が自社直営牧場から、120 t が契約牧場からのものである。

　乳業メーカー DY は 4 つの直営牧場を有し、そのうち 3 つが搾乳牛を飼養する牧場、1 つが育成牧場である。これらの 3 つの搾乳牧場は、同社の処理乳量の半分程度の生乳を生産している。また、同社は直営牧場で使用するアルファルファとトウモロコシサイレージを 1,100ha で栽培し、足りない分は飼料会社から購入している。乳牛 1 頭当たり搾乳量は 35 ～ 39kg/ 日と高い。

　乳業メーカー DY が契約している牧場は全部で 40 ヶ所ほどあり、山東省の濰坊市、東営市、済南市、泰安市などに集中している。これらの契約牧場の 1 経営当たり乳牛飼養頭数は 200 頭から 1,000 頭である。契約牧場での生乳生産量は自社工場の処理乳量全体の半分以上を占める。契約牧場は 1 日当たり生乳生産量によって大規模牧場と一般牧場に区分されている。大規模牧場の 1 日当たり生乳生産量は 3 t 以上である。これら大規模牧場のうち、1 日当たり生乳生産量が 15 t 以上の牧場が 2 つあり、合計すると 1 日当たり生乳生産量は 30 t で、契約牧場における生乳生産量の 4 分の 1 を占める。一方、生乳生産量が 1 日当たり 3 t 未満の牧場は一般牧場である。家族経営が主流で、合作社も数社ある。また、一般牧場の乳価は大規模牧場より生乳 1 kg 当たりで 0.1 ～ 0.2 元

安い。

　生乳の集荷は乳業メーカー DY がミルクローリーを派遣して行い、遠方の場合は物流会社に委託している。乳質検査は同社工場で行っている。乳質と乳価の取引基準は同社が設定し、調査時点での乳価は 3.9 ～ 4.0 元 /kg である。同じ地域に工場を持つ他の大手乳業メーカーの乳価も参考にしつつ設定している。契約牧場との契約は 6 ヶ月ごとに更新する。

　乳業メーカー DY の責任者へのインタビューによると、生乳は直営牧場と契約牧場から安定的に確保できるため、集乳商人から生乳を購入する必要がないとのことであった。さらに、生乳供給が需要を上回った場合、自社直営牧場で生産された生乳は全国展開する大手乳業メーカーに販売される。つまり、乳業メーカー DY の直営牧場は山東省内における生乳の需給調節弁としての機能も果たしていることになる。

2．全国展開する大手乳業メーカー YL

　全国展開する大手乳業メーカー YL は、2010 年に山東省濰坊市に子会社を設立、主に超高温殺菌牛乳やアイスクリームを加工している。2011 年に工場が完成して以来、同社の 1 日当たり集乳量は年々増加傾向にある。2018 年の 1 日当たり集乳量は 928 ｔに達し、2011 年と比較して 7 倍となった。これは同時期の乳業メーカー DY の 4 倍である。

　同社は現地に直営牧場を持たないため、地元政府の協力を通じて開拓した契約牧場から生乳を調達している。生乳を安定的に確保するため、同社は契約牧場にさまざまな支援を行っている。例えば、①「乳牛大学」：酪農経営者や責任者などにサービスと指導を提供する②「金融扶持」：原料乳に対する管理水準を高めて養殖小区と牧場のグレードをアップさせるために銀行と協力して契約牧場に貸付金を提供する③「資金補助」：契約牧場の生産改善のために酪農経営の搾乳機器・設備や TMR などの設備購入に資金補助を提供する―といったものである。

第5節　小括

　山東省は、中国の中でも生乳生産量の上位に位置する省・自治区であるが、人口が非常に多い。生乳移出地域である内モンゴル自治区と異なって、消費を賄う生乳を省内で全て調達することができないため、生乳移入地域になっている。この点で、この後の第11章で分析する遼寧省と類似した特徴を有している。

　山東省の酪農構造は、内モンゴル自治区のそれと比較すると、相対的に中規模経営と大規模経営が多く、生乳販売収入に依存する経営、すなわち酪農専業経営が多いといった特徴がある。廃業に至った理由としては、経営者の健康状態と高齢化、離村、生乳販売の困難といったものが多いが、注目すべき点としては生乳販売の困難を理由とする割合が、内モンゴル自治区と比べて高くないという点である。これは酪農専業経営であるがゆえに生乳販売の困難による廃業はかえって少ないという解釈も可能である。

　酪農経営の事例分析からは、大規模経営は内モンゴル自治区と同様の性格を有する一方、中規模・小規模経営では、自家加工による牛乳・乳製品販売や都市住民への生乳の直接販売といった都市的地域ならではの特徴が見られた。これは、乳業メーカーへ生乳を販売できない中規模・小規模経営が集乳商人、あるいは養殖小区・合作社を通じた販売を行っていた内モンゴル自治区とは明らかに異なった展開である。

（鄭　海晶、清水池　義治）

第 11 章　中国・東北部における生乳生産・販売構造の変遷と
その規定要因 —遼寧省を事例として—

第 1 節　本章の課題

　中国の生乳生産は地域によって著しく偏在しており、上位 10 省・自治区が中国全体の生乳生産量の 80％以上を占め、上位 4 省・自治区に限っても 50％以上を占めている。中でも内モンゴル自治区は、中国最大の生乳生産地で、中国全体の生乳生産量の 20％近くを占めている。メラミン事件を受けて、内モンゴル自治区の大手乳業メーカーは、乳牛飼養頭数 500 頭以上階層である大規模経営へと生乳調達先をシフトさせている一方、それ以外の経営とは契約を解消しつつある。大手乳業メーカーと契約を解消した中規模経営（同 100 頭以上 500 頭未満階層）と小規模経営（同 100 頭未満階層）は、養殖小区や合作社[1] などの生産・販売の組織化、ならびに集乳商人を介して、人口が多く生乳需要も大きい自治区外の中規模乳業メーカーへ生乳を販売し、経営を維持してきた（第 5 章・第 6 章参照）。つまり、同自治区の中小規模経営は、近くの大手乳業メーカーとの取引は困難になったものの、生乳移出地域に立地する自らの利点を活用し、生乳不足傾向にある地域への生乳移出で存続してきたのである。
　一方、生乳移出地域ではない地域では異なる展開が起こり得る。生乳生産量が全国 8 位の中国東北部の遼寧省は、中国全体の生乳生産量に占めるシェアは 4％に過ぎないが、人口は内モンゴル自治区の 2 倍近い。人口 1 人当たり生乳生産量を見ると、生乳移出地域である生乳生産量 1 位の内モンゴル自治区は 223kg、同 2 位の黒龍江省は 120kg であるのに対し、遼寧省は 30kg であり、全国平均の 22kg に近く、生乳移出地

---

1) ここでは、合作社構成員の経営とは独立して、合作社単一の経営を行う事例を「合作社」、乳牛飼養などは構成員が個別に行い、合作社設備を使って搾乳、合作社として共同販売を行う事例を「養殖小区」と表現している。

域としての性格は弱いと想定できる[2]。実際に、遼寧省では、集乳商人の活動や省外の乳業メーカーへの生乳移出の動きが見られず、内モンゴル自治区のような形態での中小規模経営の展開は起きていないと思われる。

　したがって、遼寧省の生乳生産・販売構造の変遷を分析することは、中国の主要な酪農生産地域のうち、非生乳移出地域における酪農の展開を明らかにし、特にそうした地域における中小規模経営の存続を研究する上で重要である。

　メラミン事件以降、中国全体では小規模経営の減少、大規模経営の増加が見られ、その傾向は、内モンゴル自治区と遼寧省でも同じである（木下・西村，2015；戴，2016、竹谷・木下，2017；本書第 5 章）。

　遼寧省の酪農に関する研究はいくつか見られる。範・張ら（2007）は、遼寧省大連市の酪農発展を阻む主な要因として、乳牛種の不統一、経営規模の零細さ、生産技術・サービス供給体制の不完全さを指摘した。靖・廖ら（2018）は、遼寧省の瀋陽市や阜新市で酪農専業合作社が近年激減した一方、単一の酪農経営に転換したのはわずかで、搾乳ステーション閉鎖による生乳販売の困難性から多くの小規模経営が酪農から撤退して乳牛頭数が著しく減少していると指摘する。劉・林ら（2020）は内モンゴル伊利実業集団股份有限公司（以下、伊利）や内モンゴル蒙牛乳業集団股份有限公司（以下、蒙牛）などの大手乳業メーカーは、遼寧省では生乳のほぼ全てを中規模・大規模酪農経営から調達する一方、ローカル乳業メーカーである遼寧越秀輝山控股股份有限公司（以下、越秀輝山）の直営牧場は同省の乳牛の 60％以上を飼養していると述べた。さらに、韓（2021）は、2020 年時点で遼寧省には合計 25 社の乳業メーカーがあり、1 日の生乳処理量は 5 千 t、省内の乳牛飼養頭数 100 頭以上階層の割合は生産量ベースで 90％以上と述べている。

　つまり、遼寧省における酪農発展の阻害要因や困難性、乳業メーカー

2）生乳生産量上位 10 位内に入る河北省（同 3 位）、山東省（同 4 位）、河南省（同 5 位）の人口 1 人当たり生乳生産量も 20kg 台で、遼寧省と類似した性格を持つ酪農地帯と考えられる。

の生乳調達や大規模酪農経営の現状を分析する研究が多く、中小規模経営の変遷やその存続について検討した研究は見られない。また、内モンゴル自治区の中規模経営（乳牛飼養頭数 100 頭以上 500 頭未満階層）の可能性を指摘した本書第 6 章は、粗放的な小規模経営（同 100 頭未満階層）には将来性を見いだしておらず、遼寧省でも同様の評価となるか検討の余地がある。

　本章の課題は、中国遼寧省における生乳生産・販売構造の変遷とその規定要因を解明することである。まず、中国の酪農における遼寧省の位置付け、中国の代表的な生乳生産地域・生乳移出地域である内モンゴル自治区と比較した遼寧省の酪農乳業構造の特徴を検討する。次に、生産者の事例分析を通じて経営の類型化、および類型別の比較を行う。続いて、事例生産者の生乳生産・販売構造の変遷過程を比較し、その変遷要因を分析する。最後に結論を述べる。

第 2 節　遼寧省の酪農乳業構造の特徴

1．中国酪農の構造変動と遼寧省の位置付け

　2008 年のメラミン事件以降、中国政府の構造政策によって、大規模経営への生乳生産の集中が進んでいる。**表 11 − 1** は、中国における酪農経営体数と乳牛飼養頭数、規模階層別シェアの推移である。2007 年から 2018 年までの推移を見ると、経営体数は約 4 分の 1 の 66 万戸まで減少、乳牛飼養頭数は 2 割近く減少している。

　乳牛飼養頭数 500 頭以上階層である大規模経営の経営体数シェアは 2018 年時点でもわずか 0.4 ％だが、乳牛頭数シェアは 2007 年の 7.5 ％から 2018 年の 51.0 ％まで大きく上昇した。同 100 頭未満階層である小規模経営の経営体数シェアは、2007 年以降 99 ％以上を維持しているが、その乳牛頭数シェアは急落傾向で、2007 年の 83.6 ％から 2018 年には 38.6 ％まで低下した。同 100 頭以上 500 頭未満階層の中規模経営につ

表11-1　中国における酪農経営体数・乳牛飼養頭数と規模階層別シェアの推移

	中国全体		小規模経営		中規模経営		大規模経営	
	経営体数 (万戸)	乳牛頭数 (万頭)	戸数 シェア	乳牛頭数 シェア	戸数 シェア	乳牛頭数 シェア	戸数 シェア	乳牛頭数 シェア
2007年	267	1,213	99.7%	83.6%	0.3%	8.9%	0.0%	7.5%
2008年	259	1,231	99.7%	80.5%	0.3%	9.4%	0.1%	10.1%
2009年	240	1,221	99.6%	73.2%	0.3%	10.8%	0.1%	16.0%
2010年	231	1,211	99.5%	69.4%	0.4%	11.2%	0.1%	19.4%
2011年	220	1,178	99.5%	67.1%	0.4%	12.1%	0.1%	20.8%
2012年	206	1,179	99.3%	62.7%	0.5%	12.3%	0.2%	25.0%
2013年	189	1,123	99.2%	58.9%	0.6%	13.4%	0.2%	27.7%
2014年	172	1,128	99.1%	54.8%	0.7%	14.5%	0.2%	30.7%
2015年	155	1,099	99.1%	51.7%	0.6%	14.3%	0.2%	34.0%
2016年	130	1,037	99.1%	47.5%	0.6%	13.8%	0.3%	38.5%
2017年	85	1,080	99.0%	41.7%	0.7%	13.1%	0.3%	45.2%
2018年	66	1,038	99.1%	38.6%	0.5%	10.4%	0.4%	51.0%

資料：「中国畜牧業年鑑2008 - 2013」「中国畜牧獣医年鑑2014 - 2019」「中国乳業年鑑2017 - 2019」
　　　より作成。

注：1) 小規模経営は乳牛飼養頭数100頭未満階層、中規模経営は同100頭以上500頭未満階層、大規模経営
　　　は同500頭以上階層である。
　　2) 2014年から「中国畜牧業年鑑」は「中国畜牧獣医年鑑」に名称変更。

いては、2018年の経営体数シェアは0.5％、乳牛頭数シェアは10.4％
である。2007年以降は共に上昇傾向にあったものの、2010年代半ば以
降は若干低下した。

　遼寧省は、中国では生乳生産量が多い上位10省・自治区の1つであ
る。2020年の同省の生乳生産量は137万tで全国8位だが、全国1位
の内モンゴル自治区の612万tと比較すると5分の1程度である。一
方、内モンゴル自治区の人口は2,400万人に対し、遼寧省は4,200万人
であり、人口はかなり多い。同省の人口1人当たり生乳生産量は30kgと、
生乳移出地域である内モンゴル自治区の223kgに比べてかなり小さく、
非生乳移出地域であると考えられる。また、遼寧省は、都市人口の割合
が高い地域でもあり、2019年の都市人口比率は68％（遼寧省国家経済
社会発展統計公報 2019年版）と、全国平均の61％（中華人民共和国
国民経済社会発展統計公報 2019年版）を上回る。同省は伝統的に穀作

地帯であるため酪農経営はマイナーな存在で、酪農経営は点在して立地する傾向にあり、養殖小区・合作社など生産・販売面での組織化が相対的に困難な状況にある。

2. 遼寧省の酪農乳業構造

表11－2は、遼寧省と内モンゴル自治区の酪農構造の比較である。中国全体の傾向と同様に、遼寧省の酪農経営体数も減少している。2019年では4,329戸で、中国全体の0.8％を占めるに過ぎず、内モンゴル自治区と比較して6分の1程度である。

規模階層別で見ると、遼寧省全体に占める中規模経営と大規模経営の経営体数シェアは2019年でそれぞれ1.7％、2.6％であり、内モンゴル自治区（3.8％、1.0％）と比較すると、中規模経営で低く、大規模経営で高くなっている。なお、小規模経営のシェアは同程度の95％である。

内モンゴル自治区は、中国のトップ乳業メーカーである伊利と蒙牛の拠点であり、また中小規模乳業メーカーも多く立地している。同自治区は、液体乳だけでなく、乳製品の重要な産地でもある。その乳製品の製造量は2020年に中国全体の19.7％を占めている（中国乳業統計資料2021）。一方、遼寧省は液体乳を中心に生乳を加工しており、乳製品の製造量は非常に少なく（中国全体の1.3％）、内モンゴル自治区に比べてはるかに少ない。さらに、2020年現在、遼寧省における政府許可の乳業メーカーは25社であり、伊利、蒙牛といった全国展開する大手乳

表11-2　遼寧省と内モンゴル自治区の酪農構造の比較（2019年）

	経営体数合計（戸）	小規模経営（戸）	割合	中規模経営（戸）	割合	大規模経営（戸）	割合
全国	545,716	539,350	98.8%	3,855	0.7%	2,511	0.5%
内モンゴル自治区	27,516	26,213	95.3%	1,035	3.8%	268	1.0%
遼寧省	4,329	4,142	95.7%	75	1.7%	112	2.6%

資料：「中国畜牧獣医年鑑2020」より作成。
注：規模階層については表11-1と同じ。

業メーカーに加え、遼寧省を拠点とするローカル乳業メーカーである越秀輝山 [3] が主要なメーカーとなっている（韓，2021）。

　2015 年 8 月時点で、越秀輝山は中国東北部最大の乳業メーカーであり、中国で唯一、自社直営牧場から生乳を 100％調達している大手乳業メーカーでもある [4]。越秀輝山は、メラミン事件以前の 2003 年から直営牧場を展開し、現在、直営牧場数は遼寧省外も含めて 78 牧場と中国で最も多い。そして、同社の調査によると、これらの直営牧場はいずれも乳牛飼養頭数 1,000 頭以上の大規模経営である。2020 年時点で、直営牧場の乳牛飼養頭数は合計 13 万頭、生乳生産量は 68 万 t に達し、中国東北部の生乳生産量の 10 分の 1 を占めている。直営牧場で生産される生乳は、親会社である越秀輝山の生乳需要を十分に満たすことができる生産量である [5]。越秀輝山が年間に利用する生乳は 21 万 t で（中国乳業統計資料 2021）、残りの 3 分の 2 は他の乳業メーカーに販売されているとみられる。つまり、越秀輝山は乳業メーカーであると同時に、中国東北部でも有数の生乳供給者でもある。2013 年からは、遼寧省内で工場を展開する他の大手乳業メーカーにも生乳を販売している。その際、季節ごとの生乳の需給動向に応じて、自社直営牧場の生乳生産・出荷量を調整している。すなわち、販売先の需要量が出荷予定量より多い場合は、事前に直営牧場に通知し、飼料の給与量や配合を調整したり、高泌乳量の牛を導入したりして出荷量を増やし、販売先の需要が出荷予定量より少ない場合も事前に直営牧場に通知し、飼料の給与量や配合の調整、あるいは泌乳量の少ない牛を淘汰したりして出荷量を減らし、販売先の乳業メーカーで生じる生乳の需給ギャップを埋めるという需給調整機能を果たしている。外部販売される生乳のほとんどは、全国展開する大手乳業メーカーである伊利との契約販売で、蒙牛向けへの販売は

---

3) 中国輝山乳業控股有限公司（略称は輝山乳業）は 1998 年に設立され、遼寧省瀋陽市に本社を置く。2020 年に広州越秀集団股份有限公司によって会社再編が行われ、遼寧越秀輝山控股股份有限公司に名称変更した。
4) 中華人民共和国農業農村部（2015）「転変発展方式提高乳品質量建設現代乳産業体系－中国乳業 D20 峰会企業巡礼」．http://www.moa.gov.cn/xw/zwdt/201508/t20150819_4795744.htm（2015 年 8 月 19 日参照）。
5) 孔（2004）によると、2004 年当時、越秀輝山（前身：輝山乳業）は直営牧場 7 と乳業工場 3 を持ち、3 工場で 1 日 600 t の生乳を必要としていた。生乳の 60％は直営牧場から、40％は乳牛飼養頭数が 30 頭未満の契約酪農家から購入していた。

ごく一部である（靖・廖ら，2018）。伊利向けが多いのは、2013年9月に行われた伊利の越秀輝山への出資に関連していると思われる（庄，2013）。なお、近年、遼寧省における伊利と蒙牛の生乳調達元は、越秀輝山の直営牧場を除くと、大規模経営のみである。

第3節　生乳生産・販売による事例生産者の類型化

1．調査地域の概要

2009年に、中国農業部は、遼寧省（**図11－1**）の16地区を酪農発

図11-1　遼寧省の地図分布図
資料：遼寧省の地図より作成。

展の重点地域に指定した[6]。これらのうち、14 地区は、遼寧省における生乳生産量上位 5 位以内に入る瀋陽市、錦州市、阜新市、鉄嶺市、大連市にあり、残りの 2 地区は葫芦島市と盤錦市に各 1 地区ずつが含まれる。**表 11 － 3** に示すように、2019 年の省内の生乳生産量は、上位 5 市で 9 割以上を占める。特に、省都の瀋陽市のシェアは、省全体の 4 割以上に達している。

　本章では、上記の上位 5 市の生産者を対象に、大規模経営（乳牛飼養頭数 500 頭以上）、中規模経営（同 100 頭以上 500 頭未満）、小規模経営（同

表11－3　遼寧省の牛飼養頭数と生乳生産量の分布（2019年）

地区	16重点地域の内訳	生乳生産量（万 t）	割合	牛飼養頭数（万頭）	割合
瀋陽市	瀋北新区、東陵区、蘇家屯区、於洪区、新民市	48.9	41.1%	73.2	23.6%
錦州市	凌海市、太和区、遼寧墾区	22.7	19.1%	26.0	8.4%
阜新市	彰武県、阜新県	21.3	17.9%	41.3	13.3%
鉄嶺市	鉄嶺県、銀州区	8.6	7.2%	43.2	13.9%
大連市	金州区、旅順口区	6.4	5.4%	15.7	5.1%
丹東市	－	3.2	2.7%	5.7	1.8%
朝陽市	－	2.7	2.3%	56.5	18.2%
葫芦島市	連山区	1.3	1.1%	13.5	4.4%
鞍山市	－	1.3	1.1%	10.4	3.4%
盤錦市	盤山県	0.9	0.8%	1.3	0.4%
遼陽市	－	0.8	0.7%	6.1	2.0%
撫順市	－	0.4	0.3%	5.9	1.9%
本渓市	－	0.2	0.2%	6.8	2.2%
営口市	－	0.2	0.2%	4.1	1.3%
全省合計		118.9	100.0%	309.7	100.0%

資料：「遼寧統計年鑑2020」より作成。
注：1）全省の数値は、各市の合計値である。
　　2）「牛飼養頭数」には、乳牛の飼養頭数だけでなく、肉牛も含まれる。乳牛の飼養頭数を非掲載。

---

6) 2009 年、酪農の発展を促進するため、中国政府は「全国酪農優勢区域配置計画（2008-2015 年）」を公布し、大都市近郊、東北・内モンゴル地域、華北地域、西北地域の 4 大生乳生産地域の 313 の地区を酪農重点発展地域に選定した。このうち、東北・内モンゴル地域は、内モンゴル自治区の 66 地区、遼寧省の 16 地区、黒龍江省の 35 地区などが対象となった。

100 頭未満）の３つの規模階層から、それぞれ２事例以上の生産者を選定し、同意が得られた事例生産者に電話調査を行った。その結果、分析対象は大規模経営３事例、中規模経営は１事例、小規模経営は１事例となった。データは、それぞれの酪農経営の経営主を対象に電話による半構造化インタビューを通じて収集した。調査対象期間は 2021 年 9 ～ 10 月である。

２．事例生産者の経営概要と経営形態の類型

事例生産者は、当初と現在の生乳販売先を比較した観点から、以下のように類型化した。第１に乳業メーカーの直営牧場となった「直営牧場型」、第２に乳業メーカーの契約牧場となった「契約牧場型」、第３に乳業メーカーと契約を解消し、自家で加工・販売を行うようになった「六次産業化型」、第４に、経営規模を拡大したものの経営規模を縮小して近隣住民への生乳販売を行うようになった「消費者直接販売型」である。

表 11 － 4 は、類型別の事例生産者の概要である。

直営牧場型の生産者ＡとＢは、共に阜新市に位置する。1951 年設立の国営牧場を経営の発端とし、乳牛飼養頭数はそれぞれ 1,000 頭以上、生乳は越秀輝山の前身となる国営乳業[7]に販売していた。2003 年に、越秀輝山の直営牧場となった。越秀輝山は、直営化した国営牧場や私営牧場の責任者を正社員として採用し、直営牧場の管理と運営を担わせている[8]。同社の調査によると、越秀輝山は優良な施設・設備を持つ国営牧場や私営牧場を優先的に直営化している。直営牧場の乳牛飼養頭数は 1,000 頭以上、搾乳牛１頭・１日当たり生乳生産量は 26 t 以上と定められている。牧場自体の施設や設備が近代されていること、牧場を熟知している元責任者を直営化後も再雇用して管理を委ねていること、越秀

---

7) 瀋陽市農墾公社が瀋陽市の牛乳供給センターとして 1951 年に設立した国営企業である。同社は、複数の国営牧場を運営する（孔，2004 を参照）。
8) 苑（2010）によると、越秀輝山の従業員の半数が酪農の専門知識を有するプロフェッショナルであり、正社員として雇用される前は、そのほとんどがさまざまな酪農経営の責任者だったと述べている。

表11-4　類型別の事例生産者の概要

類型	直営牧場型		契約牧場型	六次産業化型	消費者直接販売型
事例名称	生産者A	生産者B	生産者C	生産者D	生産者E
現在の経営形態	企業経営	企業経営	合作社	企業的家族経営	庭先酪農家
所在地	阜新市	阜新市	鉄嶺市	瀋陽市	鉄嶺市
設立年（年）	1951	1951	2002	1986	2005
乳牛飼養頭数（頭）	1,500	2,000	1,200	100以上	17
搾乳牛の品種	ホルスタイン種がメイン	ホルスタイン種がメイン	ホルスタイン種がメイン	ホルスタイン種がメイン	ホルスタイン種＋交雑種
搾乳牛頭数（頭）	800	800	600	80	3
生乳生産量（t/日）	22	26	20	2	0.02
1日当たり生乳生産量・搾乳牛1頭（kg/頭）	28	33	33	25	7
肉牛飼養頭数（頭）	0	0	0	25	3
生乳販売先	輝山乳業、または伊利や蒙牛	輝山乳業、または伊利や蒙牛	伊利	自社加工・販売用、近隣住民	近隣住民
乳価	4元/kg	4元/kg	3.8～3.9元/kg	6元/kg	8元/kg
雇用労働者（人）	40	50	40	5～6	0

資料：事例生産者への電話調査 (2021年 9‒10月） より作成。

注：1)搾乳牛の品種については、生産者 E の場合、ホルスタイン種のほか、肉牛の凍結精液を用いた人工授精による交雑種もいる。
　　2)生産者 A・B は、生産した生乳を輝山乳業の指示のもと、伊利と蒙牛の工場に搬送する。
　　3)生産者 D は、生乳の一部を近隣住民に直接販売し、一部は牛乳や発酵乳などに加工して近隣住民に販売する。生乳を直接販売する場合の価格は 6 元/kg である。
　　4)生産者 A と B は搾乳牛頭数は同じであり、ならびに飼養頭数、ならびに搾乳牛 1 頭・1 日当たり生産量にかなりの差がある。この点に関するデータを得られなかったため、これらの要因は不明である。

輝山の資金・管理・技術支援を受けていることから、直営牧場の運営は順調で、数も増加傾向にある。

調査時点で、乳牛飼養頭数はAで 1,500 頭、Bで 2,000 頭であり、そのうち搾乳牛頭数はいずれも 800 頭である。1日当たり生乳生産量はそれぞれ 22 t、26 t である。2013 年からは、越秀輝山の方針を受け、遼寧省内に工場を持つ伊利と蒙牛にも生乳を販売している。乳価は越秀輝山が定める価格基準で決定され、調査時は 4 元 /kg だった。

契約牧場型の生産者Cは、鉄嶺市に位置する。2002 年に乳牛飼養頭数 3 頭の庭先酪農[9] から経営をスタートした。2006 年には蒙牛の契約牧場となり、蒙牛の要請で養殖小区（構成員 8 戸、乳牛頭数 200 頭以上）を設立、2007 年には規模を拡大して養殖小区を合作社化した。2010 年には、構成員数は 20 戸、乳牛頭数は 700 頭程度まで増えた。2017 年まで、生産者Cは、蒙牛の求める近代化牧場の基準に基づいて牛舎建設や搾乳施設更新などの投資を続けていたが、生乳販売契約の更新時に乳価で合意できなかったため、蒙牛との契約を解消し、伊利と契約した。調査時点で、Cの構成員は約 10 戸で、それぞれが 100 頭以上の乳牛を飼っており、そのうち搾乳牛の総頭数は 600 頭、1 日 20 t の生乳を生産する。乳価は 3.8 〜 3.9 元 /kg である。

六次産業化型の生産者Dは、瀋陽市に位置する。1986 年に乳牛飼養頭数 40 頭の家族経営から始まり、1999 年に 100 頭以上まで規模拡大を進め、越秀輝山と伊利、蒙牛に生乳を販売していた。その後、生産者Dは、当時、国営企業からの民営化で生乳取引が不安定化した輝山乳業との契約を 2003 年に解消した。2019 年 5 月、生産者Dの息子が加工工場と自社ブランドを立ち上げ、自家加工・販売を開始し、伊利・蒙牛との契約も解除した。前述の生産者A、B、Cに比べ、生産者Dの経営規模は小さいものの、直営牧場型や契約牧場型と同様の集約的な酪農経営を行っている（搾乳牛 1 頭・1 日当たり生乳生産量による比較）。Dは、

---

9) 庭先酪農とは、経営者家族の居住する住居と同じ空間に牛舎を設置し、極めて少数の乳牛飼養を行う酪農経営を意味する。

海外から最新鋭の搾乳機械を導入し、生乳の乳質検査も可能である。調査時点で、Dの乳牛飼養頭数は 100 頭以上である。生乳の一部は牛乳や発酵乳などに加工して販売し、残りの生乳は近隣住民にそのまま直接販売している。直接販売時の乳価は 6 元/kg である。

　消費者直接販売型の生産者Eは鉄嶺市に位置し、2005 年に庭先酪農として始まった。20 頭程度の乳牛を飼養し、2008 年に蒙牛出荷の合作社に加入した。2017 年に、蒙牛の乳質要求の厳しさと低乳価を理由に、合作社を脱退して蒙牛への販売も停止した。それまでEの収入はすべて生乳販売だったが、その後は乳牛 15 頭を飼養しつつ、自家所有の加工所で、生乳をアイスクリームやヨーグルトなどに加工して販売していた。しかし、2019 年に労働力不足から加工所を閉め、生乳の直接販売を行う乳肉複合経営へと転換した。調査時点で、飼養頭数は乳牛 17 頭（搾乳牛 3 頭、妊娠中 11 頭、子牛 3 頭）と肉牛 3 頭であった。1 日 50kg の生乳を小型の手動式搾乳機で搾乳し、近隣住民に販売する。乳価は 8 元/kg で、生乳販売は総収入の 3 割程度である。

3．生乳生産・販売の類型別の比較

　まず、生産面で類型間の比較を試みる。

　直営牧場型と契約牧場型の生産者は、乳牛飼養頭数 500 頭以上の大規模経営である。六次産業化型の生産者は中規模経営であり、消費者直接販売型と比べて飼養規模が大きく、近代化も進んでいて集約的な経営である。消費者直接販売型は小規模経営で、搾乳牛 1 頭・1 日当たり生乳生産量は 10kg 未満であり、他の類型と比較して最も粗放的な経営である。

　消費者直接販売型では、生乳販売は主な収入源ではない。よって、搾乳牛 1 頭当たり生産量を重視せず、できるだけ安い飼料を使用して乳牛飼養のコストを抑えている。また、肥育牛の販売を行うため、肉牛の凍

結精液を使うことが多く、乳牛と肉牛との交雑種が生まれている。雄子牛は肥育し、雌子牛であれば乳牛として育成する。その結果、交雑種からの搾乳が多くなり、1頭当たり生乳生産量が低くなっている。

　次に販売面である。直営牧場型は自社や他の乳業メーカー、契約牧場型は契約販売先の乳業メーカーにのみに生乳を出荷する。六次産業化型は生乳を近隣住民、自家加工製品を近隣住民やスーパーに販売するのに対し、消費者直接販売型は近隣住民への生乳販売が中心である。

　乳価水準を比較すると、調査時における遼寧省の平均乳価は4.14元/kg（遼寧省畜産発展センター発表資料）であり、この乳価は直営牧場型・契約牧場型に近い一方、六次産業化型と消費者直接販売型はこれより1.5倍から2倍ほど高い。特に、高度な食品安全基準に基づく直営牧場型・契約牧場型と比べ、そうではない可能性が高い消費者直接販売型の乳価がかなり高い。これは、消費者が乳業メーカー提供製品に対して持つ根強い不信感と、牧場の食品安全管理に関する情報の非対称性が要因である。

　前者は、メラミン事件による国内の乳業メーカー、そして加工度が高く添加物が多い製品への信頼はまだ回復しておらず、酪農家から未加工の生乳を直接購入する方が、より価格が低い、鮮度・安全性・栄養価値が高いと消費者が評価していることを意味している。中国では、牛乳の購入はスーパーマーケットが主なチャネルとなっている。居住地の近くに酪農家がいる消費者は、酪農家から直接生乳を購入して飲用することができる。生乳を購入する消費者へのインタビューによると、スーパーマーケットには多くの種類の牛乳が並んでいるが、賞味期限が短く鮮度の高い低温殺菌牛乳（パス乳）の値段は高いため（同重量の生乳の2倍以上）、より低価格で同じ鮮度の高い生乳を購入したい消費者がいる。また、ロングライフ牛乳類（高温殺菌牛乳、超高温殺菌牛乳）は低価格帯の製品も豊富に販売されているが、味や鮮度、安全性、栄養価値の面で生乳に劣ると感じる消費者も多い。これは、消費者の牛乳に関する知識と関連しており、さらに消費者の性別、年齢、収入、食習慣、教育レ

ベル、地域の牛乳に関する知識の普及などの影響を受けている（彭・李ら，2020；肖，2021；肖，2022）。肖（2021）が北京と重慶の都市住民を対象に行ったアンケート調査結果によると、事例回答者の64％が「生乳とパス乳の違いがわからない」と回答している。中国政府は生乳の直接購入を推奨していないが、この現象は根強く残っている。

　後者（牧場の食品安全管理に関する情報の非対称性）について言えば、大規模経営での高度な食品安全管理の実施を消費者が認識できていない。そもそもメラミン事件は、生乳生産段階ではなく、その後の流通段階で起きた事件であるため、生乳生産段階というよりは乳業の管理下にある流通・製造段階での安全管理を消費者はより重視している可能性がある。

　ただし、近隣住民への生乳の直接販売は、六次産業化型の自家加工製品の販売と比べると、消費者直接販売型は生乳を加工しないため、限られた時間で生乳を販売する必要があるとともに、売れ残った生乳の扱いが難しく [10]、販売リスクが高い。消費者直接販売型は、限られた時間になるべく多くの消費者に生乳を販売する必要がある点、そして実際の乳牛飼養環境を見た場合に消費者がネガティブな印象を持つことを懸念し、酪農家の庭先に店舗を構えて生乳を販売するのが難しい点が、経営者が街中での移動販売を選択する理由の1つである。よって、店舗を持たないため [11]、消費者との長期的な信頼関係の構築や、実店舗を通じた効果的な集客などが困難である。このことから、消費者直接販売型が高い乳価を設定するのは、こういった高い販売リスクを軽減するためでもあると推測される。したがって、消費者直接販売型の生乳販売は4類型の中で最も不安定と言える。生乳の販売が主な収入源ではないのも、生乳の販売が不安定であるためである。

10）売れ残った生乳は、生乳不足で購入を希望する他の小規模生産者（同様の直接販売を行う生産者）や小規模加工所に安価で販売する。それでも売れ残った場合は、自家消費や、子牛に与えるなどして処理している。
11）消費者直接販売型は、飼料給与・搾乳など飼養環境、生乳の貯蔵環境が良好とは言えない。生産者は自転車などを使って生乳を運び、住宅街で販売する。生産者が生乳を指定の場所（近くの小売店など）に預け、近隣住民が自ら受け取りに行くという方法も行われている。

第4節　事例生産者の生乳生産・販売変遷の比較とその要因

1．事例生産者における生乳生産・販売の変遷の比較

図11－2と図11－3では、事例生産者の経営形態と生乳販売対象

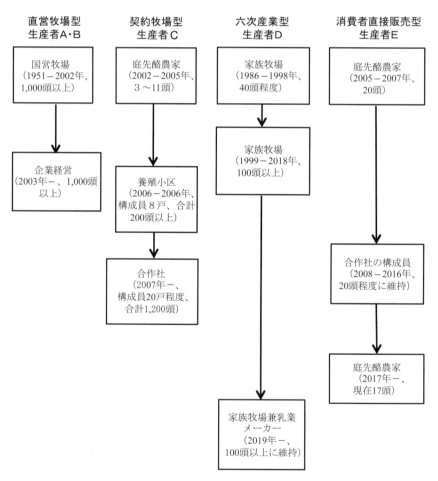

図11-2　類型別生産者の酪農経営形態の変遷過程

資料：事例生産者への電話調査（2021年9-10月）より作成。

の変遷過程を比較した。

　まず、経営形態である。直営牧場型は共に国営牧場として経営を開始
し、当時から1,000頭規模の大規模経営であった。2003年に民営化し
て乳業メーカーの直営牧場となった。直営牧場化に伴って経営規模は変

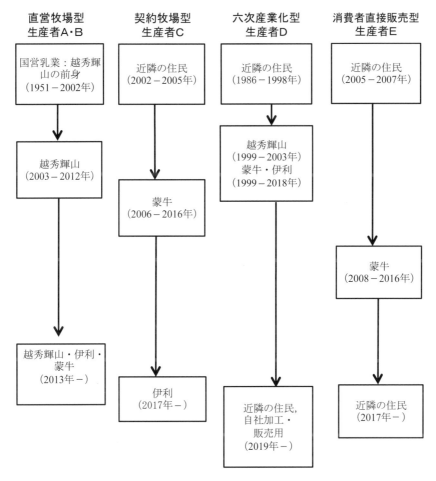

図11-3　類型別生産者の生乳販売対象の変遷過程

資料：事例生産者への電話調査（2021年9－10月）より作成。

注：生産者A・Bの場合、2013年以降、親会社である輝山乳業の指示の下、伊利、
　　蒙牛にも出荷している。

化していない。契約牧場型、六次産業化型は共に小規模な庭先酪農家と家庭牧場としてスタートし、経営規模を拡大させていった。ただし、契約牧場型は大規模経営となった一方、六次産業化型は乳牛飼養頭数100頭の中規模経営にとどまった。消費者直接販売型は、養殖小区や合作社への加入で中規模経営クラスの販売規模に拡大したが、その後、これらを脱退した上で飼養頭数を減らし、経営規模を縮小した。

　次に、生乳販売面の変遷を比較すると、まず、直営牧場型は親会社である越秀輝山1社から、2013年に輝山に加え伊利・蒙牛へも生乳を販売するようになった。直営牧場型以外の3類型は、いずれも遼寧省のローカル乳業メーカー、あるいは伊利・蒙牛といった大手乳業メーカーへの販売経験がある。ただし、六次産業化型と消費者直接販売型は、メラミン事件以降の2010年代にすべて乳業メーカーとの取引を停止し、前者は自家加工・販売、後者は近隣住民への生乳販売へと形態を転換した。

2．生乳生産・販売の変遷の要因

　生乳生産・販売の変遷の要因は以下の通りである。

　第1に、経営大規模化の要因には、メラミン事件以降における乳業メーカーの酪農経営に対する関与強化に加え、越秀輝山の特異な企業戦略がある。越秀輝山は多くの直営牧場を展開する一方、他の乳業メーカーに対しても生乳を販売し、しかも需要変動に応じた生乳供給に応じるなど需給調整機能も果たしてきた。これによって、遼寧省内の伊利・蒙牛は、メラミン事件以降、自社の直営牧場や契約牧場を基盤としつつも、不足分は越秀輝山からの生乳調達で補填（ほてん）し、従来、取引のあった中小規模経営からの生乳調達を行う必要性が低下している。これは結果的に、遼寧省内の中小規模経営が、乳業メーカーへの生乳販売を継続するためには、経営の大規模化以外の方法を採用することが困難になることを意味する。

　第2に、中規模・小規模経営が近隣住民への生乳販売や自家加工に向

かう要因である。積極的要素としては、消費者が加工度の低い製品を求めていることが挙げられる。前述のようにメラミン事件は中国の乳業メーカーへの消費者の信頼を失墜させ、依然として乳業メーカー、ならびにそれらの製造する加工度の高い牛乳・乳製品への不信感は根強い。そのため、酪農家から生乳や加工度の低い製品の購入を希望する消費者が多い。都市人口の比率が高い遼寧省では、小規模な自家加工・販売や生乳の直接販売といった素俗な販売形態の成立余地があるのである。また、遼寧省に多い漢民族の消費習慣も、生乳の直接販売の成立に関係する。従来、牛乳の消費習慣がなかった漢民族には、近年、飲用中心の消費習慣が定着しつつある。

　消費者直接販売型が生産する生乳は、乳牛飼養・飼料給与の環境、搾乳環境、生乳貯蔵の面などで、乳質や衛生管理を一定水準に維持することが難しいため、政府は推奨していないが、その戸数の多さと広域分散立地という特徴から、現在は政府規制の対象外となっていることが多い。例えば、内モンゴル自治区政府は、第1に規制当局の人的資源が限られている、第2に小規模酪農家の多くが貧困層に属し、低収入で生活が厳しい状況であることを考慮して、当面は規制を行わないとの見解を示している[12]。同様の事情が遼寧省でもあると推察される。地方政府が、小規模な酪農経営を貧困層のセーフティーネットとして一定の評価をしている点は興味深い。

　消極的要素としては、メラミン事件以降、乳業メーカーとの契約取引では乳価も低く、酪農経営に対する要求水準も高いため、乳業メーカーと取引を行う中小規模経営としては経営の展望が見いだせない点である。内モンゴル自治区と異なり、遼寧省は生乳移出地域ではないため、取引を介在する集乳商人や取引を希望する乳業メーカー（遼寧省外を含む）も多くはない[13]。よって、大規模経営ではない状態のままでは乳

<hr>

12）2019年6月の内モンゴル自治区政府でのインタビューによる。
13）集乳商人や現地の酪農家グループ経由で中小規模経営から生乳を購入する内モンゴル自治区外の中規模乳業メーカー（沿岸部立地）は、内モンゴル自治区からの生乳については乳質をさほど重視しておらず、季節的に生じる不足に対応するための量的な確保をより重視している傾向にあることが、商人と生産者との生乳購入契約の内容から推察される。詳細は第5章・第6章を参照。

業メーカーとの取引を通じた経営展開が見いだしづらくなっている。

　六次産業化型と消費者直接販売型は、酪農経営の収益性が低下する中で、資金不足など何らかの理由で大規模経営になることは難しかった生産者と思われる。そこで、乳業メーカーとの取引を前提とした酪農経営の規模拡大ではなく、自家加工や消費者への直接販売、肉牛導入などの複合経営化による農家経営の存続を選択したと考えられる。

第5節　小括

　本章では以下の点が明らかとなった。

　第1に、遼寧省は中国でも有数の生乳生産地域でありながら、内モンゴル自治区と異なって生乳移出地域ではない。同省の酪農構造は、主要産地である内モンゴル自治区と比べ、中規模経営の割合が低い一方で大規模経営の割合が高い。また、乳製品を大量に加工する内モンゴル自治区とは異なり、遼寧省の生乳は主に液体乳の加工に使われている。乳業構造はローカル乳業メーカーである越秀輝山が多くの大規模直営牧場を展開し、同省に工場を持つ他の大手乳業メーカーにも生乳を販売し、そこで季節的な生乳の需要量に応じて供給量を調整する需給調整機能も発揮している点を明らかにした。

　第2に、遼寧省の事例生産者の生乳生産・販売面での変遷は、直営牧場型、契約牧場型、六次産業化型、消費者直接販売型の4つに類型化できる。前者の2類型は生乳を乳業メーカーに販売する大規模経営、後者の2類型は自家加工・生乳の直接販売で高い乳価を得る中規模・小規模経営であることを明らかにした。

　第3に、事例生産者の生乳生産・販売の変遷は経営の大規模化と中小規模経営の規模縮小・直接販売の展開を特徴とし、その遼寧省特有の要因としては、ローカル乳業メーカーの積極的な直営牧場戦略による中小規模経営の生乳販売機会の狭隘（きょうあい）化、生乳や加工度の低い製品を酪農経営から直接購入する意欲が消費者に強いこと、ならびに経

営の大規模化を行えない経営はこういった消費者を販売先として選択せ
ざるを得なかったことがこれら変遷の要因である。

　以上を総括すると、遼寧省における生乳生産・販売構造の変遷は、集
約的で近代的な大規模経営に至るルートと、消費者への直接販売を行う
中小規模経営に至るルートがある。大規模経営に至る変遷は、メラミン
事件を契機とした乳業メーカーの酪農経営に対する管理水準の強化に規
定され、これは中国全体に共通する要因である。一方、中小規模経営に
至る変遷は、上記要因で乳業メーカーとの契約を解除し、都市人口の比
率が高いという消費人口の多さと酪農家からの直接購入を志向する消費
選好を条件とした直接販売に有利な販売環境に規定されている。

　遼寧省は、人口が多く都市化が進み、酪農の歴史は比較的浅いため酪
農経営は点在している。よって、養殖小区・合作社による生乳生産・流
通の組織化も困難である。生乳は省内で消費される傾向にあり、省外移
出を担う集乳商人は少ない。乳業メーカーが食品安全規制に対応した管
理を強化した結果、乳業メーカーと取引をするためには経営の大規模化
以外の方法を取りづらい。よって、これら地域の中小規模経営は、生乳
の直接販売といった粗放的販売や自家加工・販売など住民への直接販売、
そして多様な兼業・複合経営を通じて、経営を継続する行動を取ってい
ることが、上記の変遷の動因となっている。豊富な生乳生産量を目当て
に自治区外からの生乳需要が強く、集乳商人が中小規模経営から活発に
生乳調達を行っている内モンゴル自治区では、中小規模経営の乳業メー
カー向け販売がある程度は可能となっており、遼寧省とは対照的な状況
である（第5章・第6章参照）。結果として、遼寧省では、内モンゴル
自治区と比べて集約的な中規模経営の比重が小さくなっている。

　六次産業化型や消費者直接販売型の生乳生産・販売の対応は、単に農
家経営を大規模化・企業経営化するのではなく、規模をあえて縮小、あ
るいは抑制した上で直接販売と複合経営化による農家経営の存続を選択
し、それがある程度は奏功していることを意味する。これは、内モンゴ
ル自治区だけではなく、遼寧省のような非生乳移出地域でも、中小規模

経営も含めた、多様な酪農経営の存立余地があることを示唆する。中国酪農の急激な構造変動によって、大規模経営への生産集中と小規模経営の急速な脱落が進んでいる。しかし、中国酪農でも、大規模経営と中小規模経営とが併存する二重構造が一定期間は持続する可能性がある。

ただし、事例で取り上げた小規模経営には、粗放な飼養管理や生産・販売の零細さに由来する経営の持続性や衛生面からの危うさも見られた。小規模経営に対する消費者の支持はメラミン事件の反動による過大評価の可能性があり、現実の酪農経営の水準に見合っていないかもしれない。今後は、政策的関与による小規模経営の飼養管理・食品安全性の向上のほか、小規模経営自身による主体的な取り組みを通じ、自律的な発展を目指した農家経営や衛生管理水準の改善が求められるだろう。

（陳　瑠・鄭　海晶・清水池　義治）

第 12 章　中国・西南部における乳業メーカーの
##　　　　　生乳調達行動と酪農家の市場対応

第 1 節　本章の課題

　2009 年に改定された『乳製品工業産業政策（2009 年修訂）』（工聯産業〔2009〕第 48 号）においては、中国を、酪農の盛んな地域である「東北・内モンゴル産業区」、新興酪農産地の「華北産業区」、酪農の歴史が比較的長い「西北産業区」、主要消費地である「南方産業区」・「大都市周辺産業区」に分け、それぞれの生産方針が定められた[1]。

　本章では、中国の「南方産業区」において、生乳生産の比較的活発な西南部地域（主に四川省と雲南省）の事例を取り上げ、生乳生産過程の特徴、乳業メーカーと調達先との取引関係の実態と問題点を明らかにしていく。

　中国における乳業の原料調達パターンは、契約取引と直営生産の 2 パターンに大別することができる（**表 12 - 1**）。契約取引の形態は、契約対象である生乳生産者の類型によってまた細分化する。中国に関する

表 12-1　中国における乳業資本の生乳調達パターン

パターン	契約対象	乳業類型	事例	事例所在地
契約取引	生乳生産者組織 （乳牛合作社）	地元乳業	メーカーA メーカーP	雲南省 四川省
	大規模酪農家	大手乳業	メーカーY	四川省
	農牧企業		メーカーM	
直営生産		乳業全般	メーカーN	
			メーカーA	雲南省

資料：筆者作成。

---

1)『乳製品工業産業政策（2009 年修訂）』（工聯産業〔2009〕第 48 号）によると、「東北・内モンゴル産業区」は黒龍江・吉林・遼寧・内モンゴル、「華北産業区」は河北・山西・山東・河南、「西北産業区」はチベット・陝西・甘粛・青海・寧夏・新疆、「南方産業区」は江蘇・浙江・安徽・福建・江西・湖北・湖南・広東・広西・海南・四川・貴州・雲南、「大都市周辺産業区」は北京・天津・上海・重慶を指す。同政策では、酪農の盛んな地域である「東北・内モンゴル産業区」、新興酪農産地の「華北産業区」および酪農の歴史が長い「西北産業区」は、大規模企業を育成し、製品は地元供給のほかに、主要消費地へ遠距離運送が可能な LL 牛乳ならびに粉乳やチーズなどの乳製品を中心に生産する、としている。一方、主要消費地である「南方産業区」と「大都市周辺産業区」では、主に都市近郊立地型乳業企業のため、パス牛乳や発酵乳などの普及を重点とし、適度に LL 牛乳などを発展させる、としている。

前掲章でも言及されたように、今日の中国では、乳業の生乳需要に対応するため、乳牛合作社[2]のみならず、前述した新規の大規模酪農家の出現、近代化牧場の請負経営（農牧企業）など、生乳生産者の性格が多様化している。筆者が2010年から2014年にかけて四川省と雲南省で実施した聞き取り調査では、おおむね次の2つの行動様式が見られた。中小規模の地元乳業は、個々の中小規模生乳生産者の組織である乳牛合作社と取引契約を結ぶ傾向にあるのに対し、大手乳業は大規模酪農家や農牧企業など比較的規模の大きい生乳生産者と契約する傾向にある。一方、直営生産はここで挙げている乳業類型全般に見られる調達パターンである。

第2節　直営生産 −大規模乳業メーカーNと中小規模乳業メーカーAを事例に−

近年、大手乳業メーカーが膨大な資金を投入し、相次いで大規模な直営牧場を設立している。直営牧場の設立は酪農生産の近代化・標準化・均一化を意味する。乳業メーカーは、安定的生乳調達の確保、生乳品質の向上、トレーサビリティーが実施可能などを自社牧場の設立理由としているが、直営牧場からの生乳は乳業メーカーの需要のわずかしか占めていない。調査したいずれの乳業メーカーにおいても、直営牧場で生産した生乳はほとんど学生飲用乳や乳幼児用配合粉乳など特定の製品製造の原料として指定されている。

まず、四川省に位置する乳業メーカーNの直営牧場Lについて分析する。メーカーNは四川省内と全国各地域の地元乳業メーカーを吸収し、持ち株会社として拡大してきた大規模乳業グループである。2011年に、

---

2)「農民乳牛合作社」を扱うにはまず「農民専業合作社」について整理する必要がある。農業の生産性を向上させ、さらに農産物の流通過程における効率化、資金調達問題の解決等を図ることを目的に、2006年に「中華人民共和国農民専業合作社法」（以下、合作社法）が公布された。そこで、農民専業合作社は、「農村における家族請負経営の基礎の上に、同種の農産物の生産経営者または同種の農業生産経営サービスの提供者、利用者が自発的に連合し、民主的な管理を行う互助的な経済組織」として定義されている。また、農民専業合作社は、「その構成員を主要なサービスの対象とし、農業生産資材を購入、農産品の販売、加工、輸送、貯蔵および農業生産経営に関する技術と情報等のサービスを提供する」と述べられている。（訳：北倉公彦・孔麗、2007）「農業乳牛合作社」（以下、乳牛合作社）は「合作社法」に基づいた生乳生産者の集団であり、共同の経済的利益を図るための組織である。

メーカーNが出資し、学生飲用乳の原料供給のための生産基地として直営牧場Lを設立した（**表12－2**）。直営牧場Lの従事者は29人、主に周辺農村の余剰労働力の雇用である。直営牧場LはメーカーN傘下のメーカーPとメーカーHに生乳供給し、両メーカーで製造された学生飲用乳は四川省内の学校に供給されている。直営牧場Lは標準化牧場として、生乳生産過程における衛生・安全性管理が重視されており、生乳品質向上にも力を入れている。例えば牛舎内温度が20℃を超えた場合、ファンが自動的に作動する。さらに25℃を超えた場合は、噴水設備が作動する。このような自動化管理が徹底していると、生産コストが高いため利潤率が低いと想定される。換言すれば、直営牧場Lの継続的稼働は膨大な資金が必要とされる。そのため、メーカーNによる他の事業からの収益で支えなければ、生乳代金のみでは直営牧場Lの運営が困難であると考えられる。

　続いて、メーカーAの直営牧場について分析する。メーカーAは都市近郊型の中小規模乳業メーカーである。メーカーAは2011年の調査時点において2つの直営牧場を有している。**表12－3**に示すように、直営牧場Bは2000年までに国営農場として、かつての国営時代のメーカーAの生乳調達先として生乳を生産していた。その後にメーカーAの

表 12-2　乳業メーカー N 直営牧場 L の概況（2013 年）

概況	メーカーNが1,700万元を投資し、2011年5月に設立
面積	約110畝（7.33ha）
牛舎数	3棟（うち、1棟が子牛舎）
搾乳方式	12複列ヘリンボーンパーラー（5人操作）
飼養頭数（搾乳頭数）	600頭（300頭）
1日当たり搾乳量	約6t（27〜28kg／頭）
従業者数	29人（地元村落の余剰労働力が多い）
従事時間	7:00-10:00、13:00-16:00、19:30-22:00
飼料	濃厚飼料：乳業Nの系列飼料会社 粗飼料：東北部の乾草、米国の輸入アルファルファ、トウモロコシサイレージ

資料：聞き取り調査より筆者作成。
注：防疫のため、見学禁止となっている。

表 12-3 メーカー A と直営牧場の概況（2011 年）

直営牧場	メーカーA直営牧場B	メーカーA直営牧場S
概況	2000年に伝統的な国営農場からメーカー専業所有牧場に転換。従業員約40人を雇用。	2009年に建設された近代化牧場であり、「生態牧場」といわれる観光牧場でもある。将来また拡大工事をする予定があるという。従業員約40人を雇用。
メーカーAまでの距離	約43km	約97km
面積	約150畝（10.05ha）	約300畝（20.1ha）
搾乳方式	n.a.	ロータリーパーラー
飼養頭数（搾乳頭数）	約500頭（約300頭）	約1,100頭（約600頭）
搾乳量	約5 t（1日当たり）	8〜10 t（1日当たり）
生産管理	メーカーによる標準的管理	
その他の特徴	従業員は国営農場時代から勤めていた経験者や、農業技術専門学校の卒業生が多い。	従業員は交代で牧場に住み込み、10日間連続出勤してから3日間の休みが取れる。

資料：聞き取り調査より筆者作成。
注：直営牧場Bは防疫のため、見学禁止となっている。

専属牧場に転換し、現在では1日当たり約5 tの生乳を提供している。直営牧場Bの従業員の多くは国営農場時代から勤めていた経験者や農業技術専門学校の卒業生であることが特徴的である。そして、メーカーAが 2009 年に新しく設立した直営牧場Sについて見る。直営牧場Sは大規模生産可能な近代化牧場であり、1日当たり約10 tの生乳を生産し、メーカーAの学生飲用乳および「生態牧場」（自然生態を守っている牧場という意味）ブランドの牛乳の原料として特定されている。この直営牧場Sにおいても旧国営乳業や農場で勤めていた者が多く見られた。

　以上見てきたように、大手乳業メーカーが新たに直営牧場を設置するケースもあれば、本来は国営乳業に供給していた国営農場がそのまま民営化された乳業の専属牧場になって、引き続きこの乳業に生乳供給を行うケースもある。近代化・標準化の直営牧場を運営するには多額の資金を必要とするため、直営牧場がしばしば赤字経営の状況に陥る。しかし、製品戦略のブランド作りなど、企業のイメージアップにつながるような手段として、直営牧場の設置は依然として大手乳業メーカーに用いられている。

第3節　契約生産

1．大規模生乳生産者との取引
　　－大手乳業系列メーカーＹおよびＭを事例に－

（1）生乳取引の実態

　大手乳業メーカーの主な生乳調達行動について分析する。地元乳業メーカーＡと異なり、メーカーＹとメーカーＭは、いずれも中国の大手乳業メーカーが四川省で設置した加工拠点である。

　まず、メーカーＹの契約取引について見る。メーカーＹと契約取引関係にある酪農家Ｗ[3]は、**表12－4**のように、2011年から酪農生産を展開し、2013年現在では約200頭の乳牛を飼養し、遠方農村地域から7～8人の余剰労働力を雇用している。酪農家Ｗの位置する地域はメーカーＹの集乳範囲に含まれ、周辺の酪農家約100戸（うち本来の酪農家は2割、酪農の新規展開が8割）と合わせて乳牛合作社が設立されて

表 12-4　メーカー Y とメーカー M の契約取引先酪農家 W と農牧企業 X の概況（2013 年）

乳業	メーカーY (2008年四川省支社が設立)	メーカーM (2009年四川省支社が設立)
契約生産	酪農家W	農牧企業X
設立時期	2011年	2011年
初期資金（万元）	200	1,800
インフラ面の建設	酪農家W自身	メーカーM
搾乳器	複列ヘリンボーンパーラー（2人操作）	
面積	約2.67ha	約15.33ha
従業者数	7～8人（住み込み勤務）	25人（住み込み勤務）
飼養頭数	200頭	500頭
1日当たり搾乳量	1t（19kg／頭）	4t（17kg／頭）
牛舎 （間・棟当たり飼養頭数）	5間（50~80頭）	2棟（250頭）

資料：聞き取り調査より筆者作成。

3) 酪農家Wは本来専業酪農家ではなかったが、農業大学の畜産専攻を卒業して専業的酪農生産を開始した（聞き取り調査より）。

いる。しかし、この合作社は形式上の組織であり、メーカーYは規模の
比較的大きい酪農家と直接、契約取引を行っているのが実態である。

　図12－1はメーカーYと酪農家Wの取引関係を示している。酪農家
WはメーカーYと契約取引関係にある。1年ごとに更新される契約にお
いては、酪農家Wの義務としてメーカーYへの生乳全量販売が原則とさ
れている。酪農家Wに対して、メーカーYは最低価格を保証し、技術面
および生産資材面について指導することを約束する。メーカーYは酪農
家Wに長期駐在する技術員を派遣し、生乳品質向上のための技術指導の
みならず、生乳生産全過程における監督も行っている。メーカーYが指

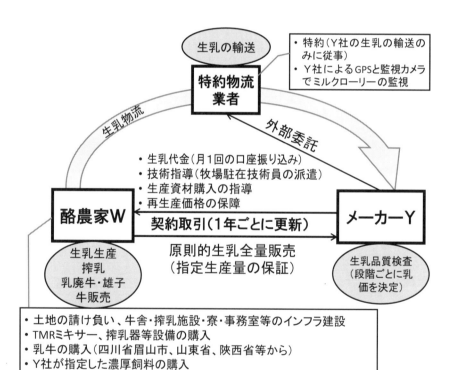

図 12-1　酪農家 W とメーカー Y の取引関係
資料：聞き取り調査より筆者作成。

定した生産資材を購入しているか否か、契約通りに生産を行っているか否か、生産過程における衛生・安全管理が徹底しているか否かが派遣技術員の主な監督内容である。また、派遣技術員は前年度の状況によって次年度の生乳生産量を予測し、メーカーYの生乳需要の年度計画に当てはめ、翌年の契約書における酪農家Wの義務とされる最低生産量の数値を決定するが、最低生産量に関する監察が実質的に月またはシーズンごとに行われている。すなわち、生産量が前年同月に比較して減少した場合、すぐに派遣技術員による原因調査や改善などが実施される。もちろん、酪農家Wの生乳生産量が契約上の上限数値を超えた場合、超過分を他社に販売するなど自己処理が可能であるが、事実、酪農家Wは調査時点で超過分があったとしても他社に販売しがたいと言っている。

　続いて、メーカーMの契約取引について見る。メーカーMと契約取引関係にある農牧企業Xは、前掲表12-4に示したように、2011年に設立された約500頭の乳牛を保有している企業[4]である。図12-2に示すように、牧場はメーカーMが出資して建設され、名目上はメーカーMの自社牧場となっているが、企業Xが請負会社として牧場を運営している。企業XはメーカーMと牧場の賃貸契約を結び、企業Xは最初の3年間に約70万元の賃貸料をメーカーMに支払わなければならないが、3年後に継続的に牧場を運営する場合は賃貸料が発生しない。ただし、牧場のインフラ施設の管理が企業Xの義務とされている。生産面において、両者は特約取引関係にある。メーカーMに対して、企業Xは生乳の全量販売が義務とされ、最低生産量の保証も約束させられている。企業Xに対して、メーカーMは生乳最低価格の保証を約束するが、技術員による厳格な技術指導と監督も行われている。企業Xは牧場の運営に当たって、乳牛の購入から生乳の物流までのすべてのコストを負担し、全過程がメーカーMの指導下で実施されなければならない。

（2）大規模生乳生産者の意向と契約取引の問題

　聞き取り調査から、酪農家Wと農牧企業Xの意向および契約取引の問

4）企業Xは個人出資によって設立され、現在は酪農生産の経験者x氏が運営している。

題について明らかになった。酪農家Ｗは現段階では比較的に収益性が良く、乳業が乳価を大幅に低下させない限り、経営規模をさらに拡大したいと考えている。一方、農牧企業Ｘは今後の経営に対して危機感を感じ、とりわけ飼料を中心とする生産資材の値上がりと乳業メーカー側による乳価の引き下げを懸念している。ただし、乳業メーカーが指定した生産資材は高価なものが多く、コストの負担が大きいことや資金不足の問題が共通し、契約条件の見直しが求められている。その他、農業産業化推進に関する政府からの支援は乳業メーカーにだけでなく、契約生産者への直接的支援も求められている。

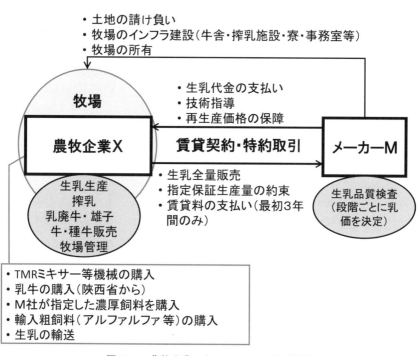

図 12-2　農牧企業 X とメーカー M の取引関係

資料：聞き取り調査より筆者作成。

２．酪農家組織（乳牛合作社）との取引
－乳業メーカーＰおよびＡを事例に－

（１）メーカーＰと乳牛合作社Ｈとの生乳取引の実態

　メーカーＰの前身は1985年に設立した国営農場Ｐに付属していた乳業部門である。1997年に国営乳業となり、2004年に一部の資本が前述したメーカーＮの親会社となるグループＮに吸収され、Ｎ社傘下の企業となった。メーカーＰと契約している酪農家組織の乳牛合作社Ｈ（以下、合作社Ｈ）は、2009年に農家103戸によって発足し、うち、約10戸の出資と金融機関の融資によって設立した。資金投下した10戸以外の農家も合作社Ｈ結成後に、資金、乳牛、労働のいずれかを拠出している。この103戸のうち、それまでに個人経営の集乳所や搾乳ステーションを通してメーカーＰに生乳販売していた零細・小規模酪農家が大半を占める。酪農家組織として合作社Ｈが結成されたことによって、資金力に乏しかった零細・小規模農家が、生産資材の共同調達、設備等の共同利用、生乳の共同生産ができるようになり、集乳商人の介在も取り除かれ、直接メーカーＰに生乳の共同販売を行うようになった。2013年現在の合作社Ｈは、**表12－5**に示すように、約300頭の乳牛を飼養し、うち、搾乳できるのは約200頭で、1日当たり約3ｔの生乳を生産している。約20人の従業員が1日8時間の交代制で、朝晩2回の搾乳時間に間に合うように生産活動を行っている。飼料に関しては、メーカーＰの指定により濃厚飼料はすべてグループＮの系列飼料メーカー製を使用している。

　次に、合作社ＨとメーカーＰとの取引関係について見てみる。**図12－3**に示すように、合作社ＨはメーカーＰに対して、生乳の全量販売を行わなければならない。合作社Ｈは生乳生産以外に、乳業までの生乳輸送費も負担する。一方、メーカーＰは合作社Ｈに対して、再生産価格を保障すると約束している。しかし調査当時、メーカーＰは合作社Ｈの生乳を実際の再生産価格に近い価格で買い取っているため、合作社Ｈは

ほとんど利益が生じていない状況にある。

（2）メーカーＡと乳牛合作社の生乳取引の実態

メーカーＡは 1950 年代初頭に創業されてから 50 年の間に、公私合営企業から国営企業へ、国営企業から民営企業への転換を経験し、雲南省都である昆明市の近郊地域を中心に生乳調達を行ってきた都市近郊立地型乳業である。2003 年にグループＮに吸収され、Ｎ社傘下の乳業となるが、メーカーＡの牛乳・乳製品は主に昆明市を中心とした地場市場に供給される。

メーカーＡの主な生乳調達先は乳牛合作社と前述した直営牧場である。調査時点では、メーカーＡと取引関係のある乳牛合作社は 14 社である。とりわけ乳牛合作社が主要な生乳調達先である。**図 12 － 4** からわかるように、メーカーＡの生乳調達経路は主に３つある。第１は、乳牛合作社からの調達経路である。乳牛合作社はメーカーＡによる搾乳設備の提供を受けており、その契約上、生乳をメーカーＡに全量販売し

表 12-5　合作社Ｈの概要（2013年）

概況	2009年に設立。農家103戸によって発足。約10戸が出資。
設立資金	約800万元（金融機関から融資を含む）
面積	約50畝（3.35ha）
牛舎数	２棟
インフラ面の整備	合作社
搾乳方式	12複列ヘリンボーンパーラー
飼養頭数（搾乳頭数）	約300頭（200頭）
1日当たり搾乳量	約３t
従業者数	約20人
従事時間	1日8時間（交代制）
飼料調達	濃厚飼料：グループNの系列飼料乳業製品 粗飼料：米国の輸入アルファルファ

資料：現地での聞き取り調査より筆者作成。
注：防疫のため、見学禁止となっている。

ている。本経路由来の生乳はメーカーAの生乳調達量の約86％を占め、主たる供給経路となっている。第2は、メーカーAに属する直営牧場からの調達経路である。生乳調達量の約13％を占める。第3は、零細専業酪農家から個人経営の搾乳ステーション[5]を経由する調達経路である。この搾乳ステーションは搾乳設備投資を含め全て個人の資金で運営しているものであり、搾乳ステーションに対するメーカーAによる支配力が弱いため、集乳された生乳はメーカーAにだけでなく、他の加工企業にも販売されている。

　次に、メーカーAが取引している乳牛合作社のうち最も規模の大きい

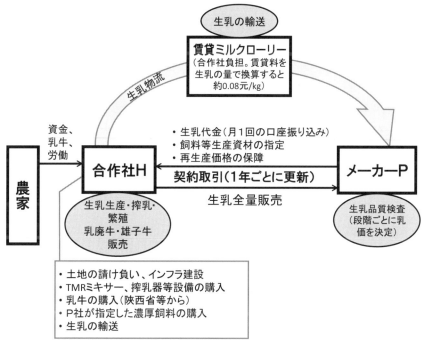

図12-3　合作社HとメーカーPの取引関係
資料：現地での聞き取り調査より筆者作成。

5）第9章の注6）を参照されたい。

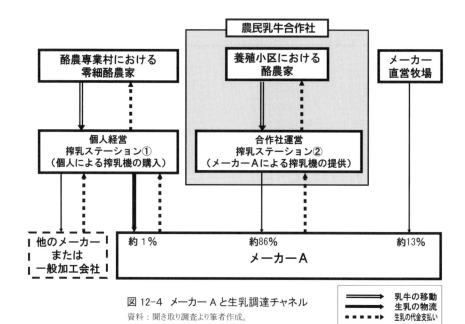

図 12-4　メーカー A と生乳調達チャネル
資料：聞き取り調査より筆者作成。

乳牛合作社 J（以下、合作社 J）を取り上げ、農家、乳牛合作社 J、メー
カー A の取引関係について分析する。乳牛合作社 J は 2005 年に結成さ
れ、1 日当たり約 20 t の生乳をメーカー A に供給している（表 12 － 6）。
図 12 － 5 に示すように、メーカー A は合作社 J に搾乳設備およびメン
テナンス等のサポートを提供し、そのかわりに合作社 J の運営者（以下
J 運営者と略）はメーカー A に生乳を全量販売する義務がある。生乳代
金はメーカー A から J 運営者に支払われる。それと同様に、 J 運営者は
農家に宿舎付き牛舎を無料提供する一方、各農家は搾乳の際、搾乳牛を
養殖小区 [6] から搾乳ステーションに全部移動する義務がある。 J 運営
者は販売額の約 20％の手数料を収入とし、残った部分を乳牛所有頭数
ごとに各農家に分配する。 J 運営者は合作社 J の結成を主導し、農村土

6）本章での「養殖小区」における「養殖」という用語は中国語で家畜飼養を意味する言葉として一般的に使わ
れ、主に畜産業における家畜の飼養と繁殖を指すものである。「養殖小区」についてはいまだ明確な定義がないが、
周ら（2007）p.15 は「家畜の養殖に適切な場所で、養殖活動を集約化するために建設された一定の規模を有し、
統一的・標準的な管理を実行する家畜養殖基地である」としている。

地の請け負いならびに、搾乳ステーションおよび宿舎付き牛舎の土木建築のための資金調達を行い、投資家的な性格を有しているとも言える。

表 12-6　メーカー A と契約した農民乳牛合作社 J の概況（2011年）

農民乳牛合作社 J	搾乳ステーション	養殖小区
概況	2005年結成、運営者（主導者）は農民出身のj氏。従業員15人超。	牛舎約55舎。1つの牛舎約350m²。農家62戸、農民3人/戸以上。
メーカーAまでの距離	約48km	
面積	–	約530畝（35.51ha）
搾乳方式	12頭複列ヘリンボーンパーラー（2台）	–
飼養頭数（搾乳頭数）	–	約2,400頭（約1,000頭）
運営方式	個人（J運営者）投資による民間運営	
搾乳量	約20t（1日当たり）	–
生乳タンク車	小型2台（容量5～8t、定温6℃以下）	–
その他の特徴	生産量が多いため、自ら生乳を運送する場合も多い。	農家の労働時間は1戸1日約20時間。

資料：聞き取り調査より筆者作成。

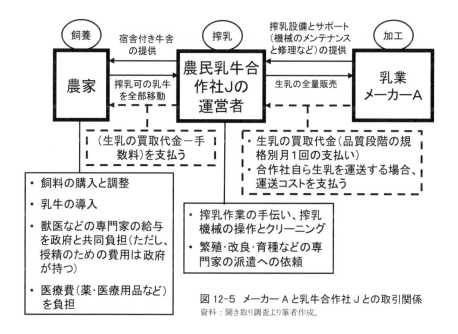

図 12-5　メーカー A と乳牛合作社 J との取引関係
資料：聞き取り調査より筆者作成。

3. 事例から見る生乳市場における乳牛合作社の役割

　メーカーAの所在地の昆明市においては、2000年から乳牛合作社の結成に取り組み、①政府の政策面と金銭面での支援②乳業による設備・品質管理等の面での支援と監督③運営者による土地の請け負い[7]や建築のための投資および乳牛合作社に対する一定程度の統一的管理[8]④乳牛を有する農家の加入—という4つの結成条件を基に、政府・乳業・運営者・農家の共同的利益を図るとしていた（図12-6）。こうした乳牛合作社が果たす機能は、以下の4点にあると考えられる。

　第1に、乳業の連携が農家の生乳販路を保障し、安定的な生乳生産の経営が行われる。乳業による原料乳の安定的供給も図ることが可能である。第2に、乳牛合作社と地方乳業とのつながりが強いほど、大手乳業は原料乳市場への参入ないしシェア拡大が難しくなり、地方乳業は持続的・安定的な発展が期待できる。第3に、養殖小区による統一的管理は農家の酪農生産過程におけるコストの縮小を可能とし、農家の生産意欲が高められる。第4に、統一的管理による原料乳生産の効率化が進められ、品質の向上も期待できる。上記4点の乳牛合作社の役割と照らし合わせ、事例である乳牛合作社Jの現状と課題は以下のように整理することができる。

　まず第1点について、メーカーAにとって合作社Jのような全量出荷契約を結ぶ生産者組織の存在は、安定した生乳供給源の確保につながっている。同時に合作社Jでは生産された生乳を全量メーカーAに販売することとなっているため、生産者側から見た販路の安定も実現されていると言える。聞き取り調査対象の1人である農家M氏は、「販路を心配せず安心して増産に専念できる」と合作社Jに加入したメリットを挙げ

---

7) 中国政府が実施している農村土地請負経営制度において、農村内の土地（耕地・林地・草地・その他農業用地）については村内の農民による家族請け負いが原則とされているが、荒れ山・荒れ湿地・荒れ丘陵地・荒れ海浜等については、家族請け負いではなく、入札・競売・公開協議等を適用することとしている。「中華人民共和国農村土地請負法総則第二条・第三条」（2003年3月1日施行）参照。
8) 中国農業出版社「中国乳業年鑑2002」によると、「統一的管理」は昆明市政府が乳牛合作社に要求している。その具体的内容は、養殖小区による統一育種改良・統一防疫・統一機械化搾乳・統一集乳である。

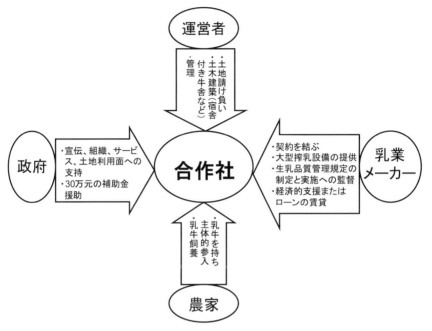

図 12-6　昆明市における農民乳牛合作社結成と運営の仕組み

資料：中国農業出版社『中国乳業年鑑2002』、pp.135-136より筆者作成。
注：1) 投資家は国家、企業あるいは農民、商人のいずれである。
　　2) 投資家による管理とは、投資家が合作社の「集中飼養（養殖小区）」・
　　　 統一育種改良・統一防疫・統一機械化搾乳・統一集乳」を実行することである。

た。第2点に関しては、メーカーAと合作社Jの提携は、メーカーAによる搾乳設備や技術サポート等の提供と、全量販売・全量買い取りが中心となっている。しかし、合作社Jにとっては、他地域の大手乳業が同様の契約条件を提示した場合、そちらへの移行を妨げるものはない。乳牛合作社が地元乳業、および地元乳業の維持・発展に貢献するためには、今後は地元乳業と乳牛合作社との契約条件についての考慮が必要になってくると思われる。第3点について、具体的なコスト計算は資料の制約上困難であるが、J運営者の出資による牛舎の標準化や搾乳の統一的管理、防疫と家畜疾病予防・治療等の団体での執行等によるコスト縮小は実現できていると考えられる。第4点について、合作社Jでは搾乳機械

により同時に24頭の乳牛を搾乳することができ、搾乳過程の集約化と効率化を果たしている。農家が個々で搾乳することによる非効率性や、搾乳機械を購入するコスト問題を解消している。そのため聞き取り調査では、農家の飼養規模拡大やJ運営者の集乳規模拡大が比較的強く志向されていた。一方で、過度の規模拡大や効率化の追求が安全管理面の軽視につながらないよう十分注意する必要があると思われる。

　総じて、幾つかの残された課題はあるものの、乳牛合作社は資金力に乏しい零細な地域の生乳生産者と地元メーカーの結節点として、原料生産基地の建設と地域乳業の安定的な原料乳調達の2点において特に重要な役割を果たしていることが明らかになった。

第4節　生乳調達における乳業と酪農生産者の課題

　本章では、中国・西南部の事例分析を通して、中国酪農乳業の「南方産業区」における乳業メーカーの原料調達構造とその生乳生産者への影響について考察した。乳業メーカーにとって、現段階における直営生産は原料の品質向上および安全確保のために位置付けられており、最終的にブランド作りなど製品戦略に反映される。しかし、直営農場の運営に莫大（ばくだい）な資金が必要であり、その再生産に投入できる十分な資本力を有していなければ運営が困難となるため、現状では、直営生産は乳業の主要原料調達ルートにはなっていない。

　一方、乳業の原料調達において最も多く見られるパターンは契約生産であるが、乳業メーカーの形態や契約対象の違いによって乳業にとってのメリットとデメリットも若干異なっている。まず、第1に農民乳牛合作社と契約する場合について見てみると、事例のような乳牛合作社と契約生産関係を結ぶメーカーの多くは、中小規模の都市近郊型乳業であるため、これら乳業にとって安定的な原料調達が非常に重要である。乳業メーカーは合作社に対して施設の建設や機械設備の提供など、比較的大きな資金投下を行うことによって、農民乳牛合作社を自社の原料調達基

地として育成し、原料の安定確保を図っている。ただし、その多大な資金投入は乳業メーカーにとっても大きな負担となっている。そして、第2に、乳業メーカーが自社農場を他の個人または組織に賃貸し、原料の契約取引関係を結ぶケースにおいては、農場の所有と経営は分離している。この場合の乳業メーカーにとってのメリットは、直営生産に比べ、契約取引は原料生産のコスト負担が軽減されることにある。また、本文では触れていないが、名目上は直営農場と同様に自社農場であるため、製品戦略に役立つ可能性も考えられる。これに対し乳業メーカーは、農場経営者との情報の非対称性など取引によるリスクを負わなければならない。また、農場の施設や機械設備の遊休化を防ぐために、経営者が破綻したとしても農場での原料生産を続けなければならないので、農場に対する赤字補塡（ほてん）が乳業メーカーに課される。第3に、大規模酪農家との契約取引は、乳業メーカーにとって比較的投入の低い形態であるが、それら大規模酪農家に対する掌握のハードルが上がることは乳業にとってのデメリットと言えよう。

　こうした契約取引は、生乳生産側にとって、ある程度販路が確保されているというメリットもあるが、共通の問題点は主に、生産資材面および生乳価格面における自由度の低さと交渉立場の弱さにある。乳業の誘致や支援によって成立した生乳生産者（組織）において特に顕著である。ただし、事例で見た大規模酪農家において、乳業メーカーによる規制が若干緩和されたのも事実である。このような大規模かつ企業的酪農生産者は中国における酪農生産の新しい担い手として今後増加するであろう。大規模酪農家の多くはすでに施設面において充実しており、乳業メーカーとも直接契約しているため、生産資材や施設の共同利用、生乳の共同販売等の必要性が生じないとはいえ、合作社の結成という動きも見られた。この場合の合作社は、大規模酪農家にとって、主に同業者間の情報共有、乳業との交渉力向上等の役割が期待されていると考える。他方、零細・小規模酪農家が依然として多い中、乳牛の飼養・繁殖・疾病予防等に関わる多大な経済的負担を抱え、経営が困難なものも多いため、生

産・販売活動の協同を図る酪農家組織としての合作社の設立が特に重要
となってくる。

第5節　小括

　中国の酪農生産はとりわけ2000年以降に、量的な変化と質的な変化
が顕著に見られた。その質的な変化に注目し、中国の酪農生産者の変貌
および乳業メーカーの原料調達の実態を、生乳取引の側面から明らかに
した。現段階における中国の酪農生産の発展は、乳業メーカーの主導に
よるものであり、酪農生産側は依然として乳業の動向に強く規定されて
いると言える。

　今日、大手乳業メーカーは海外（ニュージーランド等）における原料
生産基地や加工拠点の設置へ動き出している（戴，2014a・2014b）。こ
うした中で、中国国内の乳価下落ないし酪農生産の空洞化が懸念される。
中国における酪農の持続的発展のために、酪農経営の自立化に向けて取
り組んでいく必要があると考える。

（戴　容秦思）

引用・参考文献一覧

Ahmad, S. (2012) Dairy Extension Strategies in Australia: Application to Pakistan Dairy Industry. *LAP LAMBERT Academic Publishing*.

荒木和秋 (2003)『世界を制覇するニュージーランド酪農－日本酪農は国際競争に生き残れるか－』デーリィマン社.

荒木和秋・杉村泰彦 (2018)『自給飼料生産・流通革新と日本酪農の再生』筑波書房.

阿拉坦沙・千年篤 (2012)「内モンゴルの牧畜業の持続的発展方向に関する検討－『連戸牧場』を事例として－」『北東アジア研究』(23)：129-149.

青沼悠平・小林誠 (2007)「ミャンマーの酪農、牛乳・乳製品をめぐる現状と課題」『畜産の情報』(332)：77-94.

青沼悠平・小林誠 (2018)「ベトナムの酪農乳業をめぐる動向」『畜産の情報』(339)：75-96.

Bachke, M.E. (2019) Do Farmers' Organizations Enhance the Welfare of Smallholders? Findings from the Mozambican National Agricultural Survey. *Food Policy* 89: 101792.

白玉香 (2017)「内モンゴル自治区小規模酪農家における環境保全型酪農応用の可能性」横浜国立大学，博士学位論文.

白玉香・藤巻碧海・米倉佑亮・秋庭はるみ・太田海香・石橋健一・松田裕之 (2017)「内モンゴル自治区における消費者世帯属性別にみた牛乳購買選択行動－ホルチン地域マンハン町の牛乳購入意識調査をもとに－」『自然環境復元研究』9(1)：3-15.

Boniface, B. (2012) Buyer and Seller Relationship in Malaysia's Dairy Industry: The role of relationship marketing in business to business relationship. *LAP LAMBERT Academic Publishing*.

Bui, T.N. (2013) Cost Monitoring to Promote the Fresh Milk Chain in Northern Vietnam. *LAP LAMBERT Academic Publishing*.

包翠栄・胡柏 (2012)「内モンゴルにおける小規模酪農家の経営実態とメラミン事件の影響－フフホト市近郊の事例から－」『農林業問題研究』(186)：47-51.

朝克図・草野栄一・中川光弘 (2006)「中国内蒙古自治区における龍頭企業の展開にともなう農村経済の変容－フフホト市における乳製品メーカーと酪農家の対応を事例として－」『開発学研究』16(3)：55-62.

長命洋佑 (2012)「中国内モンゴル自治区における乳業メーカーと酪農家の現状と課題」『地域学研究』42(2)：1031-1044.

長命洋佑 (2017)『酪農経営の変化と食料・環境政策－中国内モンゴル自治区を対象として－』養賢堂.

長命洋佑・南石晃明 (2015)「酪農生産の現状とリスク対応－内モンゴルおけるメラミン事件を事例に－」南石晃明・宋敏編著『中国における農業環境・食料リスクと安全確保』花書院：76-101.

長命洋佑・南石晃明 (2019)「畜産経営における ICT 活用の取り組みとクラスター形成」『農業と経済』85(3)：135-145.

長命洋佑・呉金虎 (2010)「中国内モンゴル自治区における私企業リンケージ (PEL) 型酪農の現状と課題」『農林業問題研究』46(1)：141-147.

長命洋佑・呉金虎 (2011)「中国内モンゴル自治区における農業生産構造の規定要因に関する研究」『システム農学』27(3), 75-90.

長命洋佑・呉金虎 (2012)「中国内モンゴル自治区における生態移民農家の実態と課題」『農業経営研究』50(1)：106-111.

長命洋佑・呉金虎・薩茹拉 (2017)「牛乳の安全性・リスクに対する消費者意識」『農業および園芸』92(2)：97-112.

達古拉 (2007)「中国・内モンゴルにおける酪農振興による貧困対策」新潟大学，博士学位論文.

達古拉 (2014)「内モンゴルにおける乳製品に関する主要な安全問題と原因分析」思沁夫編『モンゴルの食と生業の現在』大阪大学グローバルコラボレーションセンター：65-79.

戴容秦思 (2014a)「中国における乳業資本の展開プロセスと現段階の企業行動」『農業研究』(27)：443-468.

戴容秦思 (2014b)「中国の巨大乳業における企業結合プロセス」『流通』(35)：15-32.

戴容秦思 (2016)「中国における酪農生産の変貌と乳業の生乳調達の実態」『農業市場研究』24(4), 11-21.

戴容秦思・矢野泉 (2012)「中国昆明市における生乳の市場構造に関する一考察」『農業市場研究』20(4)：45-52.

戴容秦思・矢野泉 (2013)「中国地方都市における地場牛乳流通構造の変容と課題－雲南省昆明市を事例に－」『流通』(32)：1-15.

戴容秦思・矢野泉 (2015)「中国におけるコーヒー生産の展開とコーヒー加工企業によるインテグレーションの実態」『農業市場研究』24(2), 1-11.

Dai, Y., D. Kong, and M. Wang (2013) Investor Reactions to Food Safety Incidents: Evidence from the Chinese Milk Industry. *Food Policy* 43: 23-31.

出村克彦・中谷朋昭 (2009)『日豪 FTA 交渉と北海道酪農への影響』デーリィマン社.

出村克彦・山本康貴 (1996)「生乳の需給調整と計画生産－欧米諸国と日本の制度－」『農経論叢』(北海道大学農学部紀要別冊) 52：1-13.

邓健・小林信一・小泉圣一 (2006)「中国における学校牛乳制度の現状と将来展望」『日本畜産学会報』77(2)：269-277.

土井時久編 (2007)『わが国の生乳生産シミュレーター－国際化がもたらす 2015 年日本酪農の行方－』デーリィマン社.

土井時久編 (2008)『業務用乳製品のフードシステム』デーリィマン社.

農畜産業振興機構編 (2010)『中国の酪農と牛乳・乳製品市場』農林統計出版.

杜春玲・松下秀介・根鎖 (2013)「環境負荷を考慮した農牧複合経営モデルによる子取り用メス牛多頭化の可能性－内モンゴルにおける環境保全型飼養管理技術の経営的評価：逐次線形計画法の適用－」『農業経営研究』51(1)：1-14.

藤井麻衣子 (2012)「マレーシアの畜産概況」『畜産の情報』(273)：83-89.

福田洋介・近藤巧 (2020)「穀物の国際価格上昇が北海道・都府県の畜産業に及ぼす影響」『農業経済研究』92(1)：70-75.

厳善平 (1995)「中国農村経済の変容過程に関する研究」『桃山学院大学総合研究所紀要』21(2)：9-30.

長谷川敦・谷口清 (2006a)「巨大市場インドの酪農乳業とバザール」『畜産の情報（海外編）』(198)：2-5.

長谷川敦・谷口清 (2006b)「巨大な可能性を秘めたインドの酪農」『畜産の情報（海外編）』(199)：44-77.

長谷川敦・谷口清 (2010a)「中国の酪農・乳業の概要」農畜産業振興機構編『中国の酪農と牛乳・乳製品市場』農林統計出版：1-31.

長谷川敦・谷口清 (2010b)「中国をリードする内蒙古の酪農・乳業」農畜産業振興機構編『中国の酪農と牛乳・乳製品市場』農林統計出版：31-57.

長谷川敦・谷口清 (2010c)「生産者乳価」農畜産業振興機構編『中国の酪農と牛乳・乳製品市場』農林統計出版：139-143.

長谷川敦・谷口清・石丸雄一郎 (2007)「急速に発展する中国の酪農・乳業」『畜産の情報（海外編）』(209)：73-116.

何海泉・渡辺憲二・茅野甚治郎 (2011)「中国における牛乳流通経路の組織間関係に関する研究」『農業経営研究』49(3)：109-114.

平田昌弘 (2009)「中国内モンゴル自治区通遼市における現在の乳加工体系：定住したモンゴル農牧民世帯と漢族世帯の事例を通して」『食品工業』52(21)：38-46.

平石康久 (2012)「インド酪農・乳業事情～独特の消費と、旺盛な需要をまかなう国内生産体制～」『畜産の情報』(269)：91-110.

フタバラート、ブディマン (1996)「インドネシアにおける酪農家－牛乳生産から消費まで－」『畜産の情報（海外編）』1996 年 10 月号：60-71.

ホクレン農業協同組合連合会 (2021)『北海道らくのう温故知新』酪農乳業速報.

本田敏裕 (2010)「海外の主要な酪農・乳業組合の動向－ニュージーランド、デンマークの酪農・乳業組合の動向を中心に－」『農林金融』63(7)：36-47.

Hou, S. (2007) Study on Vertical Organizational Relationship of Dairy Industry Chains. *PhD Dissertation of Huazhong Agricultural University*.

Howard, M. (1994) Dairy Co-op Structures in the USA, Ireland and France, and Their Relevance to the UK Dairy Industry. *Nuffield Farming Scholarships Trust (NFST) Secretariat East Holme Farm Maresfield Uckfield*.

Huang, Y., and X. Tian (2019) Food Accessibility, Diversity of Agricultural Production and Dietary Pattern in Rural China. *Food Policy* 84: 92-102.

市川治・中村稔・片桐朱璃・朵兰・胡爾査・予洪霞・発地喜久治 (2011)「中国・内蒙古における企業的酪農経営の展開」『酪農学園大学紀要』35(2)：29-41.

市川治・吉岡徹・家串哲生・仁平恒夫・東山寛・津田渉・井上誠司 (2009)「農畜産経営における担い手としての出資型農業生産法人の増加要因分析」『酪農学園大学紀要』33(2)：187-202.

飯澤理一郎・庄子太郎 (2008)「目標は『乳牛一頭一家族』－経営の多角化と『高付加価値化』を進めるノースプレインファーム㈱－」『畜産の情報（国内編）』(222)：18-25.

井上憲一 (2015)「酪農経営における家族的要素と企業的要素」『農業経営研究』53(1)：41-52.

伊澤昌栄・伊佐雅裕 (2016)「最近の韓国の牛乳・乳製品需給動向」『畜産の情報』(323)：66-91.

Jia, X., J. Huang, H. Luan, S. Rozelle and J. Swinnen (2012) China's Milk Scandal, Government Policy and Production Decisions of Dairy Farmers: The Case of Greater Beijing. *Food Policy* 37: 390-400.

柏久 (2012)『放牧酪農の展開を求めて－乳文化なき日本の酪農論批判－』日本経済評論社.

金子あき子・大島一二 (2014)「日系農業企業の中国国内生産と販売戦略にかんする一考察」『農林業問題研究』(195)：75-80.

川島博之 (2010)『農民国家・中国の限界－システム分析で読み解く未来－』東洋経済新報社.

木田秀一郎・斎藤孝宏 (2005a)「タイの酪農・乳業（前編）」『畜産の情報（海外編）』(187)：48-58.

木田秀一郎・斎藤孝宏 (2005b)「タイの酪農・乳業（後編）」『畜産の情報（海外編）』(188)：46-56.

木田秀一郎・伊佐雅裕 (2016a)「中国の牛乳・乳製品をめぐる動向－産業構造の変化と今後の国際需給への影響－」『畜産の情報』(323)：92-107.

木田秀一郎・伊佐雅裕 (2016b)「中国の牛肉需給動向－需給の現状と構造改革の取り組み－」『畜産の情報』325：73-87.

木南莉莉 (2010)『中国におけるクラスター戦略による農業農村開発』農林統計出版.

木下瞬・西村博昭 (2015)「最近の中国の牛乳・乳製品の需給動向」『畜産の情報』(304)：79-91.

北倉公彦 (2008)「中国における農民専業合作社制度の検討－農民的酪農の展開に向けて－」『開発論集』(81)：255-284.

北倉公彦・孔麗 (2007a)「中国における酪農・乳業の現状とその振興」『北海学園大学経済論集』54(4)：31-50.

北倉公彦・孔麗 (2007b)「中華人民共和国農民専業合作社法」『開発論集』(80)：147-160.

北倉公彦・大久保正彦・孔麗 (2009)「北海道の酪農技術の中国への移転可能性」『開発論集』(83)：13-58.

小林国之 (2015)「生乳需給の動向と生乳共販売体制の課題：酪農家の自主性と牛乳の価値を高めるために」『酪農ジャーナル』68(9)：15-17.

小林誠・宮本敏行 (2001)「マレーシアの酪農・乳業事情と飲用乳自給の可能性」『畜産の情報（海外編）』(141)：56-78.

小林誠・宮本敏行 (2002)「ベトナムの酪農・乳業事情」『畜産の情報（海外編）』(156)：55-72.

小林信一編 (2011)『酪農乳業の危機と日本酪農の進路』筑波書房.

小林信一 (2014)『日本を救う農地の畜産的利用－TPPと日本畜産の進路－』農林統計出版.

小林智也・佐々木勝憲 (2019)「タイにおける牛乳・乳製品の需給動向」『畜産の情報』(360)：88-105.

国際協力機構 (2010)「パキスタン国シンド州畜産（肉・酪農）開発マスタープラン策定プロジェクト詳細計画策定調査報告書」.

小宮山博・杜富林・根鎖 (2010)「中国・内モンゴル自治区の酪農経営の実態－フフホト市近郊酪農家を対象に－」『農業経営研究』48(1)：95-100.

孔麗 (2004)「中国瀋陽で急成長を遂げる輝山乳業」『世界の窓』9月号：9-10.

孔麗 (2009)「中国における乳業企業再編と生産者乳価形成をめぐる諸問題」『開発論集』(83)：99-119.

久保田哲史・藤田直聡・若林勝史 (2013)「酪農における企業的経営体のビジネスモデル」『北海道農業研究センター農業経営研究』(108)：1-13.

栗原伸一・柴田浩文・加藤恵里 (2019)「北海道酪農経営の離脱要因分析－2010・2015年農業センサス個票からの接近－」『農業経済研究』91(2)：275-280.

李賽薇・劉玉梅 (2017)「中国の乳業発展の現状と分析」『畜産の情報』(332)：59-76.

三原亘 (2018)「乳製品輸入増大に伴い生乳価格が低下」『畜産の情報』(345)：37-39.

三原亘・竹谷亮佑・小林誠「インド酪農の概要と世界の牛乳乳製品需給に与える影響」『畜産の情報』(336)：103-136.

三友盛行 (2000)『マイペース酪農－風土に生かされた適正規模の実現－』農文協.

水野智美・徳田克己・屈国鋒 (2019)「中国における乳幼児をもつ母親の粉ミルクの購買行動と認識」『日本食生活学会誌』29(4)：213-219.

Montes de Oca, O., Dake, C.K.G., Dooley, A.E., and Clark, D. (2003) A Dairy Supply Chain Model of the New Zealand Dairy Industry.

中尾正克 (2018)『ジャスト・プロポーション－新しい農業経営論の構築に向けて－』筑波書房.

日本乳業協会 (2018)「牛乳・乳製品の市場調査及び日本製乳製品に関する調査～マレーシア編～」日本乳業協会.

新山陽子 (1997)『畜産の企業形態と経営管理』日本経済評論社.

新山陽子編 (2020)『農業経営の存続、食品の安全』昭和堂.

農畜産業振興機構編 (2010a)『中国の酪農と牛乳・乳製品市場』農林統計出版.

農畜産業振興機構 (2010b)「インドネシアの牛乳・乳製品需要事情と 2010 ～ 2011 年の見通し」『畜産の情報』(254)：73-76.

農畜産業振興機構 (2016)「最近の中国、東南アジアの牛乳・乳製品需給動向」『畜産の情報』(316)：28-68.

農畜産業振興機構 (2017)「スイスの酪農と競争力強化の取り組み」『畜産の情報』(337)：94-108.

農畜産業振興機構 (2019)「年報『畜産』2019」.

小田滋晃・横田茂永・川崎訓明 (2020)『地域を支える「農企業」－農業経営がつなぐ未来－』昭和堂.

大久保正彦 (2010)「中国酪農の現状と課題－生産システムとしての整合性の重要さ－」『北畜会報』52：31-36.

鬼木俊次・加賀爪優・根鎖・衣笠智子 (2010)「中国内モンゴルにおける生態移民の農家所得と効率性」『国際開発研究』19(2)：87-100.

鬼木俊次・加賀爪優・余勁・根鎖 (2007)「中国の『退耕還林』政策が農家経済へ及ぼす影響－陝西省・内モンゴル自治区の事例－」『農業経済研究』78(4)：174-180.

鬼木俊次・双喜 (2004)「中国内モンゴルおよびモンゴル国における地域的過放牧－牧畜民の家計調査の結果から－」『農業経済研究』75(4)：198-205.

大野琢澄・堀内一男 (2000)「半島部マレーシアにおける酪農事情」『農業経営研究』 38(2)：59-62.

大島一二 (2011)「持続可能な農業の構築に関わる企業の取り組み―山東省『朝日緑源』の事例」『アジ研ワールド・トレンド』17(10)：26-30.

大島一二 (2017)「中国における乳業界の構造再編－『メラミン事件』の深刻な影響－」『桃山学院大学経済経営論集』58(3)：1-12.

大島一二・山田七絵 (2019)『朝日緑源、10年の軌跡－中国における日系農業企業の挑戦－』農林統計出版.

大塚健太郎・廣田李花子 (2018)「ニュージーランドにおける牛乳・乳製品輸出動向～生乳生産拡大および乳製品輸出余力は限定的～」『畜産の情報』(350)：56-73.

岡田直樹 (2016)『家族酪農経営と飼料作外部化－グループ・ファーミング展開の論理－』日本経済評論社.

小澤壮行 (2011)「ニュージーランド酪農乳業システム・組織再編と日本酪農」小林信一編著『酪農乳業の危機と日本酪農の進路』筑波書房：182-205.

Painter, M.J. (2007) A Comparison of the Dairy Industries in Canada and New Zealand. *Journal of International Farm Management* 4(1): 41-60.

Pei, X., A. Tandon, A. Alldrick, L. Giorgi, W. Huang and R. Yan (2011) The China Melamine Milk Scandal and its Implications for Food Safety Regulation. *Food Policy* 36: 412-420.

Petrov, K. (2009) A Bayesian Vector Autoregressive Model of the U.S. Dairy Industry: A Price Forecasting Model. *LAP LAMBERT Academic Publishing.*

van der Ploeg, J.D. and J. Ye (2016) *China's Peasant Agriculture and Rural Society: Changing Paradigms of Farming.* Routledge.

Qi, D., W. Lai and B. Roe (2021) Food Waste Declined More in Rural Chinese Households with Livestock. *Food Policy* 98: 101893.

任立新 (2018)「中国の酪農政策における内モンゴルの特徴と課題」『日本モンゴル学会紀要』(48)：43-55.

坂下明彦 (1992)『中農形成の論理と形態－北海道型産業組合の形成基盤－』御茶の水書房.

斎藤孝宏・林義隆 (2007)「ミャンマー酪農乳業の概要」『畜産の情報』(209)：61-72.

薩日娜 (2007)「内モンゴル半農半牧地区における酪農業の現状と展望－興安盟を事例に－」『農業経営研究』45(1)：103-108.

薩日娜・淵野雄二郎・千年篤 (2009)「中国内蒙古酪農経営の変容と今後の発展方向」『畜産の研究』63(7)：715-720.

佐々木勝憲・林義隆 (2007)「ベトナムの酪農・肉牛産業の概要」『畜産の情報 (海外編)』
　(215)：58-68.

佐々木勝憲・吉村力 (2009)「タイにおける酪農経営の効率化への取り組みとモデル
　酪農場について」『畜産の情報』(240)：71-82.

佐々木達 (2015)「中国内モンゴルにおける農牧業生産の変容と地帯構成」『札幌学
　院大学総合研究所紀要』2：49-58.

佐々木達 (2016)「中国・内モンゴル自治区における農民専業合作社の組織形態」『季
　刊地理学』68(1)：55-70.

佐藤敦信 (2015)「中国の若年層における牛乳消費行動と意識－山東省の大学生に対
　するアンケート調査からの接近－」『農業市場研究』24(2)：25-31.

関根良平・蘇徳斯琴・小金澤孝昭 (2013)「内蒙古自治区中部農村における農業経営
　の変容とその特性－呼和浩特市武川県五福号村を事例に－」『商学論集』81(4)：
　89-108.

瀬田俊志・大久保正彦・吉谷川泰 (2008)「中国酪農の現状」『畜産の研究』62(12)：
　1273-1280.

Sharma, S. and Rou Z. (2014) China's Dairy Dilemma: The Evolution and Future
　Trends of China's Dairy Industry. Institute for Agriculture and Trade Policy.

清水池義治 (2007)「北海道における大手乳業資本の生産設備投資・運用に関する考
　察－『資本蓄積構造』の視点から－」『農業市場研究』16(1)：1-9.

清水池義治 (2009)「生産者指定団体の原料乳分配方法による原料乳市場構造の変化
　－北海道指定生乳生産者団体ホクレンの『優先用途』販売方式に着目して－」『農
　業市場研究』18(2)：11-20.

Shimizuike, Y. (2014)「Alterations to the Rules on Material Milk Distribution to
　Milk Processors through Supply Shortages of Domestic Raw Milk」『農業市場研究』
　22(4)：34-46.

清水池義治 (2015)『増補版：生乳流通と乳業－原料乳市場構造の変化メカニズム－』
　デーリィマン社.

清水池義治 (2017)「生乳共販体制の役割」『地域と農業』(104)：8-13.

清水池義治 (2018)「指定団体制度下の生乳流通による市場成果と今後の可能性－北
　海道を対象に－」『フロンティア農業経済研究』20(2)：6-18.

清水池義治 (2020a)「メガ経済連携協定 (EPA) の現況と求められる酪農政策」『牧草
　と園芸』68(1)：1-6.

清水池義治 (2020b)「中国酪農の今」『農家の友』72(3)：18-19.

清水池義治・飯澤理一郎 (2005)「乳製品過剰下における乳業資本の収益構造に関す
　る考察－雪印乳業食中毒事件の背景を視野に－」『農経論叢』(北海道大学大学院
　農学研究科紀要別冊) 61：223-234.

新川俊一・岡田岬 (2012)「変貌する中国の酪農・乳業～メラミン事件以降の情勢の変化と今後の展望」『畜産の情報』(267)：60-74.

斯欽孟和 (2015a)「内モンゴルにおける持続的酪農の展開条件に関する線形計画分析」『農業経済研究報告』46：1-23.

斯欽孟和 (2015b)「中国における酪農発展の政策展開とその意義」『農村経済研究』33(1)：44-54.

斯欽孟和 (2015c)「中国内モンゴルにおける持続的酪農の展開条件に関する研究」東北大学，博士学位論文.

蘇徳斯琴 (2010)「酪農経営の新しい取り組み－中国内蒙古自治区の事例－」『季刊地理学』62(3)：139-142.

蘇徳斯琴・佐々木達 (2013)「都市近郊における酪農団地に関する実証的分析－フフホト市近郊酪農団地を事例として－」教育部人文科学重点研究基地内モンゴル大学モンゴル学研究中心『モンゴル学集刊』第1期，5-10.

蘇徳斯琴・佐々木達 (2017)「都市近郊における酪農経営の存立構造－フフホト市近郊酪農団地を事例として－」『札幌学院大学経済論集』(11)：1-16.

須田文明 (2019)「フランス酪農部門－生産コストと契約化の展開－」『プロジェクト研究［主要国農業戦略横断・総合］研究資料』(10)：1-22.

杉戸克裕 (2018)「北海道酪農経営における中小規模層存続の要因－2015年農業センサス組み替え集計による分析－」『農業経済研究』89(4)：307-311.

外山高士・伊藤憲一 (1999)「インドネシアの酪農業と牛乳・乳製品輸入政策について」『畜産の情報（海外編）』1999年3月号.

Sun, D., Y. Liu, J. Grant, Y. Long, X.Wang and C. Xie (2021) Impact of Food Safety Regulations on Agricultural Trade: Evidence from China's Import Refusal Data. *Food Policy* 105:102185.

竹谷亮佑・木下雅由 (2017)「中国における酪農，牛乳乳製品の需給状況－国内需要の増加を受け，輸入量は増大－」『畜産の情報』(338)：67-84.

玉井明雄・杉若知子 (2010)「ニュージーランド酪農乳業界における競争施策下での乳業メーカーの新規参入の動き」『畜産の情報』(246)：77-86.

田中静一 (1991)『中国食物事典』柴田書店.

寺西梨衣・瀬島浩子 (2019)「中国における酪農・乳製品生産の現状と今後の需給見通し」『畜産の情報』(359)：77-94.

寺西梨衣 (2020)「生乳および乳製品の需要は引き続き増加」『畜産の情報』(367)：47-49.

寺西梨衣・露木麻衣 (2019)「中国の飼料需給をめぐる内外の情勢と今後の見通し」『畜産の情報』(362)，92-107.

Tran M.P., Tran H.C., Bui T. N. (2018) An Analysis of the Linkages in the Fresh Milk Chain of Viet Nam. *Greener Journal of Business and Management Studies* 8(2): 10-17.

内山智裕 (2011)「農業における『企業経営』と『家族経営』の特質と役割」『農業経営研究』48(4)：36-45.

植田彩 (2012)「ベトナム畜産事情－養豚と酪農の現状と課題について－」『畜産の情報』(273)：73-82.

植田展大 (2019)「韓国の酪農制度－近年のクォータ制を巡る動きを中心に－」『農林金融』74(2)：33-49.

鵜川洋樹 (2012)「土地利用型酪農における適正規模と企業的経営の展開」『農業経営研究』49(4)：31-39.

梅田克樹 (2013)「インド・デリー首都圏における牛乳供給システム」『日本地理学会発表要旨集 2013』：159.

Vroegindewey, R., R.B. Richardson, D.L. Ortega and V. Theriault (2021) Consumer and Retailer Preferences for Local Ingredients in Processed Foods: Evidence from a Stacked Choice Experiment in an African Urban Dairy Market. *Food Policy* 103:102106.

若林剛志・古橋元 (2015)「インドネシアの酪農協同組合－北バンドン酪農協同組合－」『農林金融』68(8)：45-51.

Wang, E., Z. Gao, Y. Heng and L. Shi (2019) Chinese Consumers' Preferences for Food Quality Test/Measurement Indicators and Cues of Milk Powder: A Case of Zhengzhou, China. *Food Policy* 89:101791.

王琼・劉玉梅 (2019)「中国牛肉産業発展の現状分析」『畜産の情報』(362)：76-91.

王越・劉玉梅 (2018)「中国の酪農・乳業政策と成果」『畜産の情報』(346), 58-72.

Wang, Z., Y. Mao and F. Gale (2008) Chinese Consumer Demand for Food Safety Attributes in Milk Products. *Food Policy* 33: 27-36.

渡辺憲二・何海泉 (2012)「中国における牛乳の価格形成に関する計量分析」『開発学研究』22(3)：51-57.

渡邉真理子 (2008)「メラミン混入粉ミルク事件の背景－産業組織から見た分析－」『海外研究員レポート』(2008 年 10 月号)：1-6.

渡邊陽介・小林誠 (2017)「米国における酪農、牛乳乳製品の需給動向－さらなる輸出拡大が成長のカギ－」『畜産の情報』(338)：5-21.

Welsh M., Marshall S. and Noy I. (2016) Modelling New Zealand milk: From the farm to the factory. *Working Papers in Economics and Finance. School of Economics and Finance, Victoria University of Wellington*.

烏雲塔娜・福田晋 (2009)「内モンゴルにおける生乳の流通構造と取引形態の多様化－フフホト市を対象に－」『九州大学学院農学研究院学芸雑誌』64(2)：161-168.

烏雲塔娜・福田晋・森高正博 (2012)「メラミン問題を契機とした内モンゴルにおける生乳取引構造の変化」『農業市場研究』20(4)：24-30.

烏雲塔娜・森高正博・福田晋 (2012)「内モンゴル生乳市場における個人搾乳ステーションの存続メカニズム」『食農資源経済論集』62(2)：23-34.

謝鵬 (2012)『乳業内幕－中国乳業江湖』浙江人民出版社.

Xiu, C. and K.K. Klein (2010) Melamine in Milk Products in China: Examining the Factors that Led to Deliberate Use of the Contaminant. *Food Policy* 35: 463-470.

徐芸・南石晃明・周慧・曾寅初 (2010)「中国における粉ミルク問題の影響と中国政府の対応」『九州大学大学院農学研究院学芸雑誌』65(1)：13-21.

矢坂雅充 (2008)「中国・内モンゴル酪農素描－酪農バブルと酪農生産の担い手の変容－」『畜産の情報』(230)：64-84.

矢坂雅充 (2010)「酪農バブルと酪農生産担い手の変貌」独立行政法人農畜産業振興機構編『中国の酪農と牛乳・乳製品市場』農林統計出版：57-84.

矢坂雅充 (2013)「中国酪農の変貌」『農村と都市をむすぶ』63(10)：39-50.

安田元 (2014)「生乳生産現場における乳質改善の展開と課題－東北地区における搾乳システム診断を事例に－」『農業市場研究』23(2)：46-52.

吉田祐介・増田清敬・山本康貴 (2014)「有機酪農経営と慣行酪農経営の環境影響比較に関する定量分析－ファーム・ゲート・バランス分析からの接近－」『農経論叢』(北海道大学大学院農学研究院紀要別冊) 69：13-18.

吉野宣彦 (2008)『家族酪農の経営改善』日本経営評論社.

于洪霞・荒木和秋 (2012)「飼料価格高騰に苦悩する中国酪農家－内モンゴル自治区フフホト市の酪農事情－」『酪農ジャーナル』65(3)：27-29.

張鎮奎・伊藤亮司・青柳斉 (2012)「酪農協の経営問題と合併効果－新潟県内の事例から－」『農林業問題研究』48(3)：386-397.

鄭海晶・戴容秦思・根鎖・清水池義治 (2020a)「中国内モンゴル自治区における生乳出荷形態の再編論理：大手乳業向け出荷契約解消後の生乳生産者の分析」『農業市場研究』29(3)：49-59.

鄭海晶・戴容秦思・根鎖・清水池義治 (2020b)「大手乳業メーカーの川上統合による生乳生産・流通への影響：メラミン事件以降の中国・内蒙古自治区を事例として」『農經論叢』73：45-58.

周華 (2015)「内モンゴル自治区における酪農業の振興のあり方に関する考察－呼和浩特市托克托県を事例として－」『日本都市学会年報』48：77-86.

周華 (2016)「酪農業振興における政府支援策と金融機能の重要性－中国内モンゴル自治区に注目して－」『地域政策研究』18：115-126.

周華 (2017)「中国内モンゴル自治区の酪農振興に関する研究」高崎経済大学，博士学位論文.

周華 (2019)「内モンゴルにおける酪農の発展と課題」『地域政策研究』21(4)：49-66.

周華 (2020)「中国酪農における酪農組織形態の変遷と課題」『地域政策研究』23(2)：91-110.

中国語文献

宝音都仍・満達・玉栄 (2004)「対発展乳業合作組織的思考」『内蒙古科術与経済』(6)：30-31.

曹新順 (2020)「中小規模乳牛養殖的問題和路径研究」『畜禽業』31(10)：53-55.

陳巴特爾 (2017)「内蒙古自治区乳産業情況分析報告」『基層農技推広』5(12)：1-4.

道日娜 (2011)「乳駅治理与乳源供応錬系統改進－基於双重委託代理理論的分析－」『農業経済与管理』(4)：87-96.

鄧郁 (2017)「乳業龍頭企業与乳農聯結模式分析」『合作経済与科術』(9)：30-31.

鄧郁・郭興華 (2020a)「河北省不同養殖規模牧場成本効益比較分析」『中国乳業』(4)：57-61.

鄧郁・郭興華 (2020b)「河北省中小規模乳牛養殖牧場発展分析」『今日畜牧獣医』36(5)：75-76.

杜富林 (2012)「内蒙古乳業経営模式的演進及其問題」『内蒙古社会科学』33(5)：122-126.

範穎・張昇友・金豊久 (2007)「遼寧省大連市乳牛業発展情況」『中国乳業』第3期：55-57.

郜亮亮・李棟・劉玉満・劉宇 (2015)「中国乳牛不同養殖模式効率的随機前沿分析－来自7省50県監測数拠的証拠－」『中国農村観察』(3)：64-73.

郭志永・苑栄麗・石紹輝 (2008)「『乳販子』制約乳業健康発展的瓶頸」『北方牧業』(9)：7-8.

郝暁燕・喬光華著 (2011)『中国乳業産業安全研究－基于産業経済学視角』経済科学出版社.

韓俊編 (2020)『中国における食糧安全と農業の海外進出戦略研究』晃洋書房.

韓碩 (2021)「遼寧省乳牛産業発展形勢分析」『問題探討』(5)：57-58.

何玉成・李崇光 (2003)「中国原乳生産与乳品加工之間縦向組織関係研究」『農村経済』(6)：6-8.

『呼和浩特経済統計年鑑2020』中国統計出版社，2020.

姜風涛・曲緒仙・張思聡 (2003)「山東乳業喜憂参半」『動物科学与動物医学』20(9)：
　27-28.

靖飛・廖翔宇・王緒竜 (2018)「壟断市場結構下遼寧省乳牛養殖業発展困局及其破解」
　『江蘇農業科学』46(11)：310-313.

孔春梅・杜建偉 (2011)「蒙牛快速発展的原因分析和展望」『経済論壇』(6)：215-
　217.

孔祥智・鐘真 (2009a)「中国乳業組織模式研究（一）」『中国乳業』(4)：22-25.

孔祥智・鐘真 (2009b)「中国乳業組織模式研究（二）」『中国乳業』(5)：14-17.

孔祥智・鐘真 (2009c)「中国乳業組織模式研究（三）」『中国乳業』(6)：28-31.

孔祥智・鐘真 (2009d)「乳駅質量控制的経済学解釈」『農業経済問題』30(9)，24-29.

孔祥智・張利庠・鐘真・谭智心等著 (2010)『中国乳業経済組織模式研究』中国農業
　科学技術出版社.

李翠霞・葛娅男 (2012)「我国原料乳生産模式演化路徑研究－基于利益主体関係視角
　－」『農業経済問題』33(7)：33-38.

李翠霞・魏艶驕 (2013)「基于原料乳生産系統運行規制的乳牛養殖成本収益分析」『農
　業経済問題』34(11)：58-64.

李勝利 (2016)「乳牛規模養殖成趨勢　乳企依頼国外難駐足」『北方牧業』(16)：22-
　23.

李勝利・曹志軍・張永根・楊敦啓・周鑫宇 (2008)「如何整頓我国乳製品行業－三鹿
　乳粉事件的反思－」『中国畜牧雑誌』(18)：44-50.

李彤・王玉娟・張曼玉・劉希・祝麗云 (2017)「河北省乳牛養殖成本、収益及経済効
　率分析」趙慧峰・李彤等『河北省乳業発展戦略研究』中国農業出版社.

李昀 (2017)「河北省不同奶牛養殖模式的発展現状及對奶牛生産性能的影響」『中国
　乳牛』(6)：64-68.

李静萍 (2012)「人民公社時期所有制的三次過渡」『当代中国史研究』19(4)：48-55.

劉長全・韓磊・張元紅 (2018)「中国乳業競争力国際比較及発展思路」『中国農村経済』
　(7)：130-144.

劉長全・楊洋 (2017)「中国乳業産業政策的発展及成効」『中国乳牛』(10)：58-64.

劉全・林広宇・蒋磊・王玲玲・張鵬 (2020)「遼寧省乳牛選育分析及今後規劃建議」『現
　代畜牧獣医』(5)：49-52.

劉威・張培蘭・馬恒運 (2011)「我国不同規模乳牛場的技術効率及其影響因素分析－
　基於新分類数拠和随機距離函数－」『技術経済』30(1)：50-55.

馬彦麗・蘆麗静 (2016)『中国乳産業連重構与生鮮乳質量安全問題研究』中国社会科
　学出版社.

馬彦麗・孫永珍 (2017)「中国乳産業錬重構与縦向関連市場価格伝逓－乳農利益改善
　了吗－」『農業技術経済』(8)：94-102.

馬彦麗・何驕・高艶 (2018)「以乳業加工企業還是以乳農為核心？－中国乳産業錬縦向一体化政策反思及改進思路－」『南京農業大学学報（社会科学版)』18(6)：146-156.

『内モンゴル統計年鑑 2019-2020』中国統計出版社.

彭麗論・李暁珺・袁学文 (2021)「大学生対鮮牛乳認知和消費習慣調査」『現代食品』(9)：218-222.

銭貴霞・張一品・呉迪 (2013)「液態乳産業錬利潤分配研究－以内蒙古呼和浩特為例－」『農業経済問題』34(7)：41-47.

権聡娜・焦偉偉・陳寧・劉秀娟 (2016)「規模化養殖背景下河北省乳牛養殖対策研究」『中国畜牧雑誌』52(24)：19-22.

施良平 (2011)「国営農場発展対策研究」、中国農業科学院修士論文.

斯欽孟和・宝魯 (2012)「内蒙古乳業可持続発展研究－以呼和浩特市、包頭市郊区乳農為例－」『北方経済』(11)：44-45.

譚向勇・曹暕・周俊玲 (2007)『中国乳業経済研究』中国農業出版社.

王艶龍 (2011)「乳業発展：如何進一歩完善『乳農＋合作社＋公司』模式－以内蒙古呼和浩特市為例－」『内蒙古科技与経済』(16)：10-13.

王懐宝編 (2000)『中国乳業 50 年』海洋出版社.

魏艶驕・朱晶 (2019)「乳製品進口対中国不同規模乳牛養殖効率的影響」『資源科学』41(8)：1475-1487.

烏雲花・黄季・Scott Rozelle・楊志堅 (2007)「農戸乳牛養殖与乳品加工業拡展」『農業経済問題』(12)：62-69.

烏雲花・賈璐・許黎莉 (2015)「小規模養殖戸退出乳業的影響因素実証研究—以呼和浩特周辺地区為例」『畜牧経済』51(24)：49-59.

肖訪 (2022)「上海市臨港新片区消費者純牛乳購買行為の影響因素研究」上海海洋大学修士学位論文.

肖湘怡 (2021)「都市住民牛乳認識対消費行為的影響研究」中国農業科学院修士学位論文.

謝鵬著 (2012)『乳業内幕—中国乳業江湖』浙江人民出版社.

薛光輝・李建斌・李栄嶺・楊君・鮑鵬・侯明海 (2019)「2018 年山東省乳業発展状況、問題分析与対策」『中国乳牛』(7)：60-63.

楊偉民 (2009)「中国乳業産業連と組織モデル研究」中国農業科学院，博士学位論文.

楊暁彤・祝麗云・李彤・張暁忠 (2021)「我国不同規模乳牛養殖成本効益及影響因素研究」『黒龍江畜牧獣医』(12)：11-15.

姚梅 (2013)「従産業政策視角看我国乳牛養殖主体的新旧更替」『中国乳業』(07)：26-29.

苑博 (2010)「輝山乳業：登頂世界自営牧場之王」『中国食品』17：88-89.

袁運生 (2015)「『乳荒』変『乳剰』的思考」『中国乳業』(3)：29-30.

張利洋・孔祥智等著 (2009)『2008 中国乳業発展報告』中国経済出版社.

張艶新・張云博・趙君彦・李彤・荘艶玲 (2021)「河北省中小規模乳牛養殖場発展現状、存在問題及対策研究」『黒龍江畜牧獣医』(2)：11-17.

張永根・李勝利・曽凡玲 (2008)「"雀巣模式"的典型調査及啓示」『中国乳業』2008年第 11 期：22-25.

趙慧峰・張艶新・王夢醒・権聡娜・刁剛・焦偉偉 (2017)「河北省乳牛養殖模式及適正規模研究」趙慧峰・李彤等著『河北省乳業発展戦略研究』中国農業出版社.

趙妍馨・張暁莉 (2019)「基於北方三省的乳牛規模化養殖生産効率比較分析」『現代農村科技』(9)：55-57.

鄭健翔 (2014)「我国生鮮乳採購垄断与供応錬安全研究」『西北農林科技大学学報 (社会科学版)』14(5)：65-71.

『中国畜牧業年鑑 2008-2013』中国農業出版社.

『中国畜牧獣医年鑑 2014-2020』中国農業出版社.

『中国乳業年鑑 2008-2019』中国農業出版社.

『中国乳業統計資料 2017-2021』荷斯坦.

鐘真 (2011)「生産組織方式、市場交易類型与生鮮乳質量安全－基于全面質量安全観的実証分析－」『農業技術経済』1：13-23.

鐘真 (2013)『生産組織方式，市場交易類型与生鮮乳質量安全：後三聚氰胺時代中国乳業発展模式審視』中国農業出版社.

鐘真・陳淑芬 (2014)「生産成本、規模経済与農産品質量安全－基于生鮮乳質量安全的規模経済分析」『中国農村経済』(1)：49-61.

鐘真・孔祥智 (2010)「中間商対生鮮乳供応錬的影響研究」『中国軟科学』(6)：68-79.

鐘真・孔祥智 (2012)「産業組織模式対農産品質量安全的影響：来自乳業的例証」『管理世界』(1)：79-92.

鐘真・孔祥智・谭智心 (2009)「乳駅管理与乳源発展的問題与対策」『農村工作通讯』(21)：42-45.

庄易 (2013)「伊利入股輝山乳業　拉開乳企整合大幕」『農経』272：64-66.

おわりに

　本書を締めくくるに当たって、2点ほど述べたい。

　第1に、内モンゴル自治区と山東省・遼寧省など沿岸部との間で見られる中小規模酪農経営の市場対応の違い、これから読み取れる中国全体の需給調整様式の姿である。中国でも、日本と同様に、生乳供給と生乳需要の季節変動があり、それによる季節的な需給ギャップが生じているはずである（清水池，2019：107-109）。そのため、全量取引が基本である直営牧場と契約牧場との取引のみでは、乳業メーカー、特に乳製品製造のない（少ない）、つまり飲用乳・ヨーグルト製造メインの中小規模メーカーは、季節的な需給ギャップへの対応が困難であり、生乳流通過程で何らかの調整が行われているのではないかという仮説を編者は持っていた。この仮説を本書では十分に実証できていないが、仮説が成立する余地はあると言える。内モンゴル自治区の中小規模経営は、集乳商人や自ら組織した集荷組織を介在して、都市部周辺の中小規模メーカーと取引を行い、その販売には明らかに季節変動があった。こういった中小規模メーカーは、その周辺に立地する大手乳業メーカーなどと比べて十分な集乳基盤（直営牧場や契約牧場）を有していない、あるいは取引数量が固定的な牧場としか取引をしていないため、需要が一時的に増加して供給が不足する夏季を中心に、生産量が豊富な内モンゴル自治区から生乳を移入しているように思われる。つまり、都市部周辺にこのような中小規模メーカーが存在するからこそ、内モンゴル自治区の中小規模経営が生乳販売を中心に存続できるのである。ただし、そのためには彼らが望んでいる季節的な数量調整が可能な取引を行う必要があり、それを担うのが集乳商人や集荷組織である。日本における地域的な需給調整上の役割に置き換えれば、内モンゴル自治区が北海道、それ以外の地域が都府県となるが、あながち的外れな例えではないであろう。

　一方、山東省や遼寧省といった沿岸部では、集乳商人の不在や酪農家の販売面での組織化が難しいこともあり、中小規模経営は、乳業メーカー

と直接取引可能な大規模化を選択しないのであれば、自家加工・販売を中心とする事業とするか、副業的に生乳を消費者へ直接販売する方向へ経営展開していくことになる。

酪農乳業にとって必須の需給調整が機能するために、中小規模酪農経営が一定の役割を果たしていることから、恐らく自然発生的に成立した、こうした需給調整様式は今後も一定期間、継続していくと考えられる。

第2に、中国酪農における中小規模経営の対応を、理論的にどのように位置付けるかである。内モンゴル自治区の「離脱型」（第5章）や「出荷組織経由型」（第6章）、山東省の「自社加工・販売」や「都市住民直接販売」型（第10章）、遼寧省の「六次産業化型」や「消費者直接販売型」（第11章）の生乳生産・販売の対応は、中国酪農における「再小農化」（Repesantization）（van der Ploeg , 2018: 25-26；McGreevy・松平, 2019：22-29）の一例と捉えるべきであろう。すなわち、単に農家経営を大規模化・企業経営化するのではなく、経営規模を維持、あるいは規模を縮小した上で自家加工や直接販売、非酪農部門を含む複合経営化による農家経営の存続を選択した。「再小農化」は、経済のグローバリゼーションに対応した、①農民による主体的な意思決定②アグリビジネスと積極的に距離を取ること―で経営の自律性確保を重視する点を評価する概念であり、本研究では、中国においても同様の現象が示唆される知見が得られた。政府や乳業メーカーによる近代化政策で中小規模酪農経営は全体として厳しい経営環境に置かれている。だが、中国酪農における中小規模経営の主体的な対応は、多様な兼業・複合経営の形態を取りつつ、自らの家族生活の再生産を試みている農家経営の柔軟さを示しており、経営の大規模化だけではない農家経営のオルタナティブ（代替策）を提示していると考えられる。この点は、日本の酪農乳業の今後を考える上でも示唆的である。ただし、事例で取り上げた小規模経営には、生産・販売の零細さや衛生的観点からの危うさも見られた。今後は、農協などの組織的取り組みを通じ、農家経営の発展をベースとした経営や衛生管理の改善が求められる。

現代中国による農業・食品分野の積極的な海外進出の背景には、国内の農業・食品産業の発展の遅れがあるといわれる。だが、その打開の方向性は、農家経営の大規模化や企業経営化だけではない。急速に進む資本主義化と都市化の中で、都市と農村との格差に象徴される中国の社会経済構造は不安定さを増している。中国における農家と農村経済が有するセーフティーネット機能の社会的意義（van der Ploeg and Ye, 2016: 259-263; Ping et al., 2024）を、今後も注視する必要がある。

　本書の研究に当たっては、多くの酪農家・酪農家組織、乳業メーカー、関連団体・組織に調査協力をいただいた。また、中国現地の大学・研究機関に所属する多くの研究者にも、調査先の選定や現地調査への同行、意見交換といった形で協力を受けた。全ての名称・氏名を挙げることはできないが、厚くお礼を申し上げたい。

　今回の中国酪農研究がスタートしたのは2018年であったが、研究実施の上で数多くの困難に見舞われた。その最大のものが、2020年1月からの新型コロナウイルス感染症（COVID-19）のパンデミック（コロナ禍）であった。2020年から2022年にかけて中国への渡航が全くできなくなり、予定していたすべての現地調査を中止せざるを得なかった。そのため、SNSアプリを用いた音声通話やウェブアンケートを通じて、現地調査の代わりとなる調査を行ってきた。その辺りの困難は、第4章と第10章、第11章の記述から読み取っていただけると思う。こういった臨機応変な対応は、共同研究者たちの創意工夫の成果であるとともに、2019年までの現地調査で築いてきた人的ネットワークのたまものであったと言える。2019年までに内モンゴル自治区の主要調査が完了していたことも幸いであった。

　なお、2023年9月には、渡航ビザ取得に苦労しながらも、中国現地調査を4年ぶりに実施した。コロナ禍の中国の酪農乳業への影響など、新たな知見を得た。これらの知見は、本書以降の研究で活かされるであろう。

　本書に至る研究を遂行するために、雪印メグミルク株式会社酪農総合

研究所受託研究（研究題目：「酪農経営への企業参入に関する研究」、研究期間：2018年4月から2019年12月まで）、ならびに令和2年度「乳の学術連合」乳の社会文化学術研究（研究題目：「中国酪農における非メガファーム経営の存立構造」、研究期間：2020年度から2021年度まで）から研究資金の支援を受けた。関係する方々に深く感謝したい。特に、雪印メグミルク酪農総合研究所から受託研究の申し出がなければ、編者が中国酪農研究を始めることは恐らくなかった。また、本書出版に当たっても各種の支援をいただいている。重ねてお礼を申し上げたい。なお、同研究所は、編者が2006年から2年間ほど在籍し、酪農乳業の現場の近くで基礎を学ぶ機会をいただいた場所でもある。

　また、本書に収録した研究成果は、高い学術的評価も受けた。本書第6章の元となった鄭ら（2020）は2021年度日本農業市場学会学会誌賞（湯沢賞）、前述の令和2年度「乳の学術連合」乳の社会文化学術研究「中国酪農における非メガファーム経営の存立構造」は令和2年度乳の社会文化学術研究・最優秀賞を受賞している。

　本書の出版と編集作業に当たっては、雪印メグミルク酪農総合研究所の板坂丞時さん、デーリィマン社の星野晃一さんに特にお世話になった。板坂さんには受託研究のお誘い当時から研究成果の書籍出版を提案され、研究実施に当たっての強固なモチベーションになった。にもかかわらず、当初予定していた原稿提出が大幅に遅れた結果、出版が年をまたいでずれ込むこととなり、多大なご迷惑をかけた。改めておわびするとともに、本書が無事に世に出ることとなり、感謝の念に耐えない。

　中国の酪農研究を通じて、中国に多くの友人・知人を得ることができた。編者にとって中国は単なる隣国ではなく、多くの友人・知人のいる身近な国となった。中国の酪農研究はこれで終わりではなく、まだ続いていく。こういった国際研究は両国間の関係が平和であってこそ行うことができる。日本と中国との友好関係が末長く続くことを願ってやまない。編者もそのためにできることをしたいと考えている。

（編著者を代表して　清水池　義治）

251

【引用文献】

Mcgreevy, S.R.・松平尚也 (2019)「小農再評価の国際的状況と日本の動向」秋津元輝編『小農の復権』農山漁村文化協会：19-61.

清水池義治 (2019)「牛乳・乳製品」日本農業市場学会編『農産物・食品の市場と流通』筑波書房：106-123.

Ping, F., M. Hui, X. Yunxiao, and Z. Li (2024) 'Insider Eating Home-Grown Food', Home Gardens of Chinese Smallholders, and Hidden Resistance in the Food Regime. *The Journal of Peasant Studies* 51(1): 135-165.

van der Ploeg, J. D. (2018) *The New Peasantries: Rural Development in Times of Globalization (Second edition).* Routledge.

van der Ploeg, J. D. and J. Ye eds (2016) *China's Peasant Agriculture and Rural Society: Changing Paradigms of Farming.* Routledge.

鄭海晶・戴容秦思・根鎖・清水池義治 (2020)「中国内モンゴル自治区における生乳出荷形態の再編論理－大手乳業向け出荷契約解消後の生乳生産者の分析－」『農業市場研究』29(3)：49-59.

初出論文一覧

第Ⅰ部　中国における中規模酪農経営の生乳販売行動の展開メカニズム
　第1章　問題の所在と課題の設定
　第2章　中国の酪農乳業と生乳生産構造
　第3章　内モンゴル自治区の乳業構造と生乳生産構造
　第4章　内モンゴル自治区の中規模経営の生乳販売の特徴
　　　　　―ウェブアンケート調査を通じて―
　第5章　大手乳業メーカーの垂直調整による生乳生産・流通への影響
　第6章　中規模経営による生乳販売形態の選択論理
　　　　　―大手乳業メーカーとの契約解消後を対象に―
　第7章　総括と展望
　　▷第Ⅰ部全体：鄭海晶 (2022)「中国における中規模酪農経営の生乳販売行動の
　　　展開メカニズム」北海道大学大学院農学院博士論文.
　　▷第5章：鄭海晶・戴容秦思・根鎖・清水池義治 (2020a)「大手乳業メーカー
　　　の川上統合による生乳生産・流通への影響―メラミン事件以降の中国・内蒙
　　　古自治区を事例として―」『農経論叢』73：45-58.
　　▷第6章：鄭海晶・戴容秦思・根鎖・清水池義治 (2020b)「中国内モンゴル自
　　　治区における生乳出荷形態の再編論理―大手乳業向け出荷契約解消後の生乳
　　　生産者の分析―」『農業市場研究』29(3)：49-59.

第Ⅱ部　中国各地域における生乳流通の諸形態
　第8章　各国における生乳流通チャネルの構造と主体間関係
　　　　　―文献レビューから―
　第9章　メラミン事件以降の中国における酪農乳業の政策動向と課題
　第10章　中国・華北部における酪農家と乳業メーカーとの関係性
　　　　　―山東省を事例として―
　　▷以上、書き下ろし
　第11章　中国・東北部における生乳生産・販売構造の変遷とその規定要因
　　　　　―遼寧省を事例として―
　　▷陳瑠 (2022)「中国遼寧省における生乳生産・販売構造の変遷メカニズム」北
　　　海道大学大学院農学院修士論文.
　第12章　中国・西南部における乳業メーカーの生乳調達行動と酪農家の市場対応
　　▷戴容秦思 (2016)「中国における酪農生産の変貌と乳業の生乳調達の実態」『農
　　　業市場研究』24(4)：11-21.
　　▷戴容秦思・矢野泉 (2012)「中国昆明市における生乳の市場構造に関する一考
　　　察」『農業市場研究』20(4)：45-52.

編著者一覧

編著者

清水池　義治　（担当：はじめに、第 10 章、第 11 章、おわりに）
しみずいけ よしはる

北海道大学大学院農学研究院（農業経済学分野）・准教授。2009 年北海道大学大学院農学院博士後期課程修了、博士（農学）。2006 年雪印乳業㈱酪農総合研究所・定時社員、2009 年名寄市立大学・講師、同・准教授、2016 年北海道大学大学院農学研究院・講師、2022 年京都大学・内地研究員を経て、2021 年より現職。1979 年生まれ、広島県出身。

鄭　海晶　（担当：第 1 章～第 7 章、第 9 章～第 11 章）
てい　かいしょう

中国浙江農林大学文法学院（公共管理学科）・講師、北海道大学大学院農学研究院・専門研究員。2022 年北海道大学大学院農学院博士後期課程修了、博士（農学）。2023 年より現職。2021 年に日本農業市場学会学会誌賞（湯沢賞）、2022 年に 2020 年度「乳の社会文化」学術研究・最優秀賞を受賞。1992 年生まれ、中国・山西省出身。

著者

戴　容秦思　（担当：第 8 章、第 9 章、第 12 章）
だい　ようしんし

摂南大学農学部食農ビジネス学科・講師。2014 年広島大学大学院生物圏科学研究科博士後期課程修了、博士（農学）。2016 年広島大学教育室・特任助教、2018 年和歌山大学食農総合研究所・特任講師、2020 年より現職。中国・雲南省出身。

根鎖　（担当：第 9 章）
こんさ

中国内蒙古自治区・名誉教授および内蒙古農業大学・名誉教授。1988 年 8 月から 2022 年 9 月にかけて、中国内蒙古農業大学・助手、講師、准教授、教授を歴任後、2022 年に定年退職。1962 年生まれ、中国・内モンゴル自治区出身。

陳　瑠　（担当：第 11 章）
ちん　る

共同研究実施当時は北海道大学大学院農学院修士課程所属。2022 年北海道大学大学院農学院修士課程修了、修士（農学）。2023 年より製造業社員。1997 年生まれ、中国・遼寧省出身。

酪総研選書　No. 94

躍動する中国の酪農乳業と生乳流通
－ 2008 年メラミン事件以降の展開－

Dynamism of Dairy Industry and Milk Distribution in China:
Developments since the 2008 Chinese Milk Scandal

定価 3,080 円（本体 2,800 円＋税 10 ％）

2024 年 3 月 29 日発行

編　著　者	清水池　義治・鄭　海晶
著　　　者	戴　容秦思・根鎖・陳　瑠
発　行　者	高田　康一
発　行　所	デーリィマン社

〒 060-0005 北海道札幌市中央区北 5 条西 14 丁目 1 番 15
TEL　011-231-5261 （代表）
FAX　011-209-0534
URL　https://www.dairyman.co.jp/

デ ザ イ ン	VAMOS DESIGN OFFICE
印　刷　所	株式会社アイワード